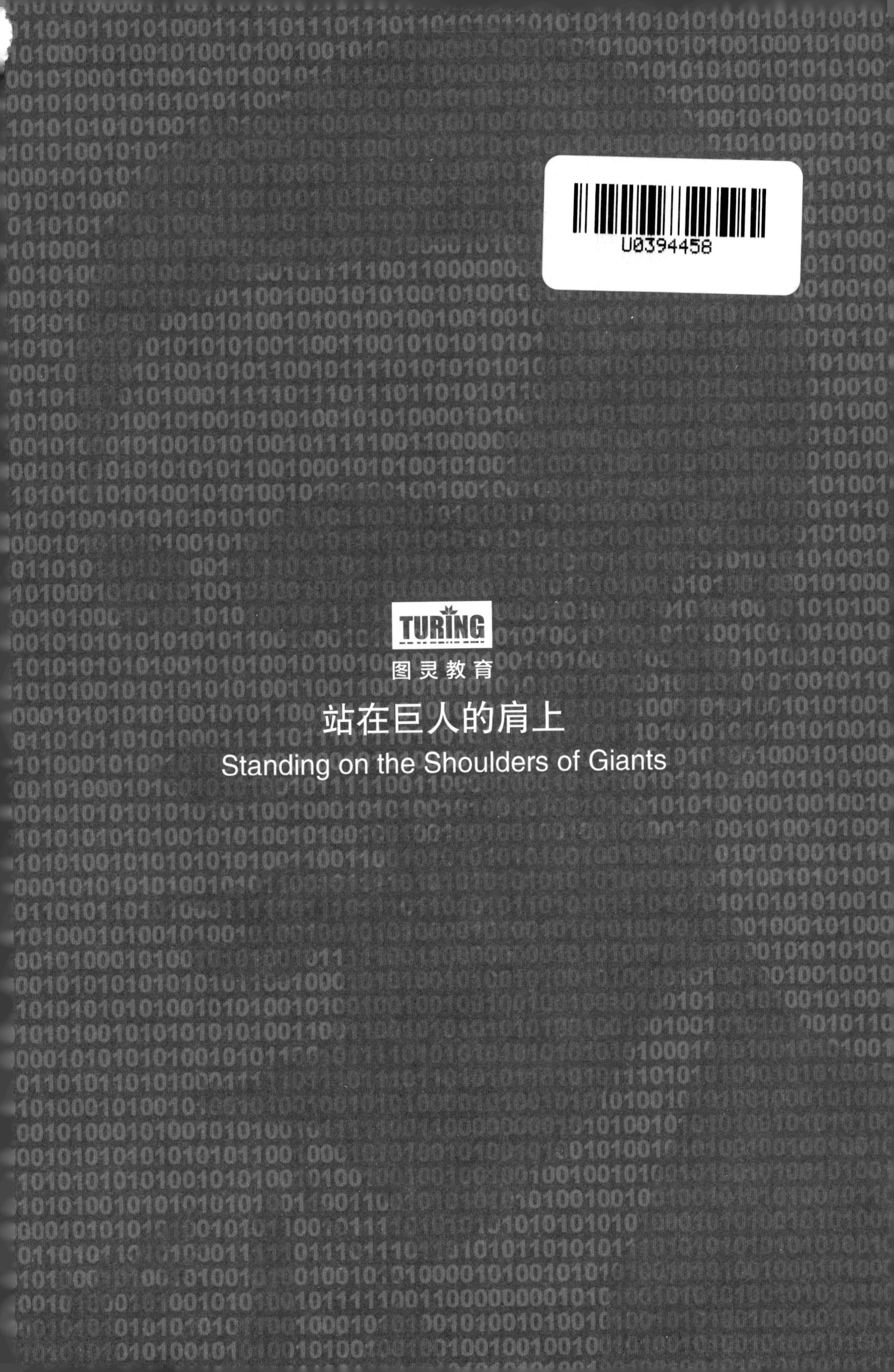
U0394458
TURING
图灵教育
站在巨人的肩上
Standing on the Shoulders of Giants

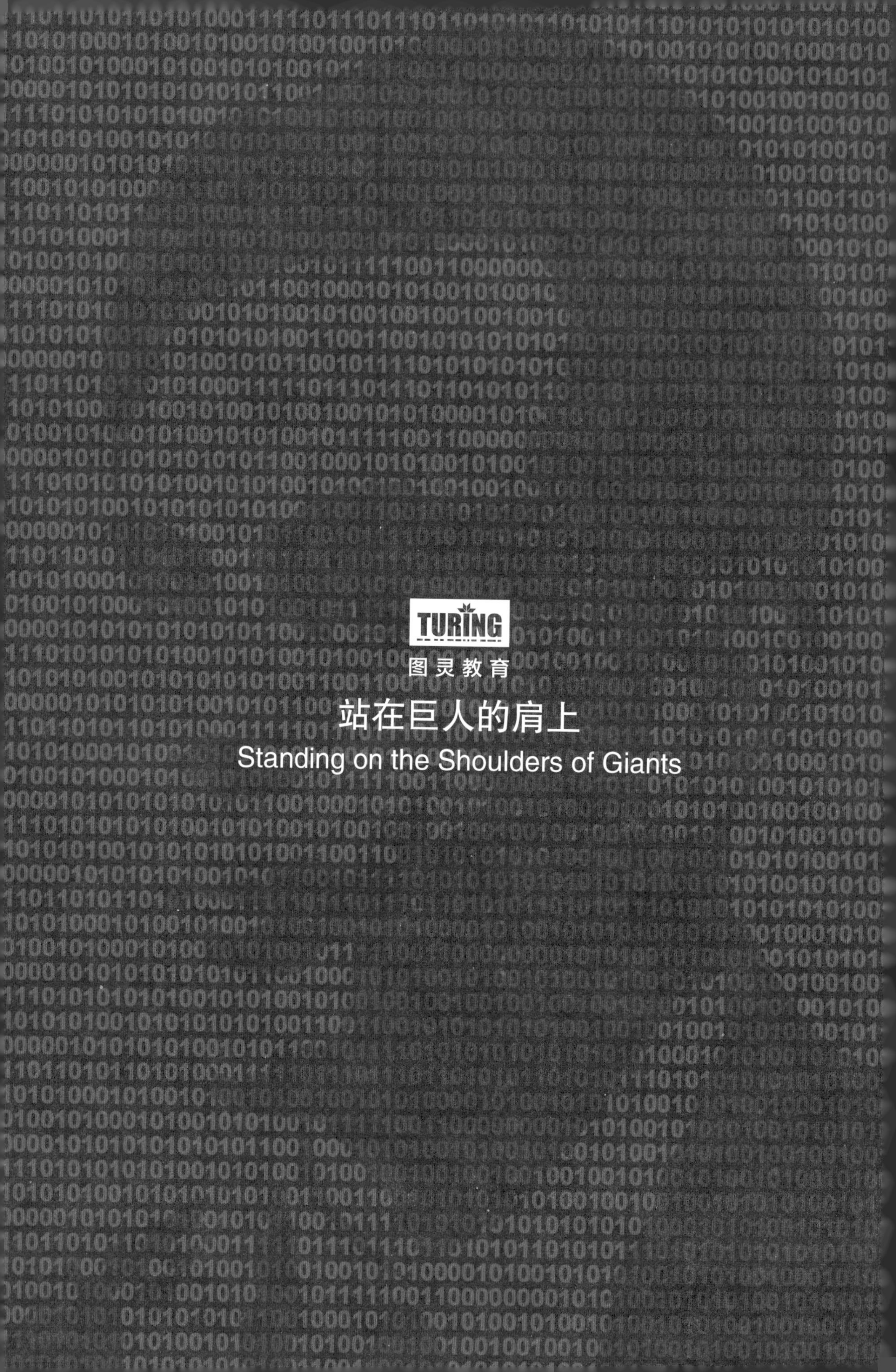
TURING
图灵教育
站在巨人的肩上
Standing on the Shoulders of Giants

TURING Coding Kids

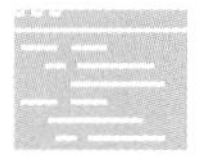

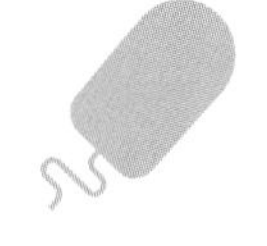

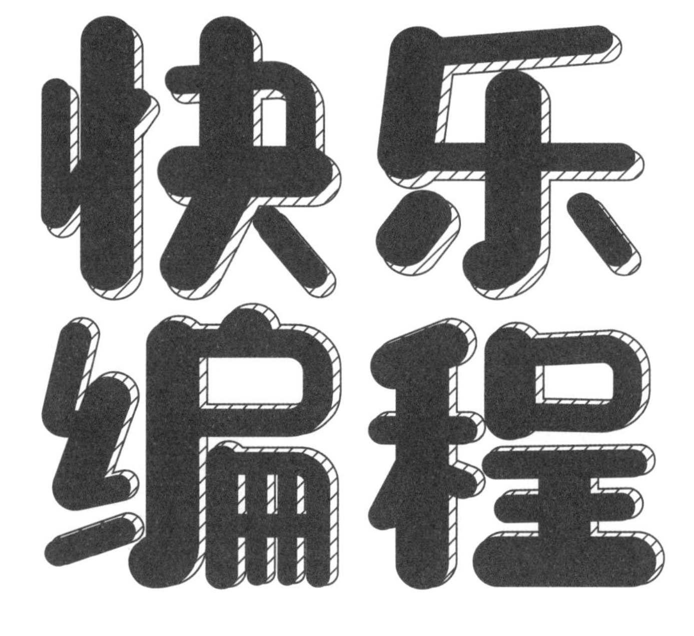

青少年思维训练

黄威（@校园黄师兄）◎著

人民邮电出版社
北京

图书在版编目（CIP）数据

快乐编程 ：青少年思维训练 / 黄威著. -- 北京 ：
人民邮电出版社，2021.1
（Coding Kids）
ISBN 978-7-115-55604-2

Ⅰ. ①快… Ⅱ. ①黄… Ⅲ. ①程序设计—青少年读物
Ⅳ. ①TP311.1-49

中国版本图书馆CIP数据核字(2020)第250048号

内 容 提 要

Scratch 是一款面向青少年的图形化编程软件，使用该软件编程就如同创作一场舞台剧，即使没有任何基础的小学生，也可以在极短的时间内创作出生动活泼的编程作品，因此它特别适合培养青少年的逻辑思维、编程思维和工程思维。

本书介绍了 Scratch 软件的概况、工作模式和积木指令精髓；结合青少年熟知的生活场景，带领大家学习和理解程序的 3 种基本结构；对程序的 3 种基本结构进行强化学习，驱动青少年用逻辑思维分析问题、用工程思维分解问题、用编程思维解决问题；最后初步探究了算法和机器人控制程序。

本书图文并茂、寓教于乐、案例贴近生活，适合 8 岁以上的青少年，以及计划以 Scratch 软件作为编程教学工具的科技老师学习和参考。

◆ 著　　　　黄威（@校园黄师兄）
责任编辑　王军花
责任印制　周昇亮

◆ 人民邮电出版社出版发行　　北京市丰台区成寿寺路11号
邮编　100164　　电子邮件　315@ptpress.com.cn
网址　https://www.ptpress.com.cn
临西县阅读时光印刷有限公司印刷

◆ 开本：787×1092　1/16
印张：17
字数：341千字　　　　　　2021年1月第1版
印数：1－2 500册　　　　　2021年1月河北第1次印刷

定价：99.00元

读者服务热线：(010)84084456　印装质量热线：(010)81055316

反盗版热线：(010)81055315

广告经营许可证：京东市监广登字 20170147 号

前言

2017年，《国务院关于印发新一代人工智能发展规划的通知》中明确提出“实施全民智能教育项目，在中小学阶段设置人工智能相关课程，逐步推广编程教育”，于是“计算机普及要从娃娃抓起”再一次成为教育界的热点话题，这对于我国从计算机应用大国发展为研发强国具有重要的战略意义。

2008年，我接触到了Scratch软件，当时就被它深深吸引，认为这是一个极好的编程学习辅助软件。在给自己的孩子（小学三年级）试用后，我发现他很快便不满足于模仿教学案例，非常乐于迎接编程挑战。这么多年来，我不断给朋友们推荐这款软件，不时写点课程和案例满足小朋友的学习需求。

Scratch软件简单易用，符合青少年的认知特点，使用它可以轻松地创作出多媒体交互式的程序作品（如游戏、动画片等），特别适合培养青少年的编程思维。Scratch软件能够让孩子们在极短的时间内体会到创作的乐趣，获得成就感，有利于他们保持浓厚的兴趣，将编程学习进行到底。

随着编程教育的热度不断升温，Scratch软件随之成为青少年学习编程的首选。于是，我决定基于自己多年的授课经验，结合青少年的认知水平和心理特点，编写一本超级简单的编程入门书。同时，我希望本书能够激发非计算机科班出身的老师和家长的兴趣，让他们与孩子一起学习编程。当然，和孩子一起挑战编程难题也是其乐无穷的！

本书共15章，希望下面的介绍能够帮助你快速判断本书是否值得购买。

第1章介绍了编程和逻辑思维的关系，建议老师、家长和孩子一起阅读。我希望通过本章的学习，让大家对编程有一些新的认识，树立学习编程的信心。

第2章着重讲解了Scratch软件的工作模式。通过本章的学习，读者能够迅速掌握Scratch软件的基本用法，做到“心中有数”地创作作品。这是我着力编写的一章，也是其他Scratch编程书中所没有的。

第3章讲解了积木指令的精髓。本章能够让初学者脱离“碎片式”学习积木指令的困境，帮助大家从全局的角度快捷掌握所有积木指令的使用规则。即使遇到没有学过的积木指令，也能够举一反三，自己学会如何使用它们。

第4章介绍了程序的3种基本结构。采用4C教学法[①]，本着“生活无处不程序”的

---

① 乐高的4C教学法：联系、建构、反思、延续。

原则挑选生活中常见的情景进行程序分析，保证非计算机科班出身的老师、家长和孩子学得懂、记得牢。同时，老师和家长可以很好地把社会阅历与编程结合，帮助孩子们顺利通关。

第 5 章讲解程序流程图。我要求老师、家长和孩子必须学习并实践。现在很多编程书中不再包含程序流程图的讲解，认为没什么作用。但是我坚持认为，程序流程图是学习编程不可或缺的工具，是厘清思路、解决问题的法宝。如果不能绘制出条理清晰的程序流程图，就几乎无法编写出合理的程序。

第 6 章基于积木式编程软件，“拔高”讲解面向对象编程的概念。采用 4C 教学法，将编程初学者对 Scratch 软件的认知引导至面向对象编程领域。这是我精心设计的一个学习思路，可以为学习高级编程语言奠定基础。

第 7 章至第 11 章将带领大家练习程序的 3 种基本结构。这部分强调了程序流程图的重要性，通过案例带领读者分析问题、提炼解题思路，在实践中领悟 3 种基本结构的精髓。案例难度循序渐进，希望读者可以在有了解题思路之后独立完成程序。此外，我在参考程序中“埋”了一些“小陷阱”，都是编程初学者容易犯的小错误，还能够防止大家照搬程序。

第 12 章教大家如何化繁为简地构建程序。很多人虽然知道程序的 3 种基本结构，但是依然不能顺利地编写程序。经过交流、分析和思考，我发现主要问题在于编程初学者不会化整为零地构建程序，希望本章能引导读者“捅破这层窗户纸”。

第 13 章带领大家完成一些程序小挑战，能够加深读者对“化整为零地构建程序”的理解和运用，同时介绍了自建积木（函数）。这一章可以帮助大家更合理地利用各类积木，让程序的主体部分更加短小精悍，让程序的各个分支更专注于具体功能的实现。

第 14 章简单介绍了人工智能与算法。这一章想要打破人工智能的神秘感，让编程初学者认识到：单纯学习编程语言是毫无意义的，编程最核心的能力在于构建算法。

第 15 章讲解了机器人的控制程序，包括巡线功能和避障功能的原理。我编写了一个模拟程序控制机器人实现上述功能。通过对比模拟机器人和实体机器人的运行效果，让初学者认识到：与前面学过的程序相比，为机器人编程需要考虑更多因素，对数学能力的要求也更高，鼓励大家继续学习高级编程语言。

秉承哈尔滨工业大学“规格严格，功夫到家”的校训，我力争细致地讲解每个知识点、透彻地分析每个案例的解题思路，希望可以锻炼初学者的逻辑思维，帮助其提升分析问题、解决问题的能力，逐步建立工程思维。我自认为在编写的时候做到了功夫到家，本书作为编程入门书，值得初学者一读。

人工智能的大潮已经到来，是时候让孩子学习编程啦！中国的乒乓球冠军基本是从五六岁开始学习打球的，编程也完全可以。

致谢

感谢图灵公司的各位老师，他们出版了大量科技书和科普书，每一本都值得购买和阅读。每次出去上课，我都会极力推荐。我正是因为阅读了图灵出版的大量科技书和科普书，才逐步成为一名科创老师。

感恩父母，祝你们身体健康。

感谢我的妻子，你随着我北漂多年，支持我从事科创教育。没有你的支持，我就不能感受到科创教育给我带来的快乐和成就感。本书送给你，纪念我们结婚 20 周年。

在书稿提交给图灵公司后不久，本人入职哈工大机器人（岳阳）研究院，担任教育机器人所所长，潜心研发机器人教具和相关课程。本书也将被规划到机器人课程体系中，欢迎使用本书的中小学科技老师、社会培训机构、读者为本书提出宝贵建议，你的建议也许会使本书更贴近青少年、贴近教学。最后，欢迎广大读者向我索取其他机器人课程资料（QQ：188077693）。

黄威（@ 校园黄师兄）

哈工大机器人（岳阳）研究院教育机器人所所长

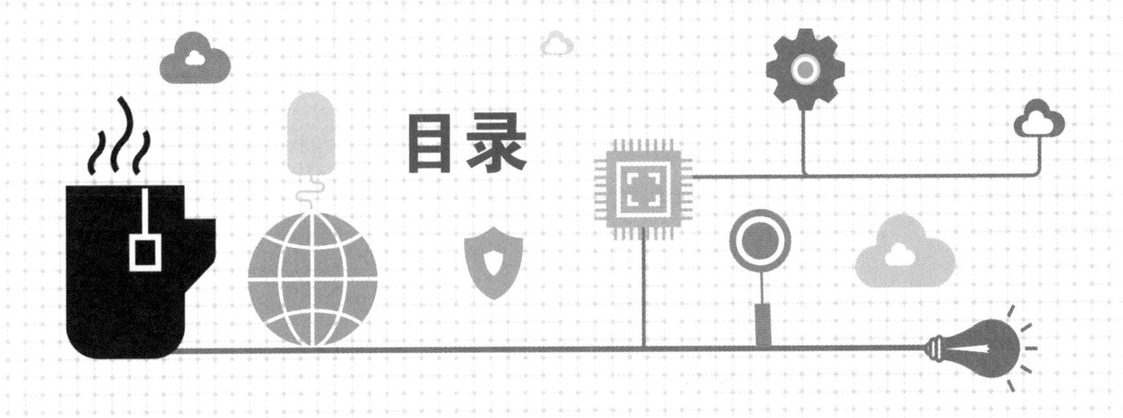

目录

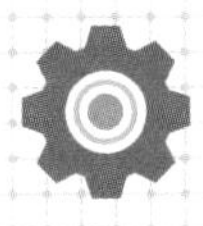

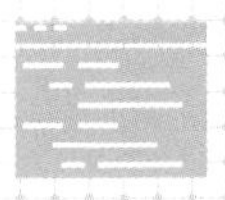

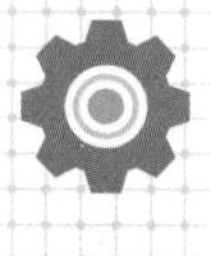
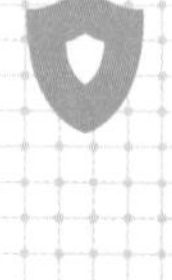

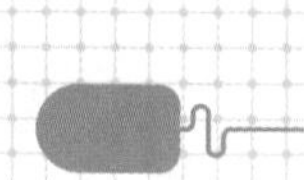

第1章 编程和逻辑思维的关系

课程目标

了解逻辑思维的概念、逻辑与编程的关系，掌握程序的基本概念、积木指令的分类和基本操作技能。

“计算机编程是不是很烧脑?”“我有编程潜质吗?”“我可以成为一名程序员吗?”总有一些同学对编程心存恐惧，觉得没有思路、无从下手。面对编程初学者的这些疑问和顾虑，我要说的是：这都不是事儿，用 Scratch 学编程，真的很容易！

大家都知道，程序是运行在计算机上的，其实它们也隐藏在生活中。我们已经在不知不觉中运用逻辑思维编写过“生活程序”了。只要我们能够运用逻辑思维去解决问题，就一定能学会编程。

1.1 编程能力测评

编程其实并不需要特别的思维能力和超常的智商，它绝对不是一项遥不可及的技能，普通人经过学习也能享受编程的快乐。下面有 5 道题，能够正确作答就说明读者具有一定编程潜能，完全可以勇敢地踏入编程领域！

第 1 题：如果已知 A 车大于 B 车，B 车大于 C 车，那么 A 车一定（　　）C 车。

A. 大于　　B. 等于　　C. 小于

第 2 题：如图 1-1 所示，讨厌走路的小猪放学回家共有 3 条路可选，A 路最远但有公交车可乘坐，B 路最近但路上有恶霸大灰狼，它以欺负小猪为乐，C 路可以骑车或者徒步，但是没有公交车，你认为小猪会选择哪条路呢?

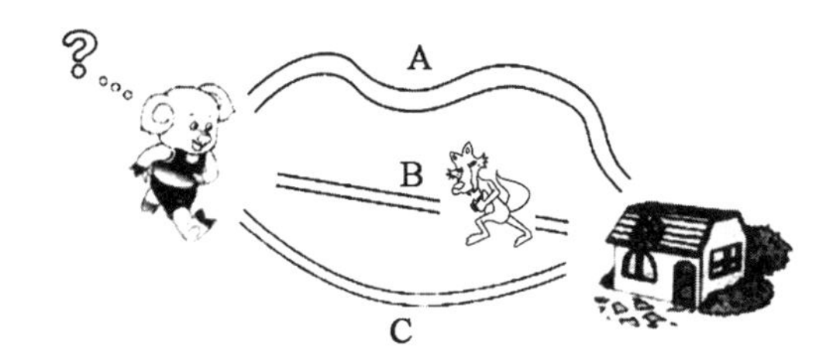

图 1-1　小猪回家路线图

加大难度，来做个数学题。

第 **3** 题：某运输公司负责为某鲜花公司往 A 地送 2000 盆鲜花，在运输协议中规定：(1) 每盆鲜花的运费是 1 元；(2) 每打碎一盆花，不但不给运费，还要赔偿 5 元。最终运输公司共得运费 1760 元。请你算一算，运输公司在运送过程中打碎了多少盆鲜花？

第 **4** 题：如图 1-2 所示，观察下面 4 个图形，你认为第 5 个图形应该是选项中的哪一个？

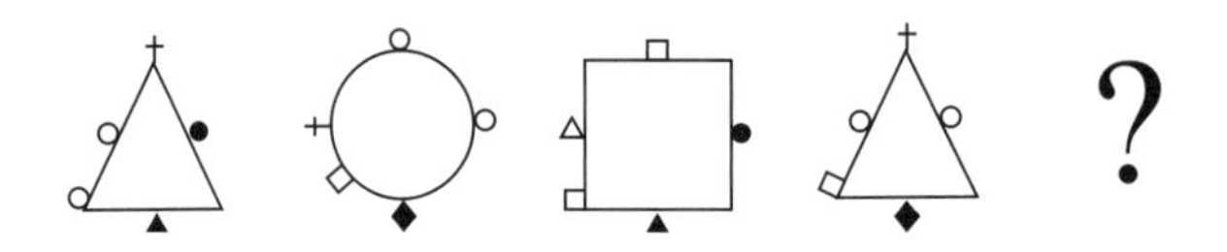

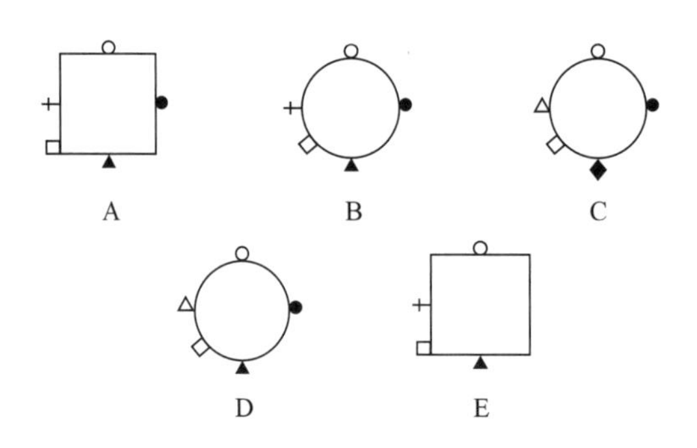

图 1-2　选择第 5 个图形示意图

还不够烧脑？加油，最后一题了！

第 **5** 题：如图 1-3 所示，根据图案规律，你认为右下角缺少的是哪个图形？

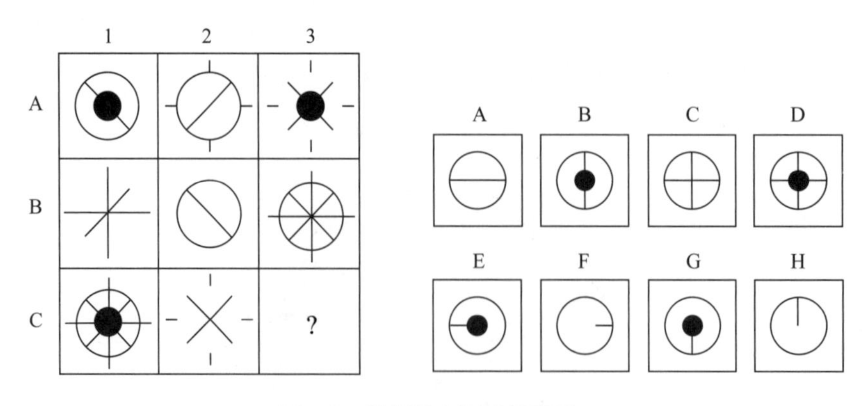

图 1-3　选择缺少图形示意图

第 1 题的答案是 A，你肯定能选对。这说明你具有判断能力，能够正确判断大小关系。

第 2 题的答案也是 A，你选对了吗？虽然 B 路是最短的，但是有一个小猪绕不过的障碍——大灰狼，说明此路不通。尽管 A 路比 C 路长，但是 A 路有公交车，小猪可以选择乘坐公交车回家，这符合它懒惰的性格。能正确回答第 2 题，说明你具有分析能力，可以洞悉问题的关键，从而做出正确的选择。

第 3 题的答案是 40 盆，你做对了吗？每打碎一盆花，首先会损失 1 元运费，再加上需要赔偿 5 元，即每打碎一盆花，收益就要减少 $1 + 5 = 6$ 元。收益一共减少了 $2000 \times 1 - 1760 = 240$ 元，240 除以 6 就得出 40 盆。如果你答对了，说明你具有计算能力，能够将多种因素综合起来分析并计算，加减乘除都能搞定。

第 4 题的答案是 B，你答对了吗？简单说一下推理过程：从最大的图形入手，顺序是三角形、圆形、方形、三角形，按照循环规律，下一个图形应该是圆形，于是可以排除 A 和 E 两项；然后看细节，顶端的顺序是十字、圆、方块、十字，按照循环规律，下一个就是圆，B、C、D 3 个答案的顶端都是正确的；接着看底端，顺序为三角形、菱形、三角形、菱形，按照循环规律下一个为三角形，因此排除 C 选项后只剩 B 和 D 两项；我们不难发现，这两个图形的左下角和右侧图形都是一样的，因此重点就是分析左侧中间的图形了，原始顺序为圆、十字、三角形、圆，按照循环规律，下一个就是十字，所以正确答案是 B。如果你答对了，这说明你具有推理能力，而且还明白什么是循环。

第 5 题的答案是 D，这道题包含了一个编程领域很重要的运算方法——逻辑运算（也称布尔运算，后面的章节会为大家介绍），包括与、或、非 3 种运算。本题用到了“与”运算和“或”运算，将每行的 1 号图形和 2 号图形重叠，将重复的线条去掉，不重复的线条保留，得到 3 号图形。先看 A 行，将 1 号图形和 2 号图形重叠，两者重复部分是外面的圆形，于是去掉这个圆形，得出了 3 号图形。这里采用的是逻辑运算中的“与”运算，即 1 号图形的线条“与”2 号图形的线条，只要有重复的就采取去掉操作。再看 B 行，将 1 号图形和 2 号图形重叠，两者没有重复的区域，加起来就得出了 3 号图形。这里采用的是逻辑运算中的“或”运算，即 1 号图形的线条“或”2 号图形的线条，只要不重复就都保留。最后分析 C 行，将 1 号图形和 2 号图形重叠，按照前面执行的逻辑“与”和“或”运算，将重叠的线条去掉，不重叠的线条保留，最后得出的答案就是 D。如果你连这一题都答对了，那就非常厉害了，你不但具备编程的能力，而且极有可能成为像比尔 • 盖茨那样的软件行业领袖。

相信以上 5 道题难不倒大家，可能连你自己都没有想到原来有这么多能力：判断能力、分析能力、计算能力、推理能力和逻辑运算能力，这些能力汇总到一起就是逻辑思维能力。

> 我可以肯定地告诉你，只要具备以上逻辑思维能力，就有一定的编程能力。再通过对某种程序语言的学习，编写出能够解决问题的程序就不再是可望而不可即的事情。

1.2 编程和逻辑思维的关系

上一节提出：有逻辑思维能力就有编程能力，本节就来具体探究一下两者的内在关系。首先强化一下逻辑思维的概念。

逻辑思维，又称抽象思维，是人运用概念、判断、推理、比较、分析、综合、抽象、概括等思维类型反映事物本质与规律的理性认识过程。逻辑思维并不是与生俱来的，它可以通过后天的学习、积累和总结逐渐形成。因此，每个人使用逻辑思维解决问题的能力也是不一样的，一般而言，文化层次高、年长的人逻辑思维能力要比文化层次低、年幼的人好，这就是俗称的“姜还是老的辣”。

为什么说有逻辑思维能力就有编程能力呢?

这是因为，生活无处不程序！其实大家已经在生活中运用逻辑思维进行“编程”啦，只是我们没有认识到，这种生活程序其实和计算机程序在本质上是相同的！只是执行环境不同而已，一个在生活中，一个在计算机中。

不信？那请问穿衣服时，是先穿长裤，再穿内裤吗?

具有正常逻辑思维的人一定明白是先穿内裤，再穿长裤，这才符合客观规律，这就是正常人每天早上要“执行”的“生活程序”。先穿长裤，再穿内裤的人也有——超人。内裤外穿是超人的标志，一般人不会这样做，这不符合传统的逻辑。

类似的“生活程序”还有很多，比如先穿袜子后穿鞋，先把书本放入书包再背着书包上学，先拧开瓶盖才能喝到水等。

生活中可以制订这样的“穿衣程序”，其他领域中也可以制订形形色色的“行业程序”。例如盖高楼的程序：先打好地基，再自下而上地盖楼房。造航母的程序：先建造主体船身，再装门加窗完善细节，先整体再局部就是建造舰船要执行的程序，科技再发达的国家也得按照这个程序执行，因为这样的程序才符合逻辑和客观事物的发展规律。

从广义上来讲，程序是指为解决问题或达到目标，人工制订的问题解决计划。如果解决计划只是被制订出来而没有被执行，那这个解决计划就是“纸上谈兵”，是没有经过验证的。

狭义上的程序可以特指计算机程序，就是基于计算机平台，人工制订的问题解决计划，这个解决计划能够被计算机识别并运行，从而驱动计算机去解决问题或达到目标。此处的计算机也可以泛指所有具有计算能力的电子设备平台，例如平板计算机、手机、单片机等。

所以何谓编程？编程就是按照逻辑规则去制订解决问题或达到目标的计划方案，不论编写的是广义程序还是狭义程序。

要制订能解决问题或达到目标的程序，就必须先找出内部所“隐藏的”逻辑规则。有时这种逻辑规则很浅显，一眼就能看清楚；有时这种逻辑规则“隐藏得很深”，尤其是面对极其复杂的问题，必须经过周密的判断、推理、思考、分析才能梳理出来，这种分析、思考、寻找逻辑规则的能力也就是前文提到的逻辑思维能力。一般逻辑思维能力强的人更容易挖掘出“隐藏的”逻辑规则，从而更快地编写出程序。

所以，没有逻辑思维就没有解决问题的能力，就无法编写出能够解决问题的程序。编程依靠逻辑思维能力，反过来，编程又会促进逻辑思维能力的提升。

在使用逻辑思维处理问题时，怎样才能保证合理性与正确性呢？

一般要做好以下 3 点：第一，解决问题的逻辑思路要遵从自然规律，符合事物之间关系；第二，使用逻辑思维分析问题时，要尽量将问题细分成多项小问题，先解决细分问题，小问题解决无误，才能正确地解决整个问题；第三，要善于运用逻辑思维中的概念、判断、推理、比较、分析、综合、抽象、概括等思维模式去化解问题，这种技能是可以通过训练得到提升的。

苹果创始人乔布斯曾说：“人人都应该学习一门计算机语言，因为它将教会你如何思考。”乔布斯的这句话就是想让大家清楚地认识到，编程有利于提升人类的逻辑思维能力，逻辑思维能力的提升预示着会有更强的能力去应对和解决问题。

下面我们再来看一个生活程序，这个程序其实很多同学都编写过！能不能执行就不好说了！

每到寒假暑假，家长们为了不让孩子变成早上不起、晚上不睡、一天到晚玩游戏的“熊孩子”，就会要求孩子写下各种假期学习计划，典型的假期学习计划如下。

寒假学习计划

1. 早晨 6:30 起床，一三五朗读英语，二四六朗读语文（30 分钟）。
2. 8:00~10:00 完成各门功课的寒假作业 1~3 页。
3. 12:00~13:00 午休。
4. 13:30~15:00 打羽毛球、上 QQ。
5. 15:00~17:00 阅读课外书。
6. 18:00~22:00 晚饭后自由活动，完成白天没有完成的任务。

编写这个计划的过程就是在编写程序，“寒假学习计划”就是生活程序。写作文也是有“程序”的，一般是：审题→列提纲→准备素材→开始写作。如果直接就动笔，最终的收获可能就是写了近千字发现跑题了，还得推翻重写。编写计算机程序也可能会发生这样的问题，后面我们还会讨论，并给出解决办法。

现在，是时候练习编写一个“生活程序”了，学习本书得有一个计划，尝试编写出来吧！

1.3 编写计算机程序很难吗

很多人使用计算机进行文字工作或者处理图像，可能从来没有编写过一行代码，甚至没有要写程序的念头。他们对编写程序的印象多是来自电影或电视中的镜头：不修边幅的“程序猿”坐在计算机前，手指上下翻飞地敲击着键盘，屏幕上出现大段大段的英文代码，一副高深莫测、晦涩难懂的样子，所以很多人觉得编写程序很难，没有英文基础更是学不了，那么编写程序到底有多难呢？

回想一下前面写的“寒假学习计划”，这样的“生活程序”难吗？只要脑子里有计划，就可以写出来，一年级的小朋友也能办到，有些汉字不会写，就用拼音了。“生活程序”可以用中文写，也可以用英文、法文，实在不行用拼音也可以，掌握哪种文字就用哪种。

那么编写计算机程序呢？道理是一样的，不论是 C 语言、Java 语言、Python 语言，只要能解决问题，原则上什么语言都可以。不会写汉字还有拼音可用，没有英语基础，怎么学习编程语言呢？所以要从学习 Scratch 开始，Scratch 与编程语言之间的关系，就如同拼音和汉字的关系。学好 Scratch，有了一定的编程基础，日后学习编程语言就可以取得事半功倍的效果。一年级的同学是从学习拼音开始掌握汉字的，同样，一年级的同学也完全可以从学习 Scratch 开始掌握编程技能。

世界上第一个程序是在屏幕上显示“hello, world”，它被称作“最经典的程序”，首次出现在1974年（也有说是1972年）Brian W. Kernighan等人撰写的《C程序设计语言》中，程序如下所示：

```
printf("hello, world\n");
```

从那时起，“hello, world”就流行起来，大多数编程语言编写的第一个演示程序就是在屏幕上显示“hello, world”，翻译过来就是“你好，世界”。我们现在也经常使用首字母大写形式的“Hello, World！”，图1-4给出了用常用编程语言实现问候世界的程序代码。

这些程序都将在屏幕上显示“Hello, World！”，从上面的案例可以看到，最简单的程序只有一行代码，复杂一些的则需要数行代码，而实现的功能都一样。之所以有这样的区别，是因为每一种编程语言都有自己的格式要求，不按照格式要求编写就会发生错误。因此，记住编程语言的格式要求是掌握语言的主要困难之一，你要有一定的心理准备。

按照传统，接下来要用Scratch软件向世界发出问候。工欲善其事，必先利其器，没有Scratch软件怎么完成问候呢?

VB

```
1 Module MainFrm
2     Sub Main()
3         System.Console.WriteLine("Hello, World!")
4     End Sub
5 End Module
```

C

```
1 #include <stdio.h>
2 int main()
3 {
4     printf("Hello, World!");
5     return 0;
6 }
```

Swift

```
1 print("Hello, World!")
```

Go

```
1 package main
2 
3 import "fmt"
4 
5 func main() {
6     fmt.Print("Hello, World!")
7 }
```

Java

```
1 public class HelloWorld
2 {
3     public static void main(String args[])
4 {
5         System.out.println( "Hello, World!" );
6     }
7 }
```

C++

```
1 #include <iostream>
2 using namespace std;
3 int main()
4 {
5     cout<<"Hello, World!"<<flush;
6     return 0;
7 }
```

C#

```
1  namespace HelloWorld
2  {
3      class Program
4      {
5          static void Main(string[] args)
6          {
7              System.Console.Write("Hello, World!");
8          }
9      }
10 }
```

PHP

```
1 echo "Hello, World!";
```

JavaScript

```
1 console.log("Hello, World!")
```

Python 3

```
1 print("Hello, World!")
```

LaTeX

```
1 \documentclass{article}
2 
3 \begin{document}
4     Hello, World!
5 
6 \end{document}
```

Mathematica

方法一：基于Wolfram底层语言（进入表达式界面使用）

```
1 Cell["Hello, World!"]
```

方法二：直接使用数学输出函数

```
1 CellPrint[Cell["Hello, World!"]]
```

图1-4　使用不同编程语言问候世界的程序代码

1.4　安装Scratch软件

本书推荐大家使用Scratch离线编辑器编写程序，大家可以访问图灵社区（iTuring.cn）下载离线编辑器的安装包。进入社区主页后，搜索本书书名，Scratch离线编辑器的安装包放在页面右侧“随书下载”中。下载完成后双击（本书中“双击”均指双击鼠标左键）.exe文件，按照提示安装即可，非常简单。

以前安装 Scratch 2.*x* 离线编辑器后，桌面上会出现一个可爱的小猫头像，如图 1-5 左图所示，这是 Scratch 的“明星代言人”，也可以说是 Scratch 的主人，因此这个软件在中国又被亲切地称为“猫爪”。不过，Scratch 离线编辑器升级到 3.*x* 版本后，桌面图标不再是这只可爱的小猫，而是一个大写字母 S，如图 1-5 右图所示。

图 1-5　Scratch 2.*x* 和 Scratch 3.*x* 图标对比

软件已经安装好了，下面就来完成问候世界的传统任务：让默认主角——小猫在屏幕上说“Hello, World！”。从“代码”面板的“外观”模块中找到“说……”积木指令，将它拖入程序面板，然后点击（本书中“点击”均指单击鼠标左键）写有“你好！”的白色输入框，将文字修改为“Hello, World！”，点击这个积木就可以执行此条指令（注意不要点击到这条指令的输入框），于是小猫就可以说话了，如图 1-6 所示。就是这么简单！只要能看懂汉字，会拖动积木，就能使用 Scratch 软件编程。

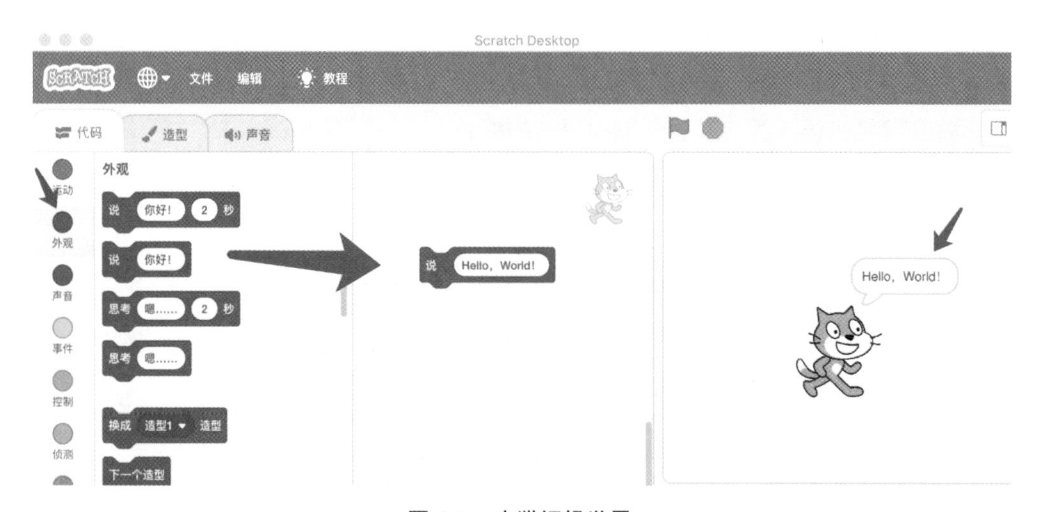

图 1-6　小猫问候世界

编写程序的关键并不是掌握多少种程序语言，而是如何运用逻辑思维提炼出解决问题的办法和步骤。所以，不论你使用的是 C、C++、Python、Java、JavaScript、苹果 Swift、谷歌 Go 等程序语言，还是使用 Scratch 的积木指令，甚至是用汉字（曾经有一种编程语言叫汉语言），只要具有清晰的逻辑，就可以进行编程，完全不用英文也没关系。

使用 Scratch 软件能够轻松创建交互式故事、游戏和动画，并且创作的作品可以发布到网络上与别人分享。用它来学习编程，一点也不会感到枯燥。大家是不是已经按捺不住想要进行创作的心情了呢？不要着急，了解和熟悉一款软件的界面是学习和掌握该软件的第一步。

1.5 Scratch 软件界面速览

了解和熟悉软件应该按照先整体后局部、自上而下逐步细化的顺序进行，首先从整体上对 Scratch 软件有一个基本认知，了解 Scratch 软件的基本界面构成和作用。

双击 Scratch 软件图标，此时会打开 Scratch 软件。不过，最初看到的是英文界面，如果需要切换为中文界面，则需要点击软件左上角的地球图标 SCRATCH 🌐▾ 文件 编辑，然后从打开的列表中选择“简体中文”即可，如图 1-7 所示。

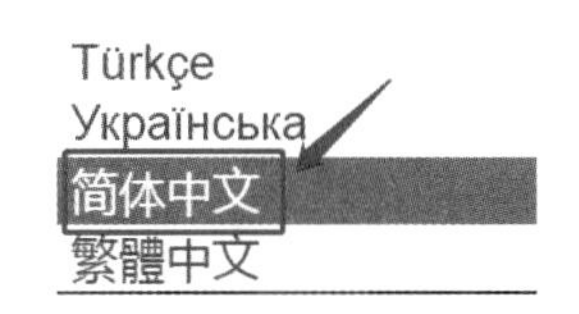

图 1-7　切换为简体中文界面

Scratch 中文界面如图 1-8 所示，下面按照图中序号逐一介绍界面中的菜单、工具项和面板。

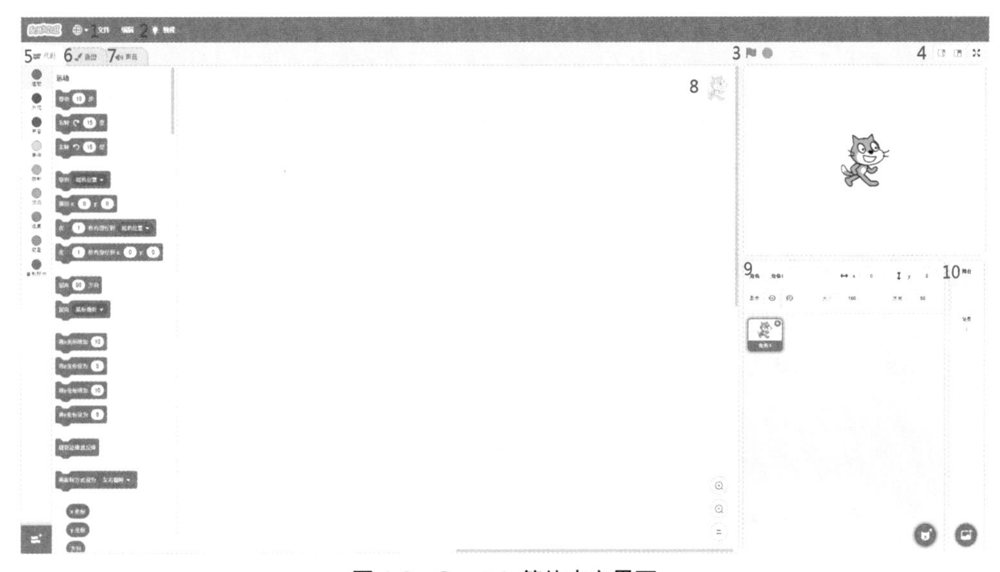

图 1-8　Scratch 简体中文界面

1. 菜单栏：包括“文件”和“编辑”两个菜单，详见下文讲解。

2. 教程：这是一个重要的入口，里面有 Scratch 软件提供的教程，有助于快速学习。

3. 运行和停止：点击绿旗图标开始运行作品，点击红灯图标则停止运行作品。

4. 舞台和模式：舞台是角色表演的区域，是最重要的视觉效果展示区域。右上角的3个按钮 用于控制舞台的显示模式，其含义依次为：小舞台模式、标准模式和全屏模式。

5. “代码”面板：左侧默认显示有9个模块，每个模块中有若干积木指令，用鼠标拖曳积木指令到右侧程序面板（数字8区域）即可构建程序。点击底部的“添加扩展”图标 ，可以为Scratch添加扩展模块，创作一些硬件和软件结合的作品，这是Scratch 3.*x*的重要升级。

6. “造型”面板：这里会显示选中角色所具有的造型，一个角色可以具有多个造型，切换造型可以使舞台上的角色发生变化。用户可以在“造型”编辑器中修改角色的造型。使用“造型”面板时将隐藏“代码”面板和程序面板。

7. “声音”面板：这是一个简单的声音编辑工具，用于编辑角色原有的声音、给角色添加新的声音，也可以使用麦克风录制声音。

8. 程序面板：从“代码”面板中把积木指令拖曳到此处构建程序。

9. “角色”面板：既可以从角色库中引入角色，也可以使用绘制功能创建新角色，还可以通过摄像头来拍摄图片并将其作为角色使用，比如拍摄自己的头像，让自己成为作品的主角。

10. “舞台”面板：用于新增或更换舞台背景，这里选中背景时，会出现“背景”面板（数字6位置），可以对背景进行简单的编辑。

下面先来学习Scratch菜单栏。

- “文件”菜单
  - 新作品：创建一个新的作品。
  - 从电脑中上传：可以理解为打开一个已经保存的作品。
  - 保存到电脑：将当前正在编辑的作品保存到指定位置。在对已经保存过的作品进行再次保存时，如果新文件与旧文件的位置、名称都相同，新文件就会覆盖掉旧文件；如果位置或名称不同，则会保留旧文件，同时另存为一个新文件，即我们常说的“另存为”命令。
- “编辑”菜单
  - 恢复：允许用户恢复最后删除的角色或者角色中的造型，但是不能恢复“保存到电脑”等一些操作。
  - 打开加速模式：用于加快积木指令的执行速度，减少执行延迟。

相对于Scratch 2.*x*版本来说，新版本的菜单功能少了很多，除了新作品、保存项目以外，其他的菜单命令几乎都可以忽略了。

接下来快速了解 Scratch 3.*x*“代码”面板中的积木。在默认显示下，它们被分为 9 个模块，分别是运动、外观、声音、事件、控制、侦测、运算、变量和自制积木，如图 1-9 所示。每个模块中有若干积木指令，由于颜色不同所以很容易进行辨识，本节只对这些模块进行概念性介绍。

图 1-9 “代码”面板中的 9 个模块

- 运动：该模块包含控制角色移动、旋转的相关积木指令。
- 外观：该模块含有控制角色造型、色彩变化以及与角色交互的积木指令。
- 声音：该模块中的积木指令用于给作品增加声音、调整音效，赋予作品多媒体效果。
- 事件：该模块用于给程序设定不同的交互响应，丰富程序的交互方式。
- 控制：该模块主要提供不同方式的选择结构和循环结构积木指令。正确使用该模块的积木指令，才能为程序的正确执行提供保障。
- 侦测：该模块内的积木指令可以用来检测场景和角色发生的变化，根据检测结果采取相应的处理，所以它们一般需要跟“控制”模块的积木指令搭配使用。
- 运算：该模块中的积木指令主要用于进行运算、比较等操作，因此经常与“控制”模块的积木指令搭配使用。
- 变量：该模块中的积木指令是“变化”的，主要用于新建变量和列表。它所创建的变量或列表可以被“控制”模块和“运算”模块的积木指令使用。
- 自制积木：可以在此处创建新的积木，用于扩展功能。

熟悉 Scratch 2.*x* 软件的用户可能会问：“画笔”模块去哪儿了？点击底部的“添加扩展”图标，将出现“选择一个扩展”页面，如图 1-10 所示，“画笔”模块现在栖身于此。点击需要的模块即可将它们添加到“代码”面板中，不过再次开启软件时，所添加的模块将回到原处，保持界面清爽。

图 1-10　“选择一个扩展”页面

Scratch 3.*x* 软件扩展了很多功能模块，尤其是在智能硬件方面，为用户提供了一个很好的软件硬件结合的创作平台，使得用户可以轻松使用软件控制硬件，所创作的作品不再“局限于”计算机屏幕。

1.6　快速体验 Scratch 软件

现在，大家已经初步学习了软件的界面，接下来趁热打铁搞一个小创作。

Get新技能：移动角色

先用那只小猫做练习吧，如果不喜欢，可以尝试换一个角色，或者把自己的头像放进去，更换方式可以参考第 2 章，也可以自己探究一下！

Step 1　确认“角色”面板中的小猫角色处于选中状态（有蓝色边框）。在“代码”面板的“运动”模块中，将“移动……步”积木指令拖动到程序面板中，如图 1-11 所示。

在“角色”面板中，角色有蓝色边框表示当前选中了该角色，此时拖动到程序面板中的积木指令将用于控制该角色。

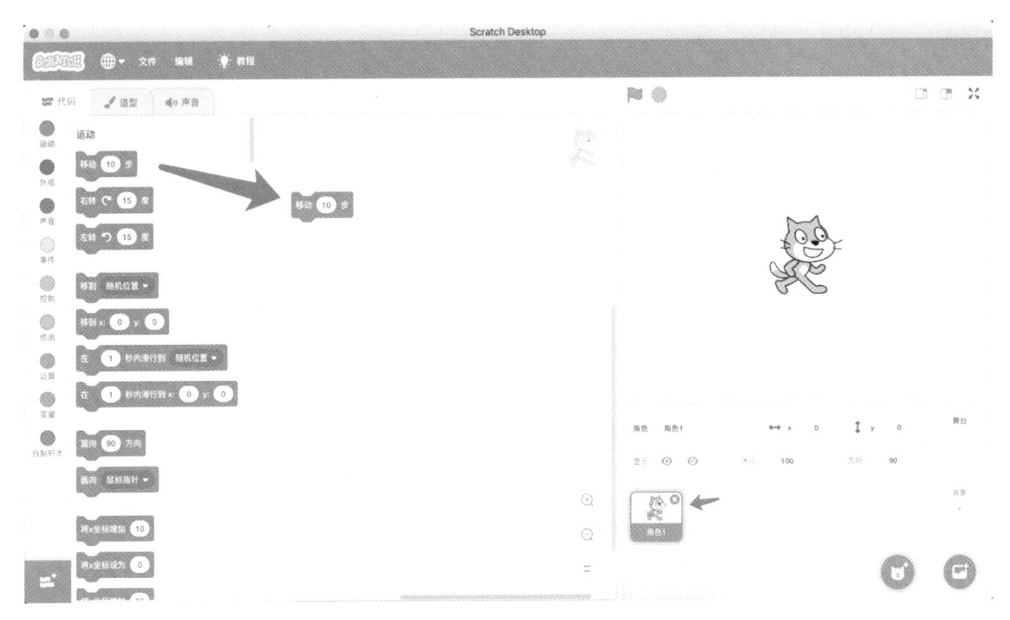

图 1-11　将“移动……步”积木指令拖动到程序面板

Step 2　为了更好地看到移动效果，将“画笔”模块添加到“代码”面板中。点击“画笔”模块，再点击“图章”积木指令，会复制出一个小猫图片（这时两只小猫是重合在一起的，而且复制出的小猫仅仅是图像，不是角色），接着点击程序面板中的“移动 10 步”积木指令，观察小猫的移动情况（向某个方向移动了 10 个单位），如图 1-12 所示。

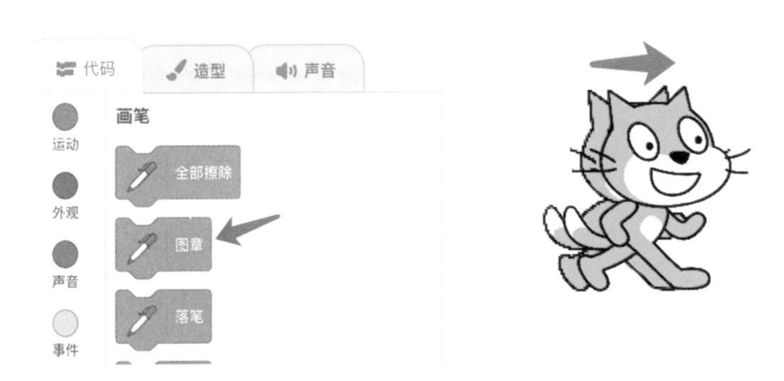

图 1-12　图章复制后控制小猫移动 10 个单位

点击程序面板或者“代码”面板中的积木指令，都将执行该积木指令，在舞台上可以看到受脚本控制的角色的运行状态。如果点击的是程序面板中的积木指令片段，将执行该段积木指令。

Step 3　尝试将数字“10”改为其他数字，点击修改后的“移动……步”积木指令观察小猫的移动效果。

Step 4 尝试将“运动”模块中的其他积木指令拖动到程序面板，点击积木指令观察小猫的动作。

在“角色”面板中选择不同的角色，将在面板中显示该角色的相关信息，包括角色名称、*x* 坐标、*y* 坐标等，如图 1-13 所示。

- 角色：可以查询和设定角色名称，建议用有意义的名称取代默认名称，比如将“角色 1”改为“小猫”。
- *x* 和 *y*：显示角色在舞台上的位置，我们也可以在这里输入数字设置角色的位置。注意舞台中心点的坐标是 *x* 为 0，*y* 为 0。
- 显示：默认为第一个显示状态，角色将出现在舞台上。如果选择第二个图标，则角色不再显示在舞台上，即隐藏角色。
- 大小：按照百分比对舞台上的角色进行缩放。
- 方向：设定角色的朝向，既可以输入方向（0 表示向上，90 表示向右，180 表示向下，–90 表示向左），也可以通过圆盘可视化地调整方向，如图 1-14 所示。角色在移动时将沿着我们设置的方向运动。

图 1-13　角色信息

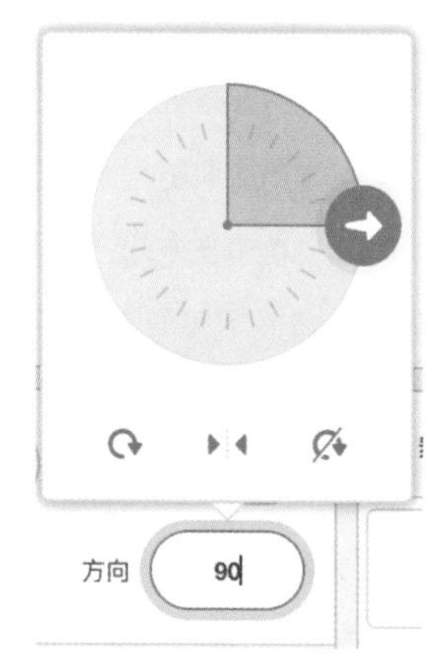

图 1-14　可视化调整角色方向

“角色”面板右下角的猫头图标是角色库的入口，里面有不少“彩蛋”，鼠标指针滑动到此图标上，会弹出一个功能条，如图 1-15 所示。

- 上传角色：从计算机中直接选取图像文件，上传到作品中并将其作为新角色。
- 随机：从角色库中随机引入一个角色到当前作品中。
- 绘制：打开“造型”面板，利用其中的绘图工具可以创造角色。

图 1-15　添加角色功能条

- 选择一个角色：开启角色库，用户可以从角色库中引入角色到当前作品中。注意，直接点击猫头图标和点击放大镜图标的效果是一样的。

Get新技能：让角色发出声音

Step 1 重新打开一个项目，小猫又上场了。

Step 2 从“代码”面板的“运动”模块中找到“移动 10 步”积木指令，将它拖到右侧的程序面板中。

Step 3 点击“移动 10 步”积木指令，注意观察舞台上小猫的动作。

Step 4 选择“声音”面板，可以看到小猫角色带有声音，点击三角形“播放”图标，小猫会发出“喵”的声音，如图 1-16 所示。

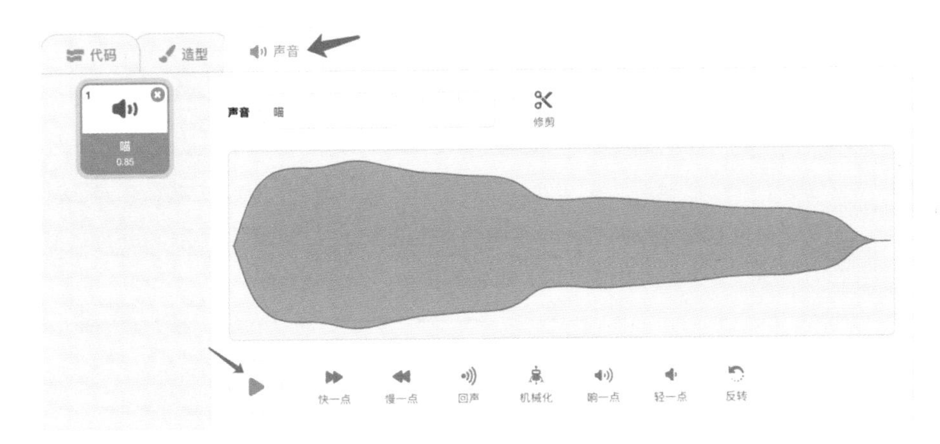

图 1-16 播放角色自带的声音

Step 5 点击“代码”面板中的“声音”模块，将其中的“播放声音喵”积木指令拖到右侧的程序面板上，向“移动 10 步”积木指令的下方靠拢。二者近到一定程度时，会出现一个浅灰色积木指令替身，表示这两个积木指令可以进行“拼合”，类似拼图块的凸起和凹槽之间的拼合，如图 1-17 所示。

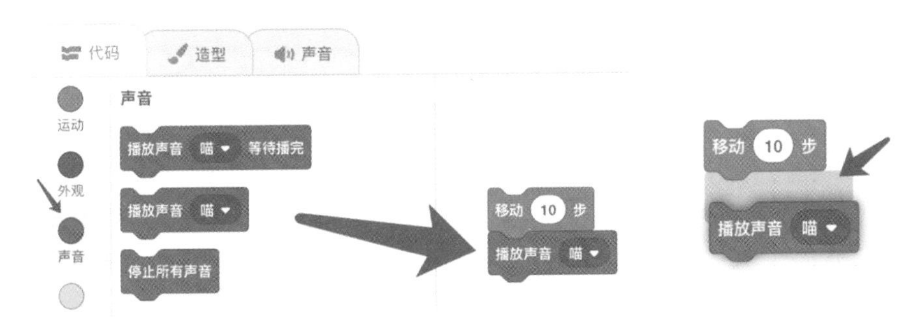

图 1-17 增加“播放声音喵”积木指令

Step 6 再次点击“移动 10 步”积木指令，小猫会先移动 10 步再发出叫声。

Step 7 将“事件”模块中的“当绿旗被点击”积木指令拖动到程序面板，尝试将它拼合到“移动 10 步”积木指令的上方，如图 1-18 所示。当然，你也可以尝试向“播放声音喵”积木指令的下方靠拢，看能否出现拼合提示。

图 1-18 拼合积木指令

只有凸起和凹槽对应起来才能进行拼合。

Step 8 点击舞台区域的绿旗图标，这就是执行程序的信号，小猫会再次先移动然后发出声音。

Step 9 选择“文件”菜单中的“保存到电脑”命令，将所创作的作品保存起来。

点击舞台上的绿旗图标，可以启动所有以“当绿旗被点击”开头的程序，所以如果想同时操作多个角色，最常用的方式是采用“当绿旗被点击”作为这些角色控制程序的开头（还可以用其他积木指令，后面会学习）。

探究学习

改变程序面板中的积木指令，尝试让小猫做出其他动作或发出其他声音。

Get新技能：装饰舞台

Step 1 舞台现在还是白色背景，点击“舞台”面板，将出现蓝色边框，表示当前可用，如图 1-19 所示。（注意，此时“代码”面板中的一些积木指令会不可用，比如“运动”模块。）

Step 2 在“舞台”面板底端同样有一个蓝色的热区，类似“角色”面板中的猫头图标。鼠标指针经过它时会弹出一个功能条，其中放大镜图标和直接点击图标的功能是一样的，都可以从背景库中选择一个背景放入作品中。点击放大镜图标，将打开背景库，如图 1-20 所示。

图 1-19 “舞台”面板

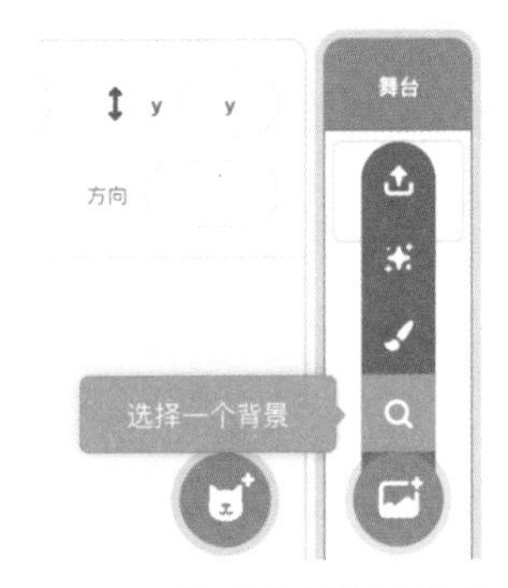

图 1-20 “舞台”面板中的热点

Step 3 在背景库中选择一个背景，本例选择的背景名称是 Party，如图 1-21 所示，点击 Party 背景即可引入。

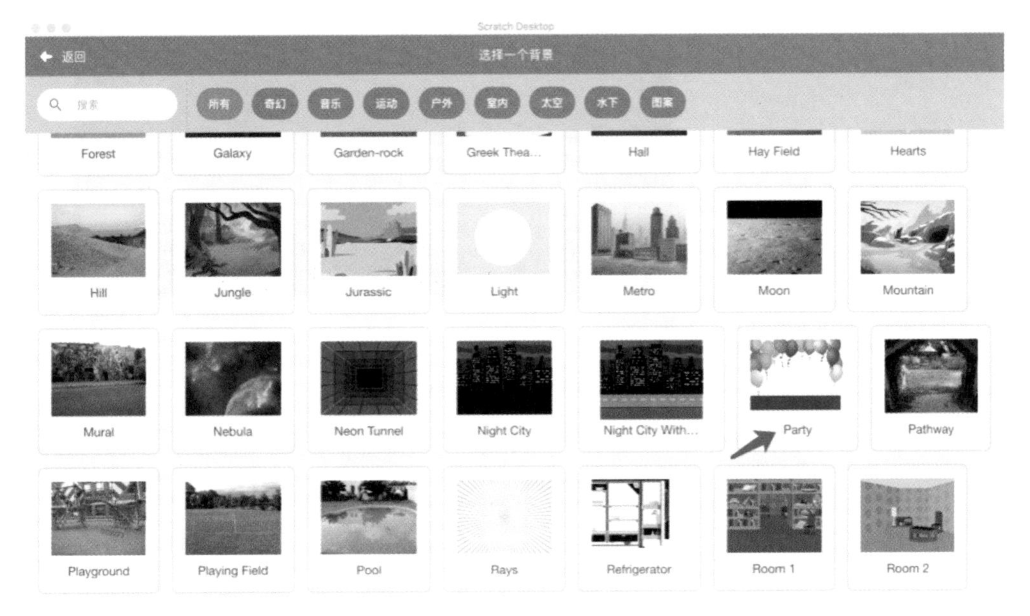

图 1-21 引入 Party 背景

Step 4 加入背景后，舞台的效果如图 1-22 所示。点击绿旗运行程序，使小猫动起来，观察舞台背景是否跟随移动。

Step 5 在作品中并不局限舞台背景的数量，所以还可以引入其他舞台背景，按照故事情节调换即可。在“舞台”面板处于蓝色状态时，点击“背景”，将调出

图 1-22 舞台背景装饰图

"背景"面板，在这里可以对引入作品的背景进行管理和编辑，当前选中的背景会具有蓝色边框，如图 1-23 所示。

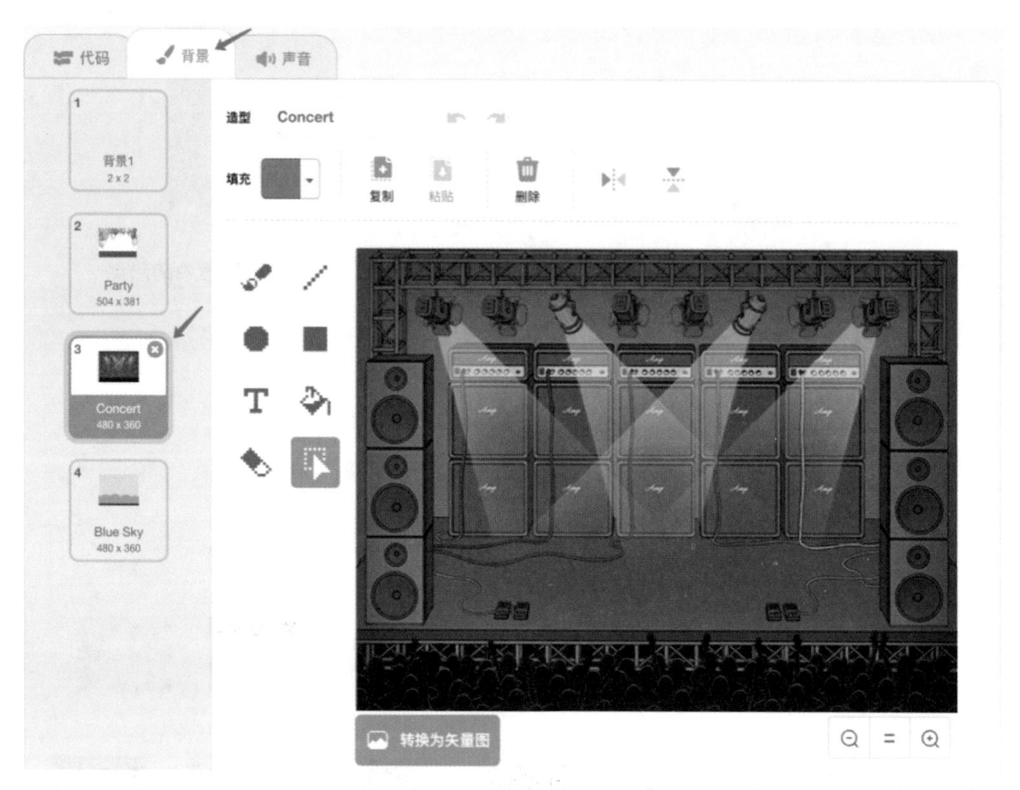

图 1-23 多背景的作品

Step 6 难道舞台只能这么大吗？点击舞台右上角的全屏模式图标 ，可以进入全屏演示模式，舞台将占据整个屏幕，这样可以更专注地欣赏作品。点击舞台右上角的退出全屏模式图标 或者按下键盘上的 Esc 键均可以退出全屏模式。

舞台的宽为 480 像素，高为 360 像素，按照坐标 x 轴和坐标 y 轴进行划分。舞台的中心点是坐标原点（即 $x = 0$，$y = 0$），如图 1-24 所示。注意，像素是计算机屏幕的一种计量单位，它没有固定的大小，我们既可以把它理解为网格上的一个小格子，也可以把它理解为点阵中的一个点。在表示像素大小时常省略单位，我们在本书中用"点"来帮助大家理解。

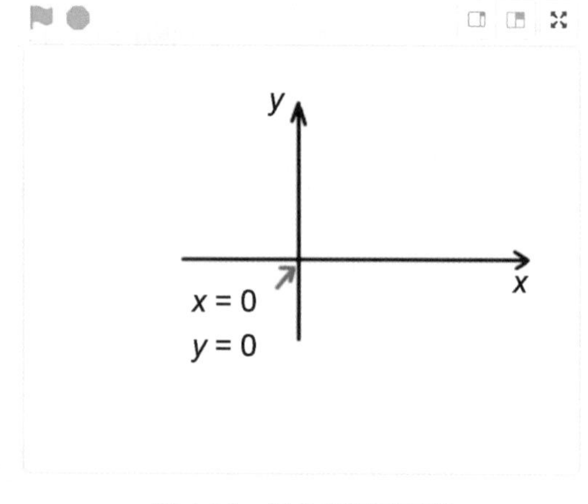

图 1-24 舞台坐标示意图

需要注意的是，进入全屏模式后，舞台被放大显示，“小猫”变“大猫”，实际尺寸并没有改变。

舞台不但是展示作品的地方，也是用来创造交互故事、游戏和动画的编辑环境。

相信大家已经玩得很上瘾了，不过为了保护眼睛，还是应该暂停休息一下，回想本章都学到了哪些知识？接下来，还有更有意思的知识等着大家。

第 2 章　Scratch 软件快速掌握指南

课程目标

了解 Scratch 软件的工作模式，掌握使用该软件的必备技能，学会创建和保存作品，学会使用角色和造型。

我们在第 1 章中快速了解了 Scratch 软件的界面，并进行了体验式操作。本章基于上一章，给大家讲解使用 Scratch 软件的必备技能，这些技能可以为后面的学习和创作保驾护航。

2.1　Scratch 软件的工作模式

Scratch 软件是一款非常适合青少年学习编程的工具性软件，其工作模式如同指挥演员表演舞台剧。掌握 Scratch 软件，就可以发挥无限的想象力，尽情享受当导演的乐趣。

为什么说 Scratch 软件的工作模式与排演舞台剧是一样的呢？

第一，舞台剧一定要有舞台，Scratch 软件就有一块区域称为“舞台”，如图 2-1 所示。在 Scratch 中创作的作品都将通过这个舞台来展示，而且这个舞台还能根据表演的需求切换背景。

图 2-1　Scratch 软件的舞台

第二，舞台剧中的演员称为“角色”，Scratch 软件作品中的演员也称为“角色”，如图 2-2 所示。角色一旦被选定，就会出现在舞台上。你可能会问，如果一部 Scratch 作品有几十个角色，那么舞台上岂不乱套了？其实完全不用担心，这就和排演舞台剧一样，需要哪个角色进行表演，就控制哪个角色出现在舞台上，暂时没有表演任务的角色就先去后台休息。

第三，舞台剧的角色会根据故事发展的需要切换很多不同的造型。比如，警察叔叔在执行任务时，可能是警服着身的战斗人员造型，而在日常生活中就是身着便服。与舞台剧角色一样，Scratch 作品中的角色也会有很多造型，这些造型都“隐藏”在角色的“身体”内，导演可以根据故事需要，控制在何时何地使用角色的哪个造型，如图 2-3 所示。

图 2-2　Scratch 作品中的角色

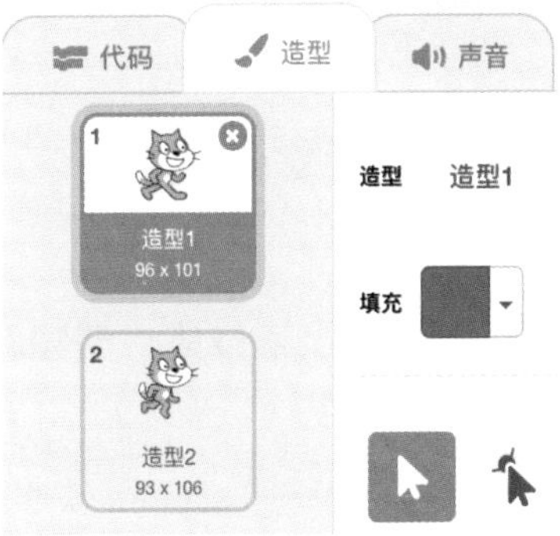

图 2-3　小猫角色中的两个造型

第四，在排演舞台剧时，有一个重要的文件“脚本”，所有的角色都需要按照脚本进行表演。脚本写着“走”，角色就要走起来；脚本要求有“鸟叫”，就要在场景中配上鸟叫的声音。按照脚本完整地表演下来就是舞台剧了。Scratch 中同样有“脚本”的概念，这些脚本控制角色做出相应的动作，如移动、发出声音，脚本控制着角色“不间断地表演”，是不是就像排演舞台剧？在 Scratch 2.*x* 版本中，控制角色表演的指令直接称为“脚本”，如图 2-4 所示。

升级到 Scratch 3.*x* 版本后，脚本改称为“代码”，如图 2-5 所示。

图 2-4　Scratch 2.*x* 中的指令称为脚本

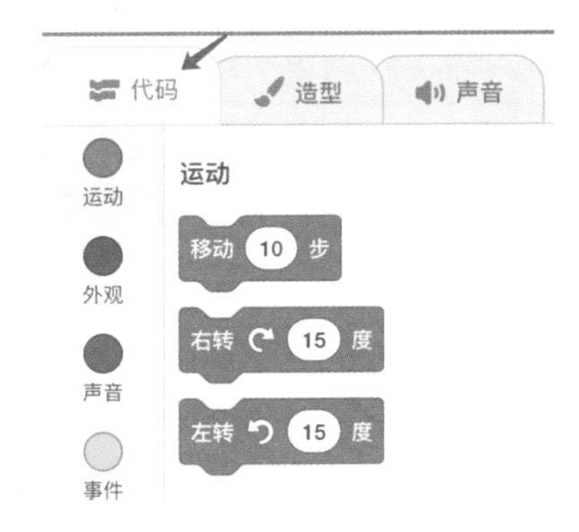

图 2-5　Scratch 3.*x* 中的指令称为代码

控制角色“表演”的脚本就是程序（也称为代码），组织脚本的过程就是编程。好脚本是排演出好舞台剧的基石，好脚本（逻辑思维清晰的程序）也是成就 Scratch 好作品的基础。

基于以上几点，我相信大家已经明白 Scratch 的工作模式了：与排演舞台剧一样，在创作前要构思好故事（编写程序前要厘清解决问题的逻辑思路）；然后根据故事情节（解决问题的逻辑思路）准备好角色，有时还要根据需要为角色准备多个造型；接下来就是给每个角色提供（编写）表演脚本（程序）；最后，角色在舞台上按照脚本进行表演（执行程序解决问题）。

2.2 处理文件项目

Get新技能：创建新作品

每当我们打开 Scratch 软件，它都会自动开启一个新项目。

有时，可能要废弃创作了一半的作品，重新开始一个新作品，这时就要开启一个新项目。

Step 1 使用鼠标点击菜单栏中的“文件”菜单。

Step 2 在出现的菜单中选择“新作品”命令，如图 2-6 所示。

图 2-6 选择“新作品”菜单命令

Step 3 如果当前创作的项目没有保存，软件会出现如图 2-7 所示的提示框，可以根据需要选择。选择 Cancel（取消）表示放弃新建项目，继续在当前项目中进行创作；选择 OK（确定）表示放弃正在创作的作品，开启一个新的项目，小猫将重新回到舞台中央，等待新的指令。

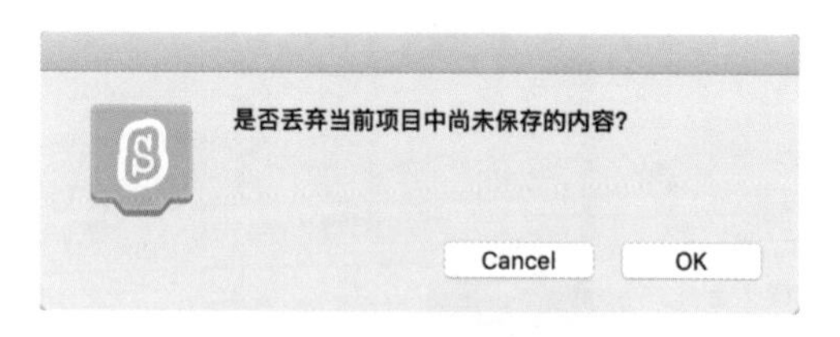

图 2-7 保存项目提示框

Get新技能：保存作品

多数情况下我们还是需要保存自己的劳动成果的，尽管作品可能不尽如人意，但是只要保存下来，就可以在有了好创意后继续对作品进行修改。

Step 1 使用鼠标点击菜单栏中的“文件”菜单。

Step 2 在出现的菜单中选择“保存到电脑”命令，如图 2-8 所示。

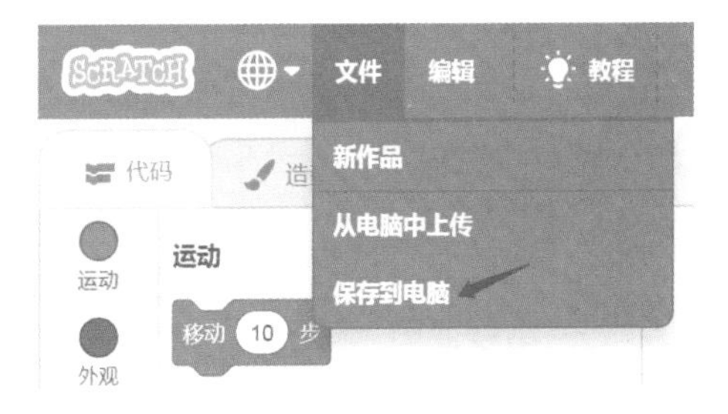

图 2-8　选择“保存到电脑”命令

Step 3 Scratch 软件将出现保存对话框，如图 2-9 所示。由于我用的是苹果操作系统，所以可能与 Windows 系统看到的对话框不一样，但是功能是一样的。“存储为”输入框用于定义项目名称，名称应遵从见名知义的原则。

图 2-9　“保存到电脑”对话框

注意：Scratch 2.*x* 版本在保存文件时会使用“sb2”作为后缀名，Scratch 3.*x* 版本则使用“sb3”作为后缀名，这是二者在文件存储上一个显著的区别。

图 2-9 中蓝色箭头所指的是上一次保存文件时使用的文件夹，我们既可以选择继续使用该文件夹，也可以在硬盘上新建或另外选择一个文件夹进行存储。

见名知义是指文件名称要有一定的说明性，使其他人看见文件名称就大概能知道这个文件是做什么用的，或者内容是什么。例如，文件名称为“小猫说话20180402”则表示本文件是一个小猫说话的作品，20180402 称为“时间戳”，意思是给文件“盖”一个时间印章，方便区分文件的先后顺序，因此时间戳可以是文件创建的时间，也可以是每次保存时的时间。

在 Scratch 3.*x* 中，如果这个项目已经保存过，再次执行“保存到电脑”命令，依然会出现“保存到电脑”对话框。而在 Scratch 2.*x* 版本中，将自动沿用之前的文件名和存储位置直接进行保存，且保存的最新文件会覆盖旧文件，这是新旧版本的一个区别。

为了保护好我们的劳动成果，创作过程中要经常进行保存操作，尤其是在某些重要操作后。如果想分阶段保存劳动成果，可以考虑使用时间戳，按照创作时间保存多个版本。

对于重要项目，建议设立单独的文件夹存放，将重要项目所涉及的资料文件和不同阶段保存的文件存储在一起，方便查询和修改。

Get新技能：打开已有作品

很多情况下，项目不是一次性完成的，有时会中断创作去干别的事情，所以及时保存项目才能最大限度地保护我们的劳动成果。

Step 1 使用鼠标点击菜单栏中的"文件"菜单。

Step 2 在出现的菜单中选择"从电脑中上传"命令，如图 2-10 所示。

Step 3 此时将出现打开文件的对话框，进入目标文件夹，选择要打开的文件，如图 2-11 所示。点击"打开"按钮即可在 Scratch 软件中打开文件。当然，也可以用鼠标双击要打开的文件。

图 2-10　选择"从电脑中上传"菜单命令

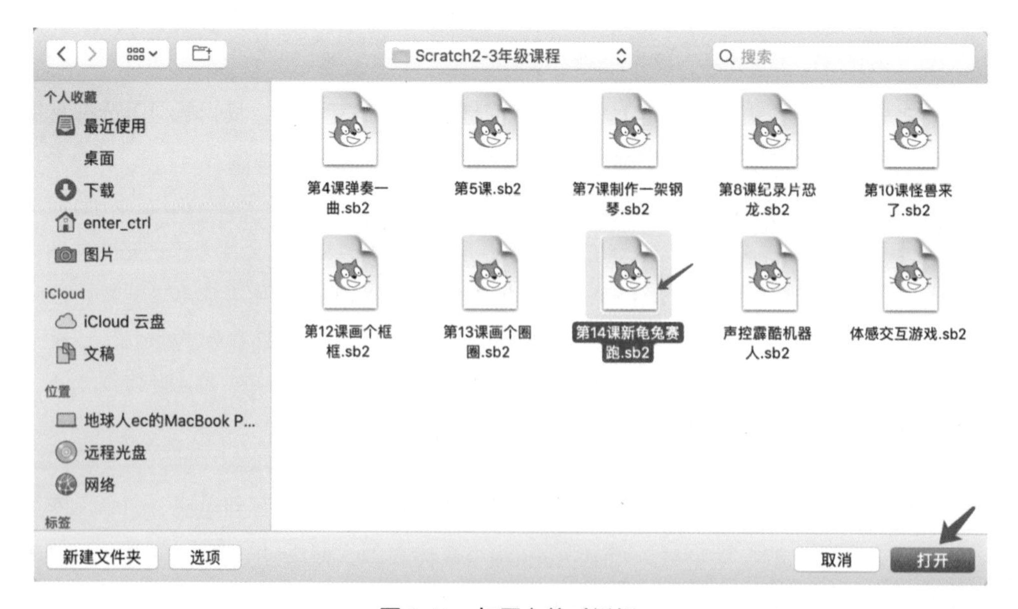

图 2-11　打开文件对话框

如果当前打开的项目被编辑过但没有保存，在执行打开文件时不再提示保存当前项目，因此切记在打开文件之前保存正在编辑的项目。

Scratch 3.*x* 软件能够打开以 sb2 为后缀的旧版本文件，一旦将项目保存为以 sb3 为后缀名的新版本文件，Scratch 2.*x* 软件将无法打开它。

Get新技能：获得教程

Scratch 软件带有丰富的教程，跟随这些教程，用户可以快速掌握软件的使用技能。

Step 1 使用鼠标点击菜单栏中的“教程”菜单，如图 2-12 所示。

图 2-12 “教程”菜单

Step 2 此时将出现“选择一个教程”页面，如图 2-13 所示，目前提供 5 个分类，共计 19 个课程。

图 2-13 “选择一个教程”页面

Step 3 点击页面中的教程，它会在界面中以浮动窗口的形式打开，如图 2-14 所示。点击两侧的箭头可以挑选课程，软件操作是采用动画方式进行演示的，非常人性化。

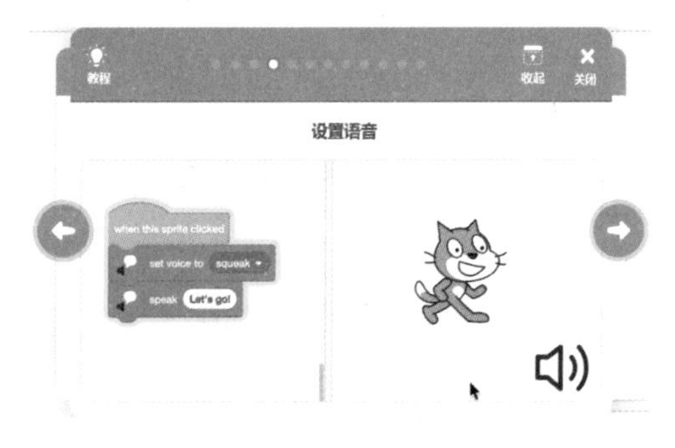

图 2-14 教程浮动窗口示意图

使用 Scratch 软件的必备技能先介绍到这里，这些必备技能可以为我们的创作工作保驾护航，尤其是“保存到电脑”功能。另外，为作品命名也是很讲究技巧的，用户一定要遵守见名知义的命名原则。

2.3 处理角色

角色是一部作品的重要组成部分，熟练地对角色进行操作可以提高效率，创造出大片级的作品。本节就来学习编辑角色的必备技能。

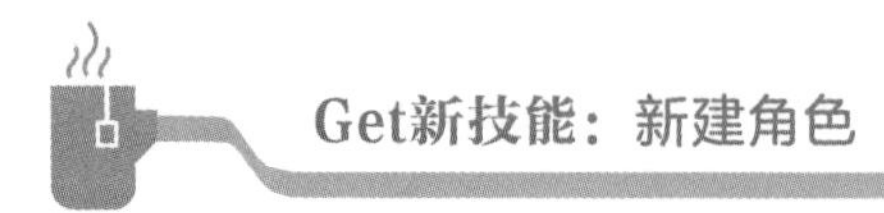

一只小猫很孤单，我们可以尝试在舞台上增加更多的角色。我们在第 1 章中已经简单介绍过与新建角色有关的几个按钮，下面由下至上进行更具体的介绍。

将鼠标指针移动到“角色”面板的“选择一个角色”热区中，此时将弹出一个功能条，如图 2-15 所示。

图 2-15 “选择一个角色”图标

直接点击猫头图标或者点击放大镜图标将显示系统自带的角色库，如图 2-16 所示。Scratch 软件按照角色属性进行分类管理，不同分类下有数量不等的角色。鼠标指针滑过角色时将显示蓝色边框，点击角色即可将此角色引入当前项目中。

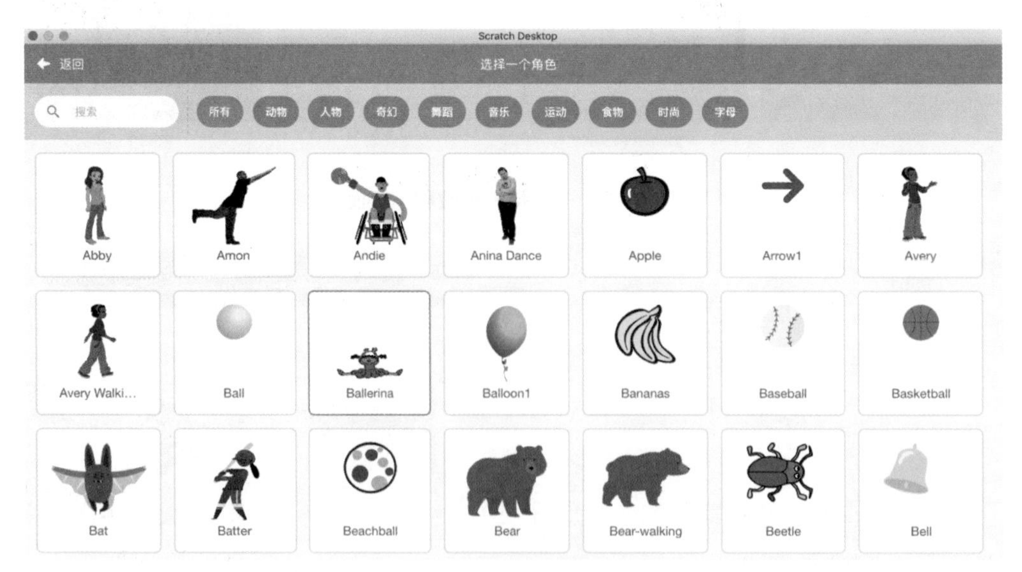

图 2-16 角色库

引入项目的新角色将按引入顺序排列在“角色”面板中，同时出现在舞台上，如图 2-17 所示。

图 2-17　引入的新角色出现在“角色”面板和舞台上

角色按引入的先后顺序排列在“角色”面板中，反序出现在舞台上，即“角色”面板中排在最前面的角色将出现在舞台最底层，排在最后面的角色将出现在舞台最顶层。这只是角色初次引入时的默认状态，实际上“角色”面板中的角色顺序和舞台上的角色层级没有对应关系，前后层级是可调整的，使用鼠标点选舞台上的角色稍微移动一下即可将该角色置于最顶层，也可以使用与层相关的积木指令进行调整。

如果角色库中没有合适的角色，可以点击“角色”面板功能条中的绘制图标 绘制 自己创作角色。这时“角色”面板中会出现一个新建的空白角色，右侧的程序面板将切换成“造型”面板，同时出现这个角色的空白造型 1，用户可以在绘画区域绘制新角色的造型，如图 2-18 所示。如果这个新角色需要多个造型，可以在绘制完第一个造型后，移动鼠标指针到左下角的猫头图标上，在出现的功能条中点击绘制图标 绘制 ，开始创作新角色的第二个造型，以此类推，逐步完成新角色的创造工作。在后面还会展开介绍造型的绘制。

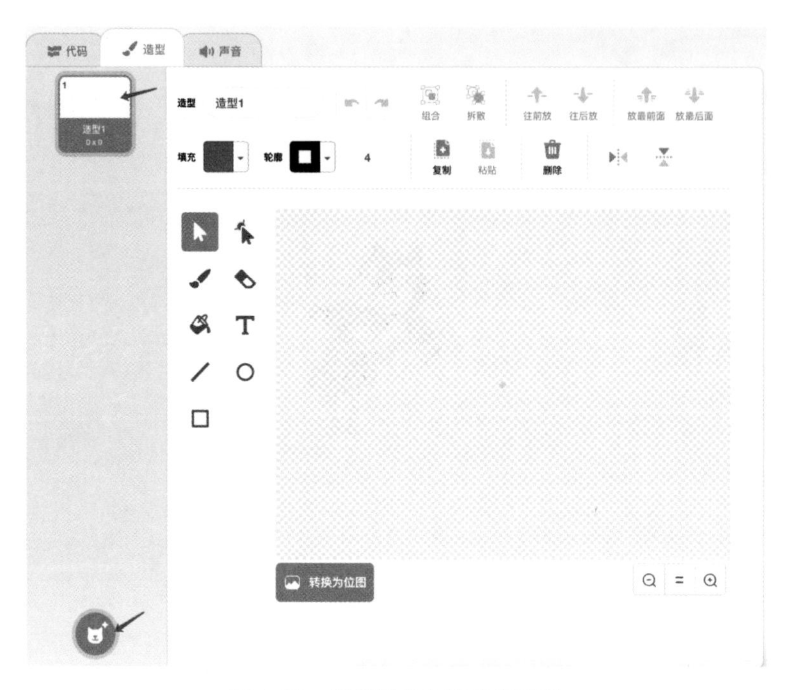

图 2-18　创建新角色的空白造型

功能条中的星星图标提供了一个很有意思的功能，可以随机地从角色库中选择一个引入当前的作品中。这个功能未来或许会升级为利用人工智能选择角色，系统会根据当前作品的一些特点自动选择合适的角色引入作品中，帮助创作者产生更好的创意，真的能够实现吗？拭目以待吧。

功能条中的向上箭头图标具有上传角色的功能，可以将硬盘中的图像文件上传到作品中从而创建一个新角色。点击向上箭头图标，将打开一个文件选择框，如图 2-19 所示，用户可以从本地选择合适的图像文件，然后点击“打开”按钮来上传角色。

图 2-19　从本地上传角色

上传的角色也将按照创建顺序依次出现在“角色”面板中，如图 2-20 所示。

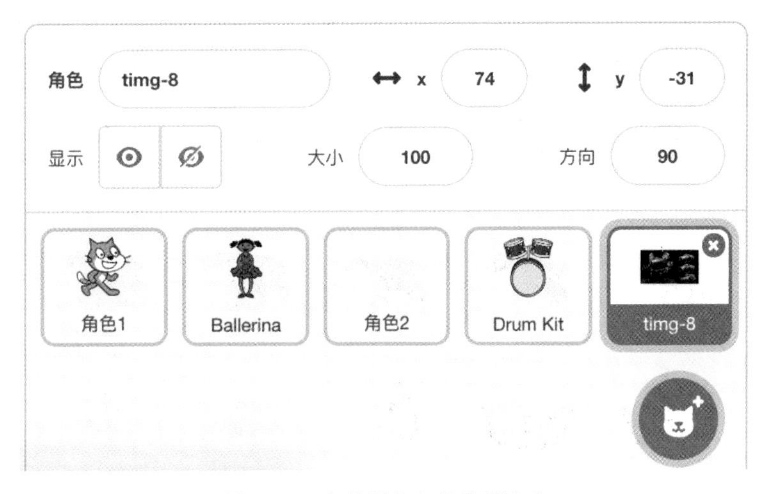

图 2-20　上传图像文件为新角色

难道新建角色只有这 4 种方式吗？ Scratch 软件还隐藏着一个彩蛋功能，用鼠标右击“角色”面板中的角色，选择“复制”，就会复制出一个新的角色，如图 2-21 所示。与前面提到的“图章”不同，这里复制出的是一个独立的角色，它会按照规矩出现在“角色”面板的尾端。

图 2-21　复制角色

前文讲过可以通过绘制的方式创建新角色，下面我们开始学习具体的绘制技能。

Get新技能：绘制角色的造型

点击“角色”面板的“绘制”按钮后，在“角色”面板中会出现一个新的空白角色并自动进入“造型”面板，默认第 1 个造型处于绘制状态，将鼠标指针滑入“造型”面板左下角的猫头图标，会出现如图 2-22 所示的功能条，下面就来学习一下这些图标。

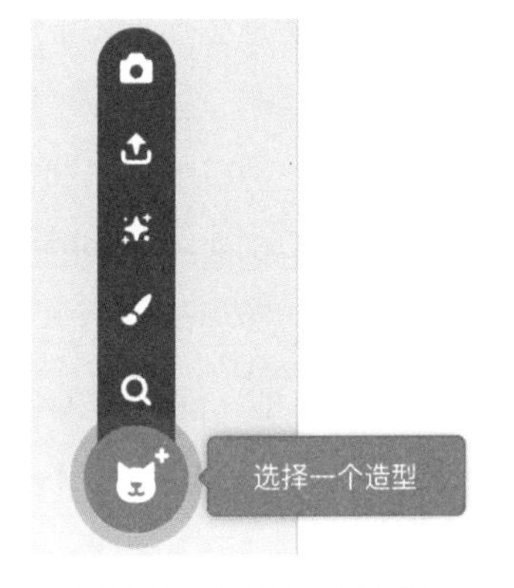

图 2-22　选择一个造型

- 将鼠标指针滑入猫头图标或者放大镜图标，提示均为“选择一个造型”，所以这两个图标的功能是一致的，都将打开 Scratch 内置的造型库，如图 2-23 所示。将鼠标指针滑入某个造型即选择该造型，点击即可引入。

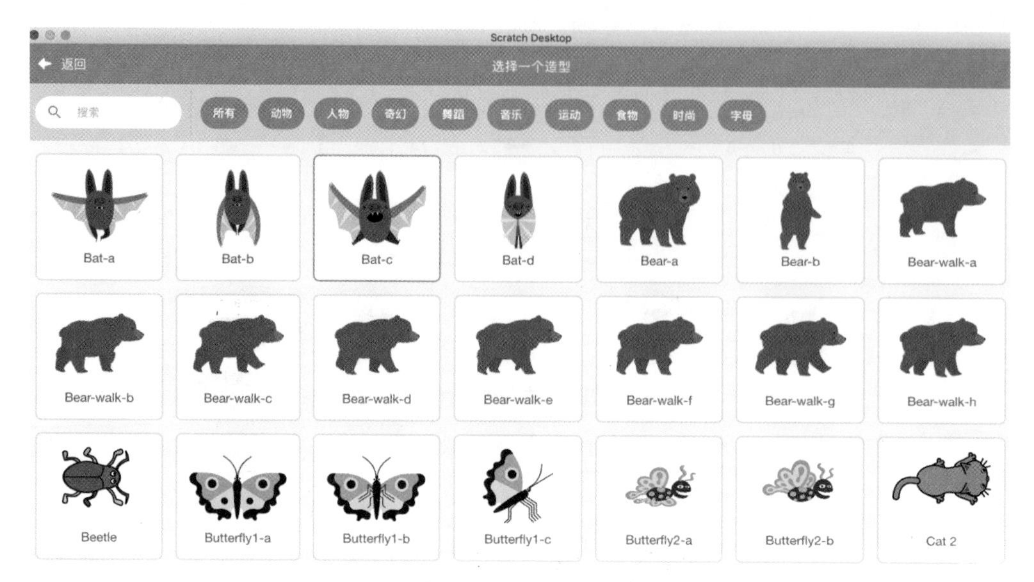

图 2-23　Scratch 软件的造型库

通过“选择一个造型”增加的造型不会出现在造型1中，而是按顺序出现在后面。如图2-24所示，新增造型成为第2个造型，所以需要手动删除第1个造型。删除造型的方法是先选中造型1，再点击它右上角的叉号，或者点击鼠标右键，选择“删除”。

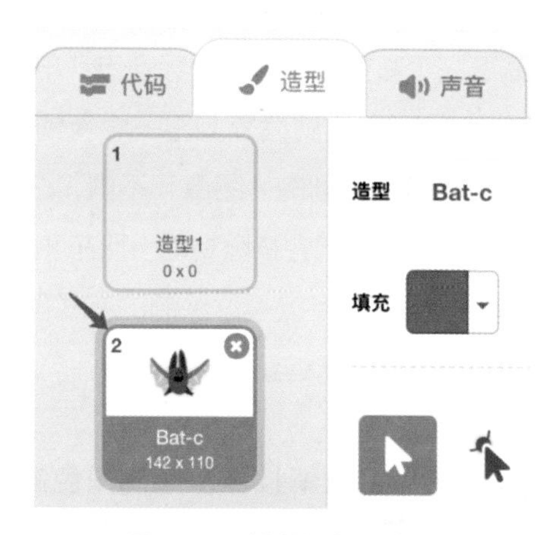

图 2-24　新增的角色造型

- 点击绘制图标 可以对角色进行造型绘制。角色造型的绘制需要一定的绘画基础，如果对自己的绘画能力没有自信，就可以“踩在巨人的肩膀上”，对已经引入的造型进行二次创作。当然，你可以从无到有地绘制一个造型。完成一个造型之后，再次点击绘制图标就会创建一个新的造型。本书并不以艺术创作为重点，因此不对“造型”面板及其包含的工具进行讲解，用户可以自行探究体验。对于专业绘画人员而言，“造型”面板中的工具可能简单得难以满足设计需求，所以完全可以放弃在 Scratch 中绘制，转战到专业绘画软件中进行创作，完成之后再以角色或者造型的方式引入即可。
- 星星图标 的功能提示为“随机”，点击它则会随机从造型库中引入一个造型，而这个造型很有可能跟角色之前的造型“风马牛不相及”，所以要创作一种角色前后强烈反差的感觉，用这个功能或许是不错的。

- 将鼠标指针滑入向上箭头图标 上传造型，其功能提示为“上传造型”。回忆一下前面创建角色中的“上传角色”功能，二者的功能是相似的，所不同的是，这里上传的图像文件是作为角色内部的造型使用的，而不会成为一个独立的角色。
- 如果能成为自己作品的主角，那该多酷。想要达成这个心愿，可以点击摄像头图标 摄像头，打开计算机的摄像头（可能会出现一个提示，询问用户是否同意使用摄像头，选择“同意”，否则摄像头将无法提供服务）。点击“拍摄照片”进行拍摄，拍摄后的照片会显示在窗口中，如图 2-25 所示。如果不满意，可以选择“重新拍摄”，点击“保存”按钮即可将拍摄的作品作为造型存储在角色中。此外，我们还可以在“造型”面板的绘图区中对照片进行修饰。

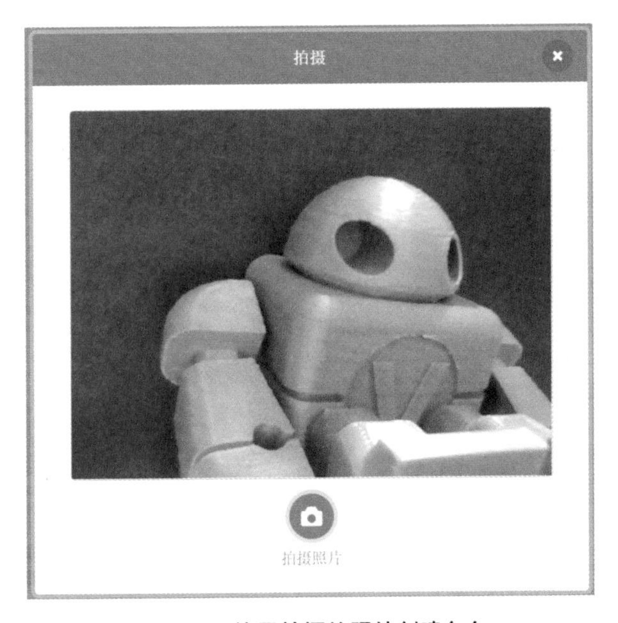

图 2-25　使用拍摄的照片创建角色

> 使用摄像头拍摄时，建议在被拍摄物体的背后放置纯色背景（最好是蓝色或者绿色，实在不行就用白纸），以便后期处理时去掉背景，留下“纯净”的主角。

最后，我们可以尝试在“造型”面板左侧的某个造型上点击鼠标右键，选择“复制”命令，将产生一个一模一样的全新造型，如图 2-26 所示。

图 2-26　复制造型

这个功能对创建动画很有帮助，只需要对复制出的造型稍微修改，就可以在前后造型上形成细微差别，连贯起来就形成了动画。

通过一番练习，估计“角色”面板中已经有很多角色了，接下来就来总结一下编辑角色常用的操作。

常用操作一：复制角色

在“角色”面板中右击想要复制的角色，选择“复制”选项（如图 2-27 所示）即可得到一个完全相同的独立角色，但它会有跟原始角色不一样的名字，如图 2-28 所示。

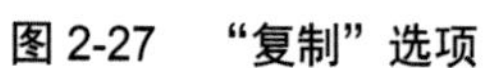
图 2-27　“复制”选项

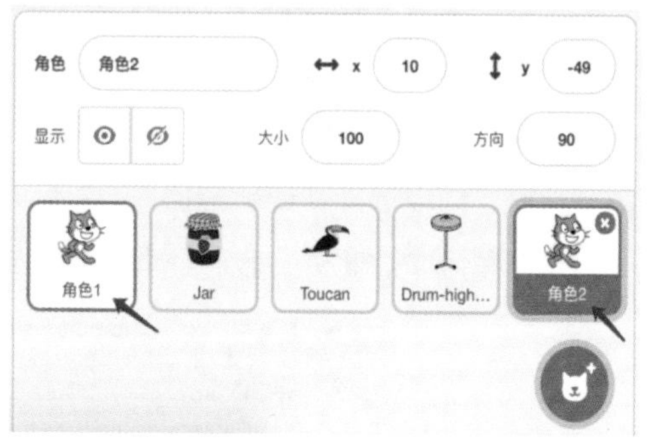

图 2-28　复制出的角色是独立角色

“复制”功能非常强大，复制角色时不但能复制它所有的造型，还会把角色所附带的程序一起复制。

常用操作二：删除角色

在“角色”面板中，被选中的角色在右上角会显示一个叉号，用鼠标点击叉号即可删除该角色，如图 2-29 所示。此外，使用右键菜单中的“删除”选项也可以删除角色。

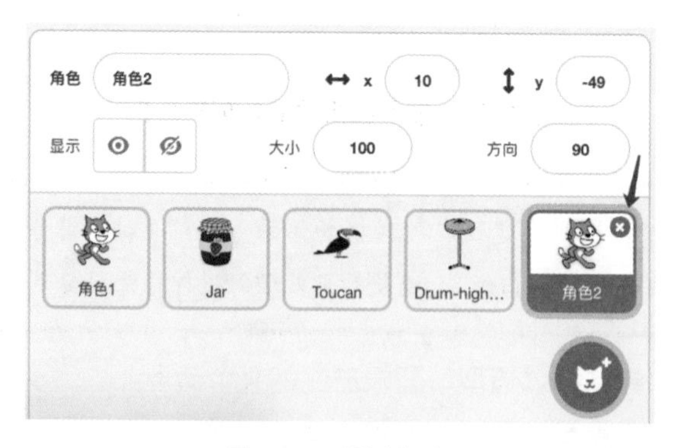

图 2-29　删除角色

常用操作三：隐藏角色

如果舞台上的角色太多，在设计舞台表演时就会很混乱，而通过删除角色清理舞台，无异于饮鸩止渴，此时可以通过将某些角色隐藏达到清理舞台的目的。在“角色”

面板中选中想要隐藏的角色，然后点击面板中“显示”项的隐藏按钮 ，就可以切换为隐藏状态，如图 2-30 所示。想要让角色继续显示时，点击显示按钮 就会恢复为显示状态。

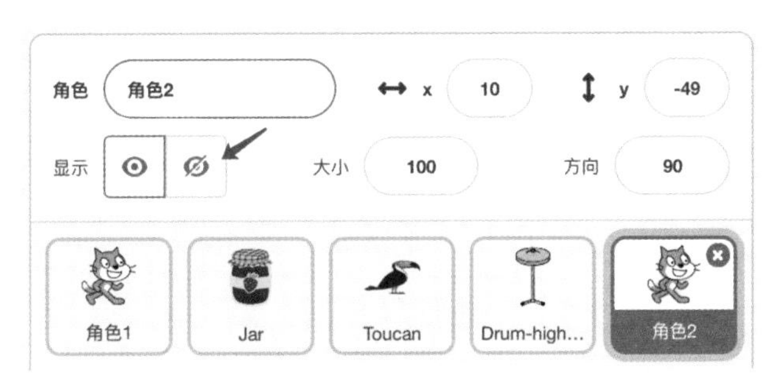

图 2-30 隐藏角色

常用操作四：调整角色大小

对于引入的新角色，其大小并不一定适合当前创作的作品，有时为了达到夸张的舞台效果，也会刻意调整角色的大小，这就需要用到“角色”面板中的“大小”功能。之前“角色 1”和“角色 2”的大小都是 100，现在如果将“角色 2”的“大小”设置为 200，舞台对比效果如图 2-31 所示。注意，此处的数值不是以像素为计量单位的，而是与角色原大小的百分比值。

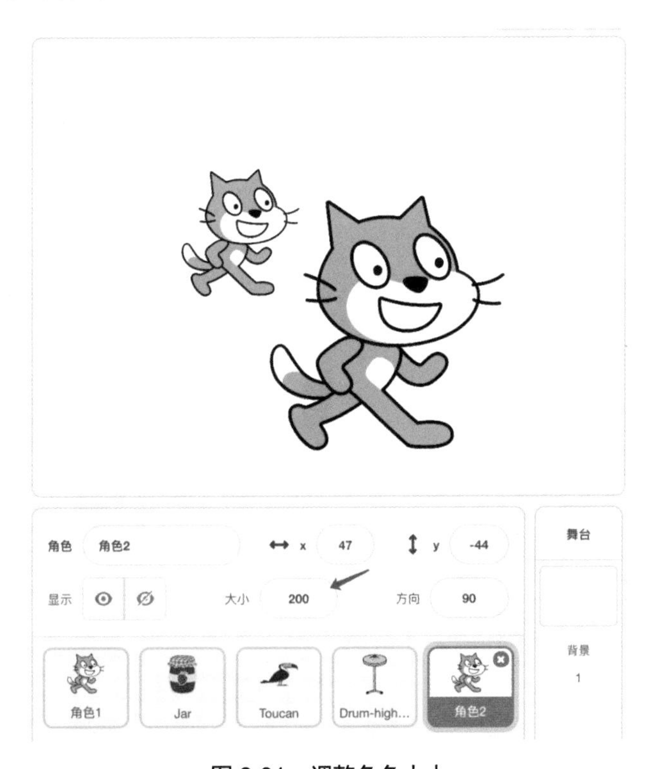

图 2-31 调整角色大小

常用操作五：调整角色顺序

当"角色"面板中的角色很多时，就需要进行一些顺序上的调整，将具有相同或者相似属性的角色整理到一起，方便对它们进行管理。将鼠标指针滑动至想要调整顺序的角色上，按下鼠标左键，然后将它拖动到预期位置后松开鼠标，完成顺序的调整，如图 2-32 所示。在 Scratch 3.*x* 中，这种顺序的调整并不会影响角色出现在舞台上的层级（Scratch 2.*x* 不提供角色顺序调整功能）。

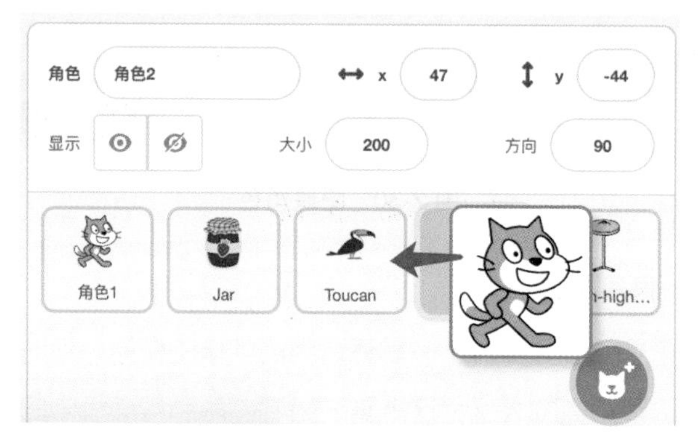

图 2-32　调整角色顺序

为了激发小朋友们对机器人的兴趣，我决定更换掉大家熟悉的小猫角色，选择机器人角色 Pico（中文名：贝果）作为本书的主角。

案例：更换本书主角

Step 1　打开 Scratch 软件，小猫一定会准时出现在舞台的中央，同时在"角色"面板中可以看到小猫的名称为"角色 1"。我们点击"角色"面板中的猫头图标（选择一个角色），如图 2-33 所示。

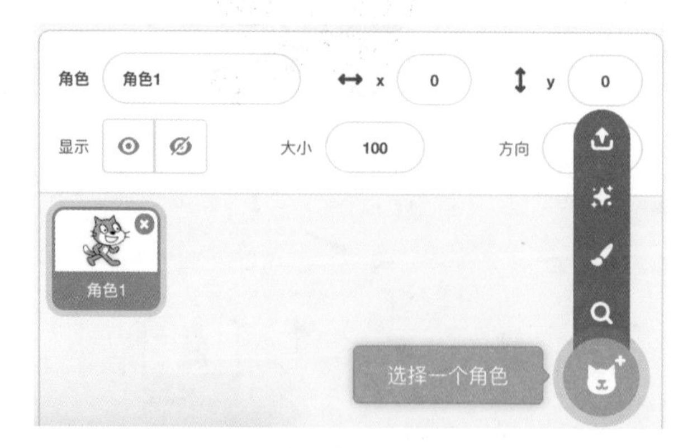

图 2-33　猫头图标

Step 2 在角色库的“奇幻”分类中找到名称为 Pico 的角色，如图 2-34 所示。点击该角色，将其引入当前项目中。如果没有找到，尝试在搜索栏中输入 Pico 搜索一下。

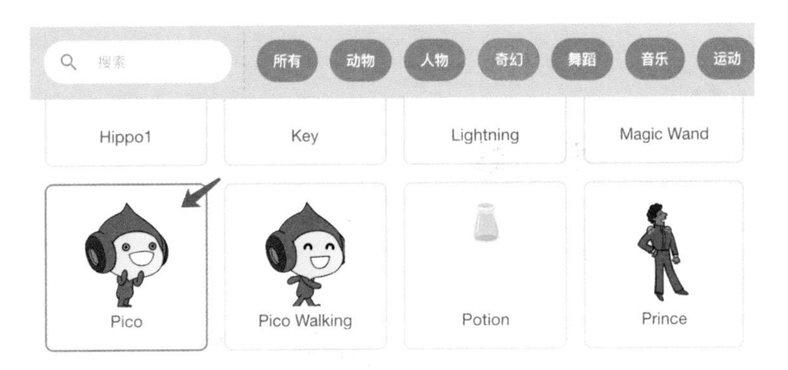

图 2-34　引入 Pico 角色

大家要善于使用搜索功能，尽管目前还不支持中文搜索。比如输入“robot”，就可以检索出所有包含单词 robot 的角色，它们会出现在“所有”一栏中，但是在后面的分类栏目中却找不到它们的踪影，这是因为有一些角色只存在于“所有”栏目。

Step 3 新引入的 Pico 角色会出现在“角色”面板和舞台中央。好吧，下面请小猫退场。在“角色”面板中选择小猫角色，点击右上角的叉号，如图 2-35 所示，或者在角色上点击鼠标右键，在出现的菜单中狠心选择“删除”选项吧。

图 2-35　删除小猫角色

Step 4 选择 Pico 角色，“角色”面板将显示它的信息，如图 2-36 所示。在“角色”输入框中将名称 Pico 改为“贝果”。

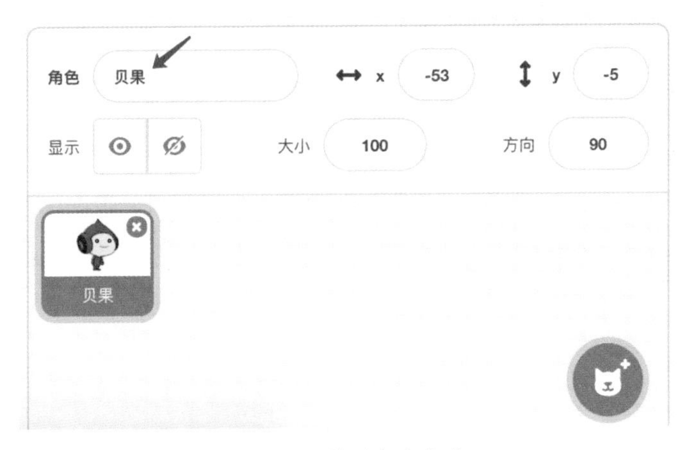

图 2-36　修改角色名称

Step 5 调出“造型”面板，这里会显示“贝果”角色具有 4 个造型，如图 2-37 所示。选择其中任意一个，它就可以在右侧编辑区域中显示出来，你可以使用内置工具对角色进行修改或绘制新造型。其中，左面的小工具尝试一下就能掌握哦。

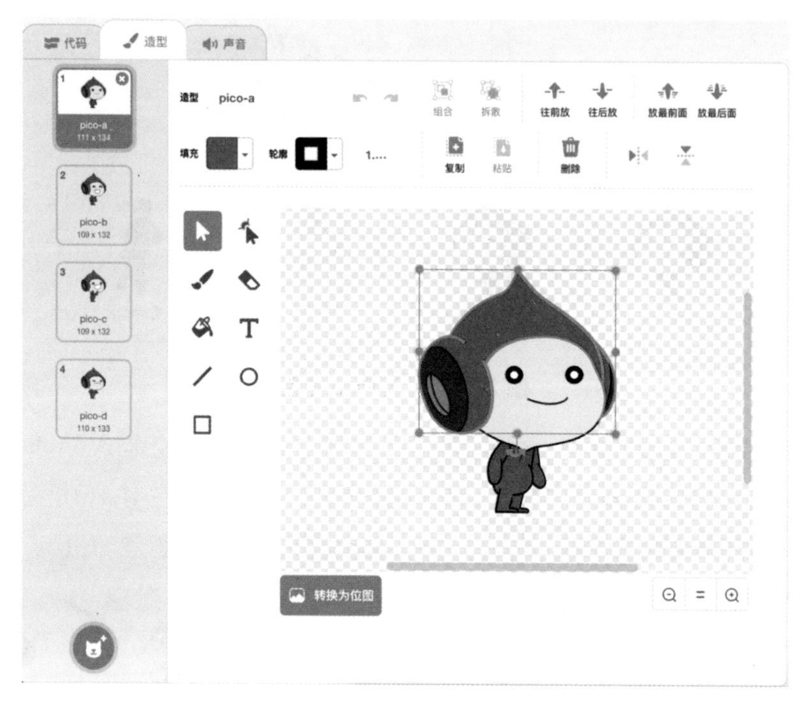

图 2-37 贝果造型示意图

Step 6 选择“文件”菜单中的“保存到电脑”命令。然后在出现的对话框中对项目进行命名，建议将这个文件命名为“source”（中文翻译为来源、出处、原始资料），因为该文件将用作后续案例的源文件，这样命名符合见名知义的原则。另外，建议读者在计算机中建立一个文件夹，专门用于存储本书的案例程序。

source.sb3 文件将作为后续编程练习的起点，我建议大家每次打开这个文件以后，马上将其存储为另外的文件名。当然，如果你不小心修改了这个文件，我相信你重新创建一个 source.sb3 文件也是不在话下的。

本章讲解了 Scratch 软件中与角色和造型相关的一些操作，这些操作虽然不涉及代码积木指令和编程，但是对于项目的创作有着重要的作用，是后续课程的根基。

第3章　积木指令

课程目标

了解 Scratch 软件中积木指令的使用规则。

前面讲到，任何一种语言都有自己的编写格式，Scratch 也有自己的“拼合”规则，本节我们就来了解这些规则。

3.1　快速掌握积木指令的精髓

Get新技能：分类认识常见积木指令

1. 只能放在第一条的积木指令

这类积木指令多数处于“代码”面板的“事件”模块中。它们下面有凸起，上面没有缺口，因此只能作为程序的第一条指令使用，即只能把它们放在一段程序的开始处，如图 3-1 所示。

大家可以尝试把不同的事件积木指令放在外观积木指令“说……”的上面，如图 3-2 所示，然后分别进行点击绿旗、按下空格键、点击贝果等操作，观察贝果的变化，分析每段程序起什么作用？

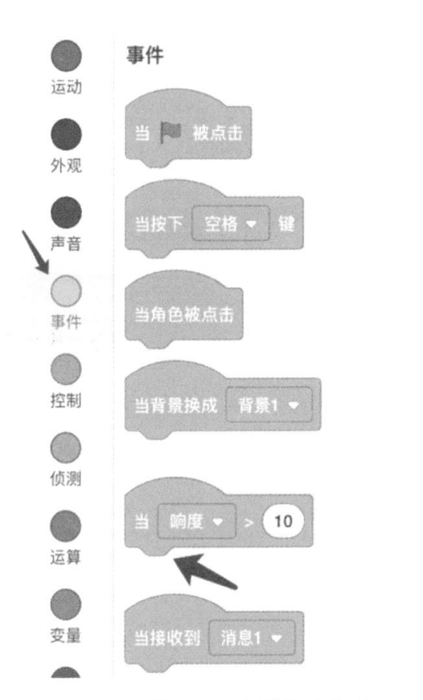

图 3-1　事件积木指令

图 3-2　不同事件程序

注意：在“当角色被点击”程序中，如果“说……”积木指令的输入框中是空的（即全选内容后按 Delete 键删除），那么执行时角色不会出现对话框；如果“说……”积木指令的输入框中是非空的（比如全选内容后按空格键），那么执行时角色会出现对话框（看上去是空的，其实有一个空格）。

2. 执行类积木指令

这类积木指令是程序的主体，能够被逐条执行，控制着程序的运行和交互。从外观上看，它们大部分上有缺口，下有凸起，如图 3-3 所示。

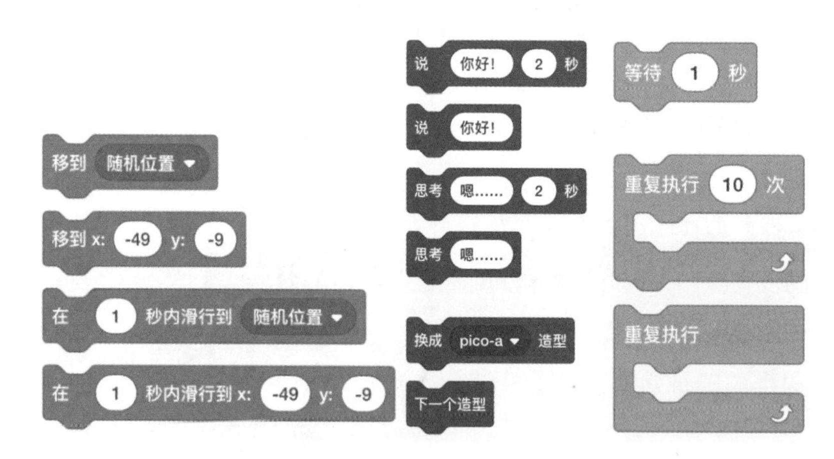

图 3-3　执行类积木指令

注意：有的积木指令只有上面的缺口，没有下面的凸起，如“重复执行”。这样的积木指令后面就不能拼接其他的积木指令，但很多积木指令可以放到它们之间。

在使用执行类积木指令时，积木上端的缺口要对准前一条积木指令下沿的凸起，当两条积木指令之间出现灰色提示条时，表示可以拼合，二者能按照顺序执行，如图 3-4 所示。

图 3-4　表示可拼合在一起

3. 辅助类积木指令

这类积木指令嵌入在执行类积木指令中使用，主要作用有：(1) 设定或修改参数[①]；(2) 获取程序执行时的数据信息，如角色在舞台上的位置信息；(3) 多个此类积木指令可以组合在一起完成运算，或者构建复杂的判断条件，常见于选择结构和循环结构。

此类积木指令的外观特点是：上面没有缺口，下面没有凸起，一般是圆角矩形或六边形，如图 3-5 所示。不同形状的辅助类积木指令只能填入对应形状的输入框中。

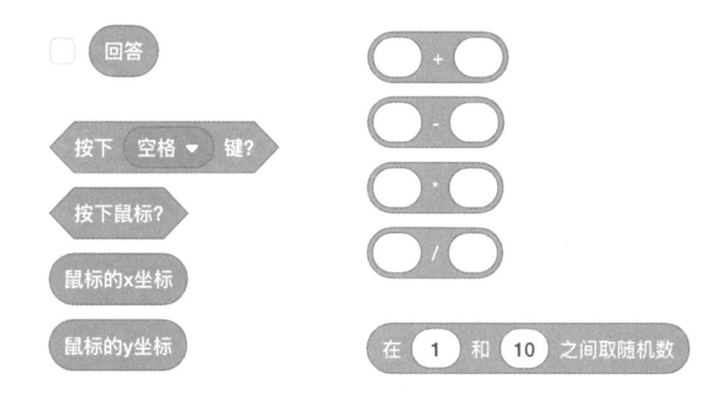

图 3-5　辅助类积木指令

通过以上内容，我们认识了常见的积木指令。了解积木指令的放置特点有利于合理编写程序，避免出现规则上的错误，比如试图将辅助类积木指令作为一条单独的指令插入程序片段中。

1. 直接设定

积木指令上的有些信息是可以直接设定的，主要包括以下类型：底色为白色的圆角矩形数值输入框、底色为白色的圆角矩形文本输入框和下拉式列表，如图 3-6 所示。

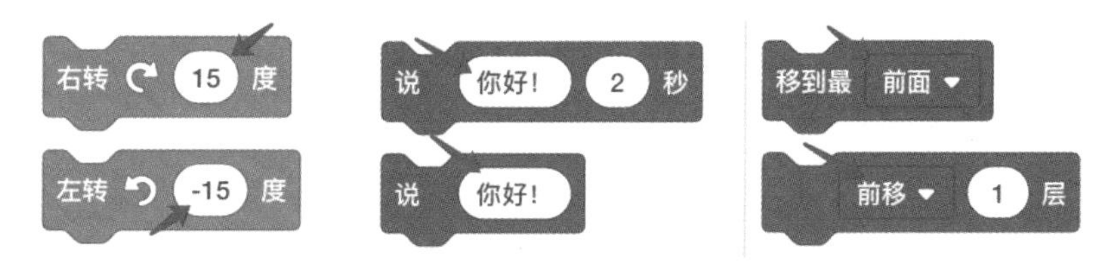

图 3-6　可以直接设定的积木指令

数值输入框只能输入数字、正号和负号，文本输入框能输入任意字符。对于下拉式列表，点击白色小三角形后，选择需要的一项即可。

---

① 我们可以将输入框中的内容理解为“参数”。

在 Scratch 2.*x* 软件中，数值输入框为圆角矩形，文本输入框为矩形，两者的形状区别非常明显。而在 Scratch 3.*x* 软件中，两种输入框的形状是相同的，填内容的时候很容易混淆，这一点一定要注意。幸亏 Scratch 3.*x* 软件对填入的内容做了限制，如果类型错误，则无法填入。

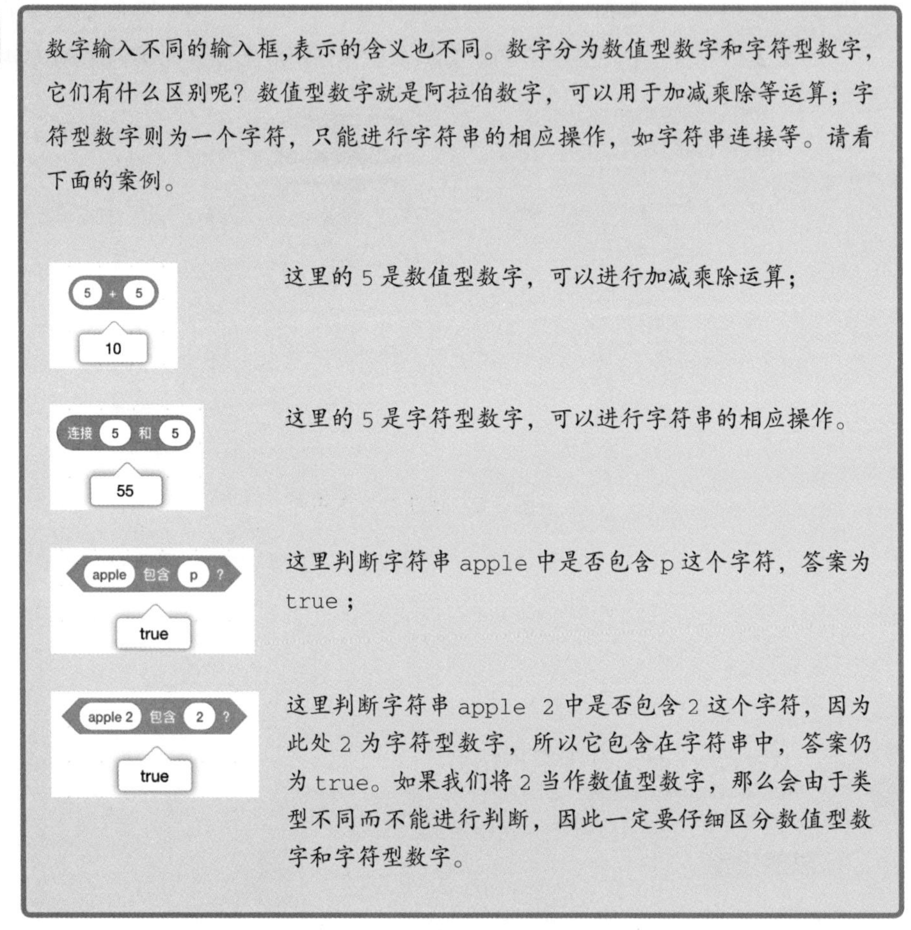

数字输入不同的输入框，表示的含义也不同。数字分为数值型数字和字符型数字，它们有什么区别呢？数值型数字就是阿拉伯数字，可以用于加减乘除等运算；字符型数字则为一个字符，只能进行字符串的相应操作，如字符串连接等。请看下面的案例。

这里的 5 是数值型数字，可以进行加减乘除运算；

这里的 5 是字符型数字，可以进行字符串的相应操作。

这里判断字符串 apple 中是否包含 p 这个字符，答案为 true；

这里判断字符串 apple 2 中是否包含 2 这个字符，因为此处 2 为字符型数字，所以它包含在字符串中，答案仍为 true。如果我们将 2 当作数值型数字，那么会由于类型不同而不能进行判断，因此一定要仔细区分数值型数字和字符型数字。

2. 使用辅助类积木指令设定

不同形状的辅助类积木指令可以填入有对应形状输入框的积木指令中，被填入的既可以是执行类积木指令，也可以是辅助类积木指令。通过嵌入辅助类积木指令，可以让程序具有更好的交互性和灵活性。

图 3-7 中绿色箭头所指的是同一条积木指令，一条直接采用数值 0 进行设定，另一条则填入了辅助类积木指令。用辅助类积木指令获取屏幕上鼠标指针的 *x* 坐标和 *y* 坐标，然后将它们作为参数，控制贝果跟着鼠标指针移动（当鼠标指针超出舞台区域时，贝果就会停止，为什么呢？请自行思考并给出答案）。

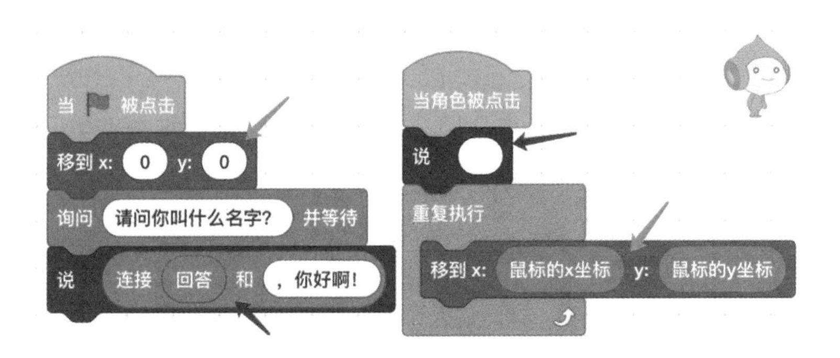

图 3-7　在积木指令中填入辅助类积木指令

图 3-7 中红色箭头所指的也是同一条积木指令，其中右图中的输入框是空白的，这里重点说一下左侧的积木指令。左侧积木指令的输入框中填入了多个辅助类积木指令，首先填入的是“连接……和……”积木指令，它的功能是将两个字符串连接到一起，然后在这个绿色的辅助类积木指令中又填入了一条浅蓝色辅助类积木指令“回答”，用来接收用户通过输入框回答的文字。这样就实现了先问用户的姓名，然后根据回答向该用户问好的功能。比如填入的回答是“阿凡提”，结果会怎么样呢？如图 3-8 所示，贝果会说：“阿凡提，你好啊！”。通过填入辅助类积木指令可以实现对不同人物的问好，这就体现了程序的灵活性。

图 3-8　字符串连接效果图

提示：大家也可以在具有下拉列表的积木指令中填入辅助类积木指令，如图 3-9 所示。任何可以由用户设定的区域，都可以尝试填入辅助类积木指令，一般而言，填入的积木指令越多，程序的复杂程度和灵活程度就越高。

图 3-9　在下拉列表中填入辅助类积木指令

3. 辅助类积木指令组合设定

如果积木指令只有一个参数区，但是需要用到多个参数，该如何处理呢？其实上面已经讲到了，解决方法就是将辅助类积木指令组合起来使用。把一个辅助类积木指令作为“第 1 层”后，可以按照需要填入第 2 层、第 3 层辅助类积木指令，最后将组合好的多层积木指令填入执行类积木指令中使用，如图 3-10 所示。这种辅助类积木指令组合设定的方式在构建复杂的判断条件时会经常用到。

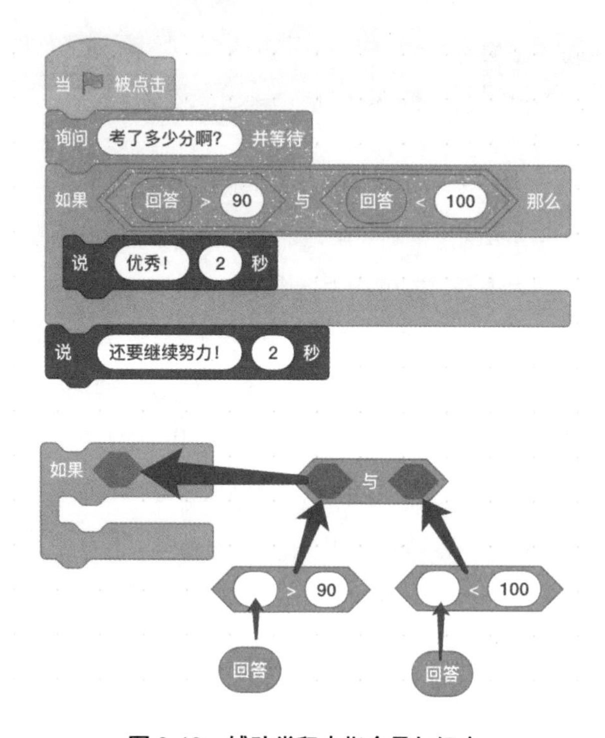

图 3-10 辅助类积木指令叠加组合

“如果……”积木指令中只有一个参数框，想要同时判断两个条件（成绩小于 100 且大于 90），就需要填入具有两个参数框的辅助类积木指令（第 1 层，“与”积木指令），并在此积木指令中分别填入用于判断的辅助类积木指令（第 2 层，“大于”和“小于”辅助类积木指令）。为了接收用户的回答，还需要在“大于”和“小于”辅助类积木指令中再填入一层辅助类积木指令（第 3 层，“回答”积木指令），最后用回答的数据与设定的数值进行比较。

这个程序将针对考试成绩大于 90 分且小于 100 分的用户显示“优秀!”，并在 2 秒后显示“还要继续努力!”，然后 2 秒后清空显示；如果分数小于 90 分，则直接显示“还要继续努力!”，2 秒后清空显示。

读者可以用此程序测试一下，在回答分数的时候不要输入数字，而是输入其他字符，看一看程序有什么反应！另外，还可以做一个测试，比如输入 100，原则上 100 分是属于优秀的，但是为什么不显示优秀，直接出现鼓励的话语？哪个判断条件出现了问题？怎么修改？可以尝试一下。

掌握以上 3 个设定积木指令的基本技能后，灵活拼合积木指令就不在话下了！接下来的学习重点就是强化逻辑思维，提升分析问题、解决问题的能力。至于“代码”面板中的积木指令，最好的学习方法就是逐条去测试，尤其是“运动”模块中的积木指令，主要用于控制角色产生位移、旋转等动作，舞台效果明显，不需要“启动”逻辑思维就能做出一些有趣的动画效果，下面就花点时间“搞定”运动积木指令。

3.2 舞台和运动指令

要控制角色在舞台上的运动，首先要明白舞台是如何划分的，运动的单位又是什么。前面已经提到过，计算机屏幕一般以“像素”为单位，可以把“1 像素”理解为屏幕上的“1 个点”。分辨率为 1920 像素 ×1680 像素的屏幕可以理解为屏幕宽度上分布有 1920 个点，高度上分布有 1680 个点。一般情况下，我们用 x 标记宽度，即坐标轴的 x 轴；用 y 标记高度，即坐标轴的 y 轴。那么布满屏幕就会有 1920×1680 = 3 225 600 个点，后面我们将经常使用“点”来表示“像素”的含义，也会经常省略单位。

在 Scratch 软件的“运动”模块中，“移动……步”积木指令采用的单位是“步”，我们可以将它理解为屏幕上的点，“移动 10 步”就是在屏幕上移动 10 个点。“移动 10 步”积木指令如图 3-11 所示。

Scratch 软件的舞台并不是占满整个屏幕的。在默认情况下，舞台的大小为 480×360，所以 10 步的距离其实很短。我们先来看一下，当角色的 x 坐标和 y 坐标均为 0 时，角色出现在舞台的什么位置？从图 3-12 中可以看到，角色出现在舞台的正中央，这个位置一般称为坐标轴的原点，即 $x = 0$，$y = 0$。

移动 10 步

图 3-11 “移动 10 步”积木指令

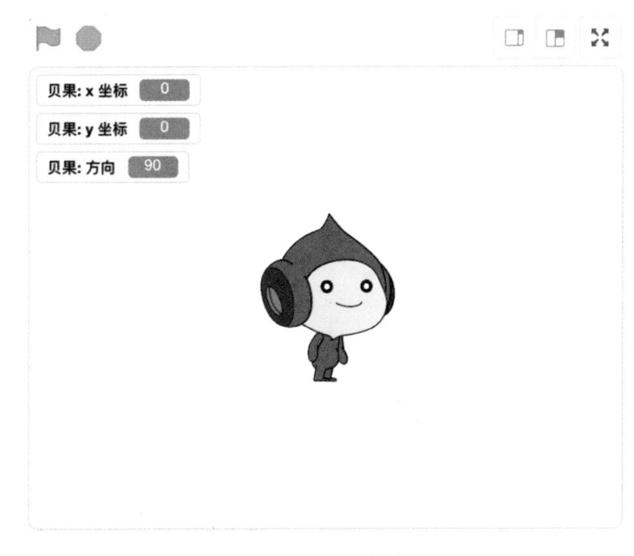

图 3-12 角色在舞台中的位置

当角色在舞台上运动时，“角色”面板上会显示角色当前位置的坐标。当以原点为起点向左运动时，x 轴上的数值为负数；向右运动时，x 轴上的数值为正数；向下运动时，y 轴上的数值为负数；向上运动时，y 轴上的数值为正数。所以，如果把 x 设为“–10”，角色将向左移动 10 步，如图 3-13 所示。

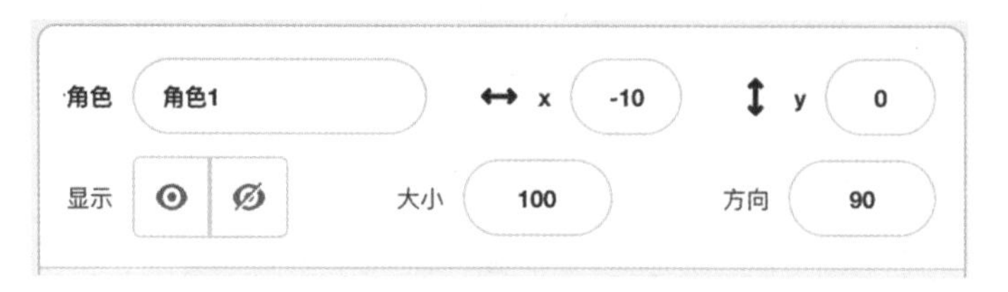

图 3-13 “角色”面板上 x 和 y 的设定

在默认情况下，控制移动的数值为正数时，角色会沿 x 轴正方向运动，即向右运动。为什么会这样呢？所有角色的运动正方向都是向右吗？

如图 3-14 所示，在“角色”面板中，箭头所指的区域就是控制角色方向的功能区，默认是正右方，即方向为 90（度）。我们既可以通过输入框直接设定方向，也可以拖动圆环上的箭头可视化地调整角色的方向，此时舞台上的角色也会随之旋转。

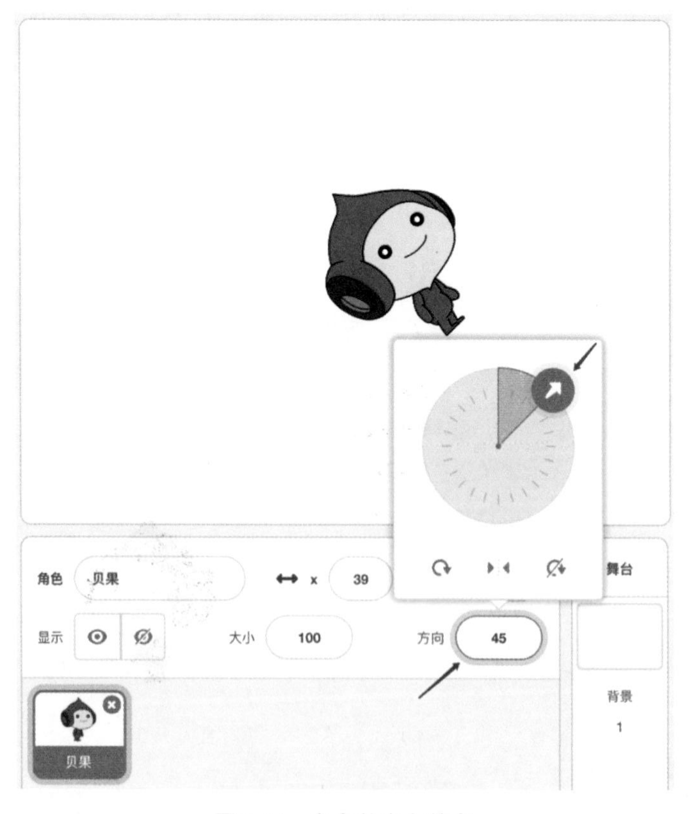

图 3-14 角色的方向信息

我们将方向调整为 45（度）后，再次控制角色移动 10 步，角色将不再按照默认的设置水平向右运动，而是沿着新设定的方向向右上方运动 10 步。角色可以用这个功能模拟上坡、下坡运动，还是非常“给力”的。

大家可能要问：只能在“角色”面板中修改角色的方向吗？如果想在程序运行时灵活地改变角色的方向，该如何做呢？

这个时候就需要用到“右转……度”“左转……度”“面向……方向”等“运动”模块中的积木指令。前面提到过，了解每一条积木指令的最好方法就是逐条尝试，对比执行效果。鼓励大家仔细探究功能类似的积木指令之间的细微差别，方便在以后的程序设计中选择更适合的积木指令。

首先来学习用于提供角色 x 坐标、y 坐标和方向的运动积木指令，这是 3 条勾选了就能产生效果的运动积木指令，如图 3-15 所示。

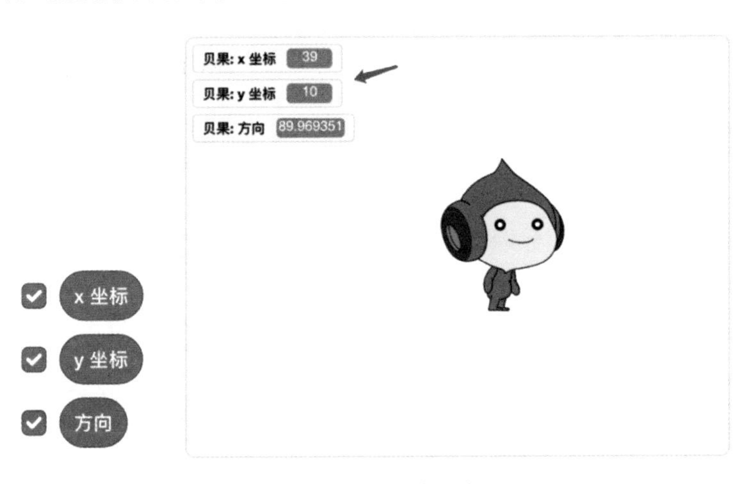

图 3-15　运动积木指令 1

勾选这 3 条积木指令后，舞台会显示当前角色的 x 坐标、y 坐标和方向。这些信息可以帮助用户更精准地给角色设定运动数值，是调试舞台效果的“好帮手”。最终播放作品时，别忘了取消勾选。另外，这些积木指令是圆角矩形的，可以作为辅助类积木指令，填入其他积木指令的输入框中。

然后我们依次介绍剩下的运动积木指令，如图 3-16~图 3-20 所示。

- **移动……步**：控制角色在舞台上按照设置好的方向和数值运动一定的距离。
- **右转……度**：控制角色围绕自身的中心点向右旋转设定的角度，“角色”面板中的方向会随之改变。
- **左转……度**：同上，只是向左旋转。

图 3-16　运动积木指令 2

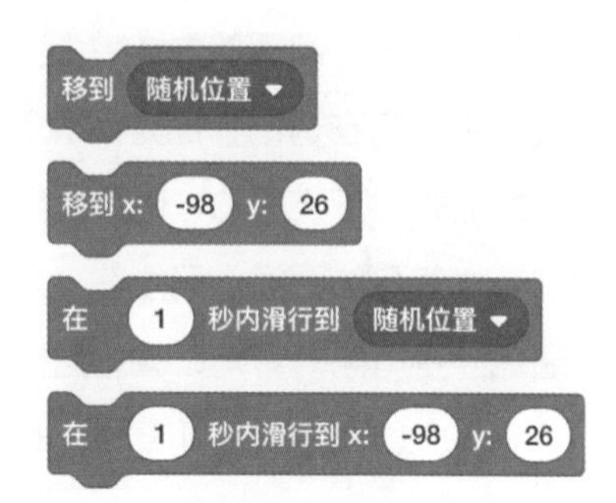

图 3-17　运动积木指令 3

- **移到……**：内含两个选项，其中“随机位置”将控制角色移动到舞台某个不确定的位置上，“鼠标指针”可以控制角色跟随鼠标指针移动，前提条件是这条积木指令要持续不断地运行（后面会讲解实现方法）。
- **移到 x：…… y：……**：控制角色移动到舞台的某个确定位置上，注意设置 x 坐标和 y 坐标的数值时，不能超过舞台区域。

随后的两条积木指令在功能上与上面的两条相同，只是增加了一个时间控制项，控制角色在设定的时间内滑行到舞台的指定位置。

图 3-18　运动积木指令 4

- **面向……方向**：通过输入方向控制角色的方向，注意角度数值的范围。
- **面向……**：列表框中默认只有“鼠标指针”一项，用于控制角色面向鼠标指针。如果要让角色始终面向移动的鼠标指针，那么这条积木指令就需要持续不断地运行。

想一想：如果将“移到……”和“面向……”的选项都设置为“鼠标指针”，可以做出什么样的效果呢？尤其是能实现什么样的游戏效果呢？能不能用来控制射击游戏中射击工具的方向？

图 3-19　运动积木指令 5

图 3-19 所示的这 4 条积木指令的功能很简单，大家可以自己思考。其实就是“移到 x：…… y：……”积木指令的分解，锻炼一下自己的自学能力吧！

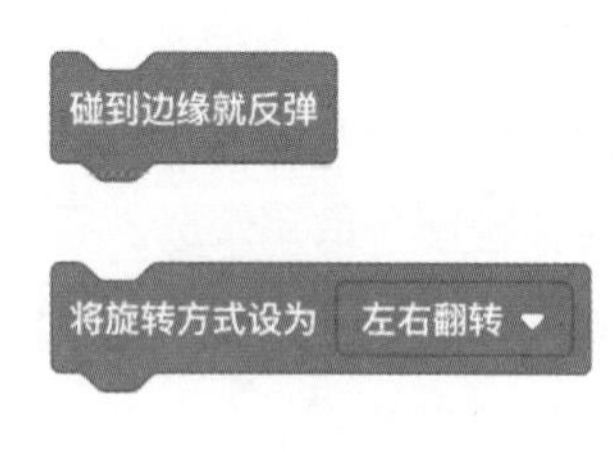

图 3-20　运动积木指令 6

- **碰到边缘就反弹**：控制角色始终处于舞台中，一旦碰到舞台边缘就会沿反方向运动。尝试修改角色的方向，会有意想不到的舞台效果。
- **将旋转方式设为……**：内设 3 个选项，“左右翻转”控制角色只能左右水平翻转，不再受“方向”设定数值的影响；“不可旋转”控制角色的方向始终不变；“任意旋转”则控制角色反方向进行运动，同时角色的方向也随之改变，会产生“头朝下”的效果。

“纸上得来终觉浅，绝知此事要躬行。”通过实践才能更好地掌握这些积木指令的功能，读者可以“照抄”图 3-21 中的这段程序，然后对角色的方向进行设置，执行程序体验一下效果。再尝试对旋转方式进行修改，体验一下效果。

图 3-21 实践旋转方式程序

本书篇幅有限，很难为每一条积木指令配以案例，对于一些不常使用的积木指令，建议读者自行探究学习。下面，我们将编写另一个有意义的程序，控制贝果勇敢地跨出第一步，寓意：机器人的一小步，我们编程的一大步！

3.3 前进吧！贝果

之前我们已经向传统的“Hello World！”程序致敬了，下面尝试制作一个控制机器人行走的程序。具体要求是：机器人每走 10 步换一个造型，一共前进 30 步，完成 3 次造型切换。程序流程图（具体讲解见第 4 章）如图 3-22 所示。我们将通过这个程序熟悉 Scratch 的工作模式，并体验如何对照程序流程图来“组装”Scratch 中的积木程序。

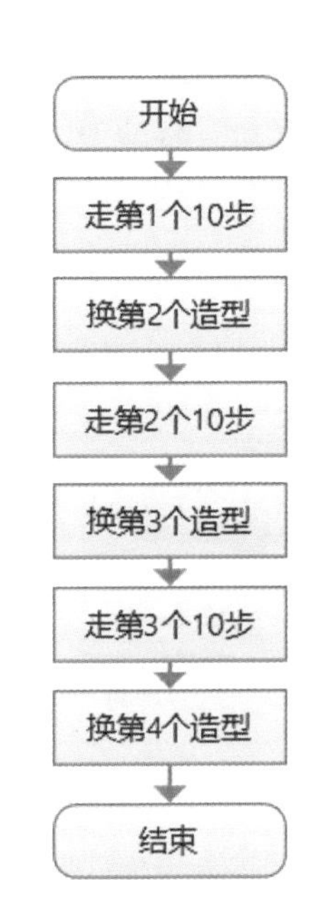

图 3-22 贝果前进程序流程图

Step 1 启动 Scratch 软件，打开我提供的 source.sb3 程序文件，将它另存为 3-3-1.sb3 程序文件，这种命名代表第 3 章第 3 节的第 1 个程序。注意，我为大家提供了本书中所有案例的参考程序，你可以至图灵社区（iTuring.cn）搜索本书书名，文件存放在“随书下载”一栏中。

Step 2 按照流程图，首先是“开始”，需要用到“代码”面板“事件”模块中的 积木指令，表示当舞台上的绿旗被点击后，从“当绿旗被点击”积木指令开始执行。将该积木指令从“代码”面板拖曳到右侧的程序面板中，如图 3-23 所示。

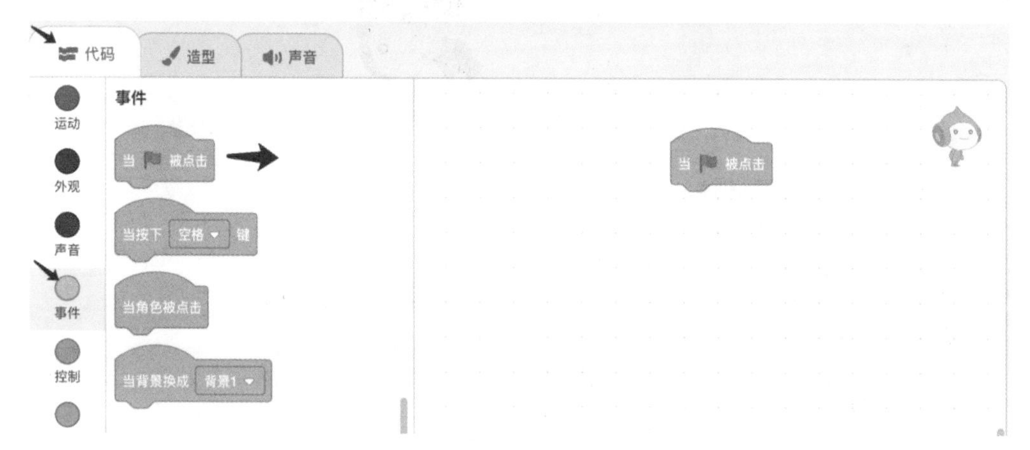

图 3-23　拖曳“当绿旗被点击”积木指令到程序面板

Step 3 按照程序流程图组装第二个积木指令，需要用到“代码”面板“运动”模块中的“移动 10 步”积木指令。将它拖曳到右侧的程序面板中，缺口对向上面的积木指令的凸起，当两者可以进行拼合时，会出现灰色提示条，这时释放鼠标，新的积木指令将拼接在上一个积木指令的下面，如图 3-24 所示。

图 3-24　拼接“移动 10 步”积木指令

Step 4 下面完成切换造型的操作。在角色库中选择贝果，点击上方的“造型”标签切换到“造型”面板。可以看到贝果共有 4 个造型，分别有相应的名称，如“pico-a”“pico-b”等，如图 3-25 所示，我们将使用这些名称来具体切换造型。

Step 5 从“代码”面板的“外观”模块中把 换成 pico-a ▾ 造型 积木指令拖曳到右侧的程序面板中，使它拼接到“移动 10 步”积木指令的后面，并设置造型为“pico-b”，如图 3-26 所示。

图 3-25 “贝果”角色的造型

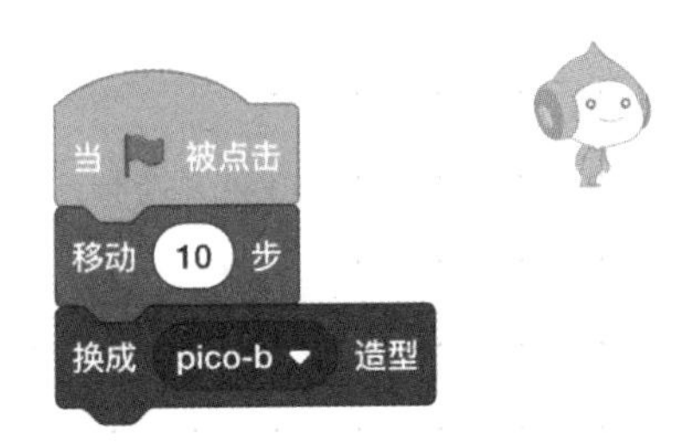

图 3-26 拼接“换成 pico-b 造型”积木指令

Get新技能：测试积木指令的运行

在程序面板中，点击某个积木指令即可测试执行效果。如果已经将几个积木指令连接在一起，那么点击程序块的任意位置都可以对整块进行测试，正在执行的程序块外围会出现黄色边框，如图 3-27 所示。注意，在测试时程序块上并不一定要放置“当绿旗被点击”积木指令，把某部分程序块从整体中“剥离”出来单独进行测试是常用的调试技能。

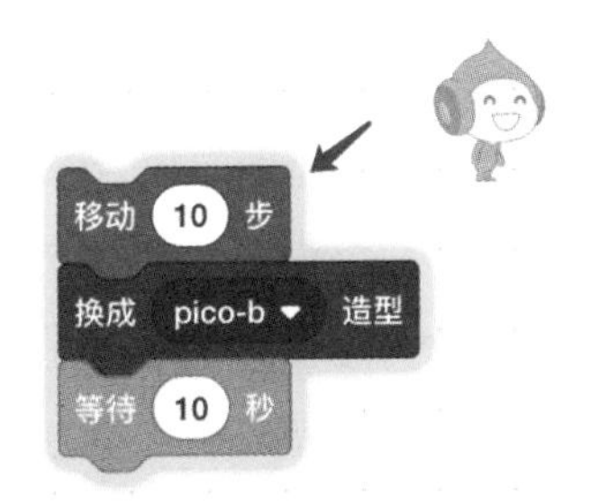

图 3-27 正在执行的程序块

Step 6 再次把“运动”模块中的“移动 10 步”积木指令拖曳到右侧的程序面板中，拼接在“换成 pico-b 造型”积木指令下，如图 3-28 所示。

Step 7 重复 Step 5 的操作，选择“pico-c”造型。

Step 8 继续按照程序流程图组装积木指令，直到程序结束，如图 3-29 所示。

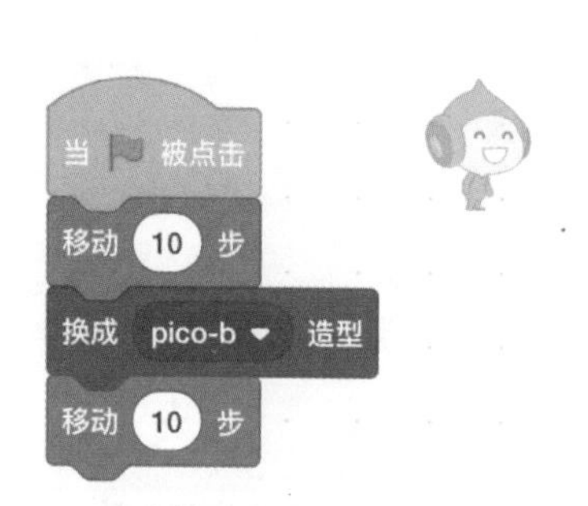

图 3-28　再次拼接“移动 10 步”积木指令

图 3-29　完成的程序示意图

Get新技能：修改程序

当需要对已经连接到程序段上的积木指令进行更换时，需要先将积木指令从程序段中“剥离”。如果需要更换的积木指令是程序段的最后一条，那么直接使用鼠标将其拖动到程序段以外即可。释放鼠标后，剥离的积木指令将独立存在于程序面板中，不会对程序起作用。

如果需要更换的积木指令位于程序段的中间位置，会发现在拖动该条积木指令时，它后面连接的所有积木指令将一起被剥离，这时只需要继续拖动下面的一条积木指令，将需要剥离的积木“孤立”，即可对其进行更换或者删除。

如果需要在程序段中插入一个积木指令，可以直接把积木指令拖动到想要插入的位置，这时会出现灰色提示线，表示可以插入，释放鼠标即可完成插入操作。

Step 9　在运行之前，选择“文件”菜单中的“保存到电脑”选项，对上述劳动成果进行保存，防止因为运行时的意外事件导致文件丢失。

Step 10　点击舞台左上角的绿旗图标（或者在程序面板中点击由积木指令组成的程序段），如图 3-30 所示，Scratch 软件将从程序面板的“当绿旗被点击”积木指令开始执行。

这时会发现一个问题：贝果行走速度太快了，很难看清运动和切换造型的过程，瞬间就切换成第 4 个造型了。

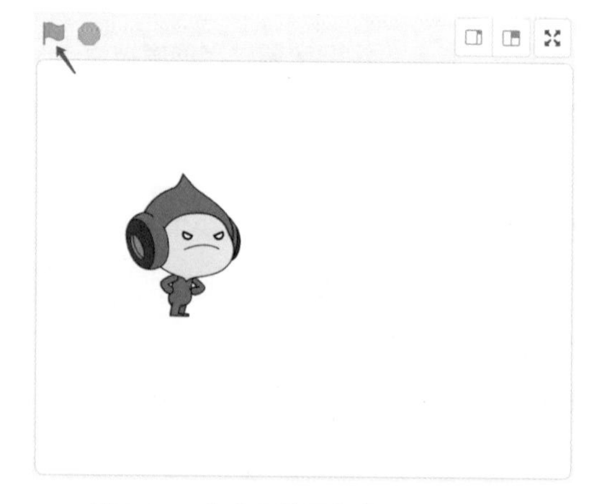

图 3-30　点击绿旗图标开始执行程序

造成这个问题的原因在于，程序流程图只是逻辑思维的一种静态表现形式，它无法表现程序动态执行的效果，因此在逻辑思维正确的情况下，也可能因为忽略了执行速度等因素而造成舞台效果不理想。

图 3-31　加装等待积木指令

Step 11　为了让大家看到运行效果，我们在更换造型后增加 等待 1 秒 积木指令，该积木指令在“代码”面板的“控制”模块中，将它拖曳到如图 3-31 所示的 3 个位置。

Step 12　再次保存劳动成果，然后点击舞台左上角的绿旗图标开始测试，此时就能清楚地看到贝果的每一个变化了。

- 要为角色编程，先要选择角色，然后将积木指令从“代码”面板拖动到右侧的程序面板中。在运行（测试）积木指令时，点击该积木指令（段）即可。
- 在程序面板中，相互拼接的积木指令组合即为程序。点击积木指令段的任意区域，都将自上而下地运行整个程序。此外，右击积木指令还将发现新的彩蛋功能哦！
- 在程序中插入其他积木指令时，可以放在中间，也可以放在最后面，积木下方出现灰色提示条表示用户可以在此处拼接当前的积木指令。
- 拖动最顶部的积木指令可以移动整个程序。如果拖动中间的积木指令，那么所有位于它下面的积木指令将跟随它一起移动。如果想把某个角色的程序复制给其他角色，那么直接将程序拖动到“角色”面板的其他角色上即可。
- 有些积木指令内部具有白色的输入框，点击白色可编辑区域后，可以输入新内容。用户也可以将某些圆角矩形的辅助类积木指令填入白色区域。
- 有些积木指令拥有下拉式列表，点击三角形可以查看列表，点击列表项就可以确认选择。
- 如果在当前程序面板中有不止一个程序段，那么可以在程序面板的空白处点击鼠标右键，选择“整理积木”选项，Scratch 软件会帮助我们整理杂乱的程序段。

- 在后面的学习中，一段程序可能会很长，而且一个角色可能有很多段程序，此时我们可以考虑给程序增加“记事贴”，即增加注释。注释可以帮助我们清晰地记录每段程序的作用。在程序面板上点击鼠标右键，选择“添加注释”选项，就会出现一个黄色的注释区域，然后在此输入文本即可，如图 3-32 所示。拖动注释区域右下角的调节手柄可以改变注释框的大小，点击注释区域左上角的三角形可以收缩或者展开注释。注释可以添加在程序面板的任何地方。当然，我们也可以给某一条积木指令添加注释。

图 3-32　程序的注释

至此，我们成功地在 Scratch 软件中编写了控制贝果行走的程序，就是这么简单！只要根据相应的程序流程图在 Scratch 软件中“组装”积木指令，就可以编写出可运行的程序了，这就是编程！

我们将在第 5 章中重点学习程序流程图，届时就可以体会到：只要头脑中的逻辑思路正确，就能画出程序流程图，进而编写出程序。

学习软件时需要有尝试精神，大家可以在上面程序的基础上自行尝试添加下面的效果，让作品更加有意思。

效果 1：改变角色的颜色

尝试让贝果一边改变造型一边变换颜色，就像变色龙一样。

提示 1：在“外观”模块中找到“将颜色特效增加……”积木指令，插入程序的适当位置，看一看贝果的颜色变化。

提示 2：尝试将其他颜色的积木指令拖入程序中，测试不同颜色的积木指令所起的作用。

效果 2：让角色发出声音

提示 1：在“声音”面板中点击喇叭图标进入声音库，从中选择一个声音效果，将它赋给“贝果”角色，然后点击“播放”按钮测试声音效果。

提示 2：在“代码”面板的“声音”模块中，找到“播放声音……”积木指令，默认的声音是我们在提示 1 中引入的声音。如果不是，那么点击右侧小三角形进行选择。将积木指令插入程序，完成贝果走一步叫一声的效果。

第4章 程序基本结构

课程目标

对照日常生活中的场景，分析常见的游戏程序。引导青少年认知生活场景与“游戏”的对应关系，提炼出程序的3种基本结构，了解其功能和应用场景。

估计很多初学者已经按捺不住想要编程的心了。停！交通规则还没学，怎么能上车实践？本章就带领大家学习编程的“交规”，即程序的3种基本结构。了解程序的基本结构有利于我们分析别人的程序，从中学习如何构建自己的程序。

4.1 顺序结构：按计划逐项执行

“生活无处不程序”，首先我们来看一下生活场景中的顺序结构。

还记得前面编写的“寒假学习计划”吗？它就是一个典型的顺序结构，其中所列的计划将会按照时间顺序被执行，设定的时间点越早的计划越先被执行，通过每行计划前面的数字1~6，可以更加直观地看清这个计划的顺序结构。

寒假学习计划【顺序结构】

1. 早晨6:30起床，一三五朗读英语，二四六朗读语文（30分钟）。
2. 8:00~10:00完成各门功课的寒假作业1~3页。
3. 12:00~13:00午休。
4. 13:30~15:00打羽毛球、上QQ。
5. 15:00~17:00阅读课外书。
6. 18:00~22:00晚饭后自由活动，完成白天没有完成的任务。

在顺序结构中，调整执行顺序有时不会影响完成计划，例如把“寒假学习计划”的第2项和第5项交换，即先看课外书再写作业也没什么问题。但是在有些情况下，调整后的执行顺序会因“不符合特定逻辑关系”导致执行错误，请看下面的事件。

这也是一个典型的顺序结构事件：放学后回到自己的房间。为了表现出里面的顺序结构，我们将重要的节点依次梳理出来，绘制成一个“过程图”，如图 4-1 所示。

因为受客观空间关系的限制（隐藏的条件），所以要达到“进入自己房间”的目的，就要按照符合逻辑关系（空间前后顺序）的过程一步一步地执行，直到进入自己的房间。这个执行顺序是不能调换的，《哆啦 A 梦》的传送门只是漫画中的场景。

再来看一个烧水泡茶的生活案例，这是一道经典小学数学题。

家里来客人了，我们要为客人泡茶。执行的操作及所用时间为：(1) 清洗 4 个茶杯，每个需要 1 分钟；(2) 清洗茶壶，需要 2 分钟；(3) 烧开水，需要 10 分钟。如何设定操作顺序用时最短？为了看到不同执行顺序的对比效果，依然采用如图 4-2 所示的过程图来展示。

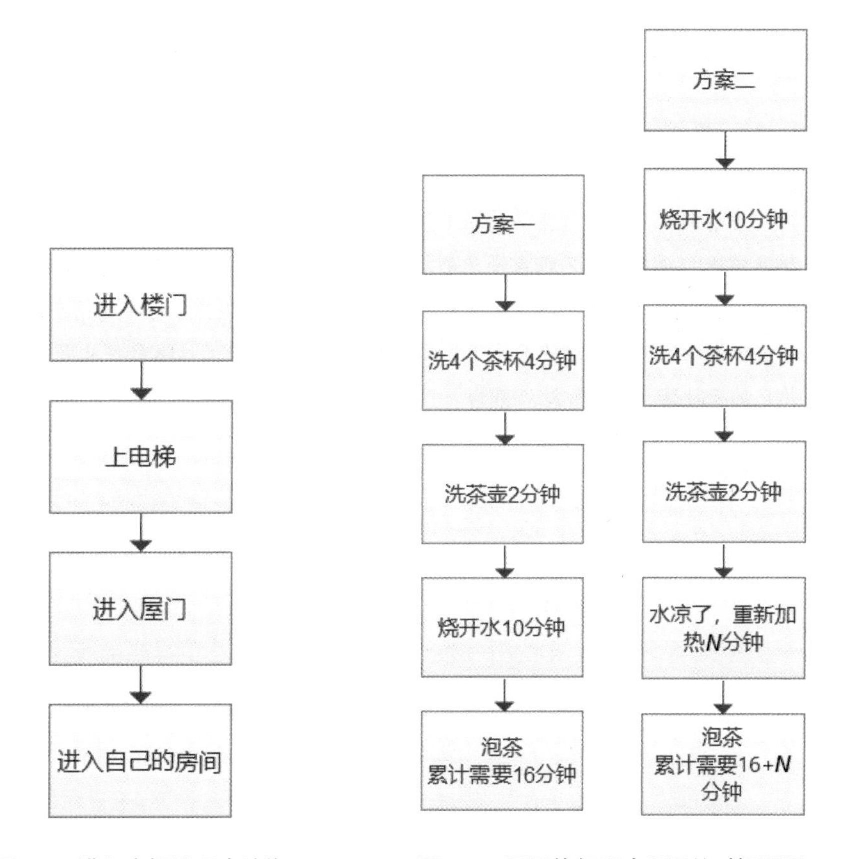

图 4-1　进入房间的顺序结构　　　　图 4-2　不同执行顺序所用的时间不同

第一种方案需要 16 分钟，第二种方案调整了执行顺序，需要 16+*N* 分钟，也就是说需要超过 16 分钟才能泡茶。对比两种执行方案，显然第一种方案要合理一些，但是第一种方案真的是用时最少的吗？

仔细思考一下，其实在烧水的过程中，我们并不需要紧盯着它（符合常规逻辑），所以这 10 分钟内可以干别的事情（隐藏的条件）。如此，就可以制订出如图 4-3 所示的方案。

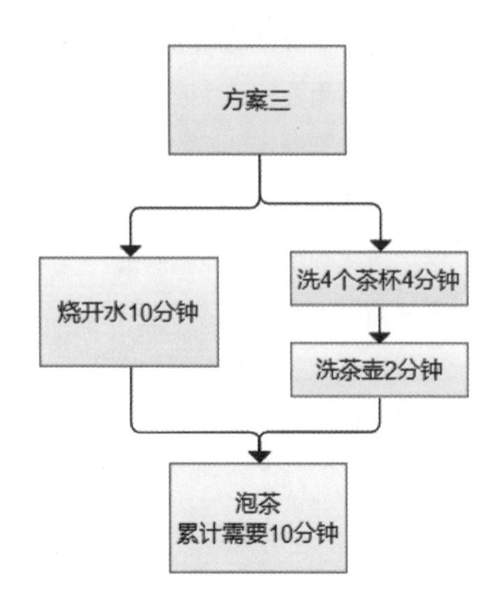

图 4-3　最节省时间的解决方案

第三种方案相比前面两种方案更节省时间，所以第三种方案更合理。

将烧开水与洗茶杯茶壶同步进行，这样的方式在计算机领域称为并行处理。这只是一种执行方式，并不是程序结构的一种。从图 4-3 中可以看出，同步执行的两条线路依然是顺序结构。

探究学习：串行处理和并行处理

通过对比可以看到：前两种方案显然是非常“笨拙”的，如同一条单车道的公路，所有的汽车排队前进，快车不得不跟在慢车的后面缓慢前进，这就是串行处理。第三个程序进行了调整，就好像拓宽了公路，形成了快车道和慢车道。这样，快车和慢车就可以各行其道，互不影响地前进，这就是并行处理。越是庞大的软件工程越需要采用并行处理，如当下热门的云计算、人工智能应用等。

以上是 3 个生活中的典型顺序结构案例，按照自上而下的顺序逐项执行即可。顺序结构是 3 种基本结构中最简单的，但即使是最简单的结构，也要经过充分思考，把问题中隐藏的逻辑关系和限制条件挖掘出来，否则顺序结构也会因为顺序不当而低效。

如果把“寒假学习计划”中的每一条计划看作一条可执行的程序命令，那么“寒假学习计划”就是一个典型的顺序结构程序。同样，把放学回家和烧水泡茶过程图中的每一个方框看作程序的一条命令，那么形成的就是顺序结构的程序。

想一下，你接触过哪些场景中有顺序结构的身影？

很多人玩过闯关的游戏，它就是一个典型的顺序结构程序。游戏者只能从第一关开始，完成一关才能进入下一关，不能跳关。

自动化生产流水线上的码垛机器人可以将货物逐一码放在托盘上，它的一套工序大致可以分解为五个连续动作：原点启动→抓取货物→码放到托盘→释放货物→回到原点，机器人执行的这套工序就是典型的顺序结构，动作执行的顺序前后固定，依次执行。一旦顺序错乱，机器人就无法完成码放任务。

顺序结构是程序最基本的结构，没有之一。即使程序只有一条命令，如显示“Hello, World！”的程序，也算是顺序结构。编程初学者可以分析所接触到的任意程序，尝试去发现顺序结构的身影。注意，顺序结构有时“隐藏”在选择结构和循环结构中。

4.2 选择结构：吃肯德基还是麦当劳

下面来看一下生活中常见的选择场景：去哪儿吃午餐？肯德基还是麦当劳？这是一个典型的选择结构，家长抛出这个问题，小朋友做出选择。二者只能选其一，选择肯德基则意味着要放弃麦当劳套餐，选择麦当劳则不可能吃到肯德基套餐。

通过图 4-4 可以清楚地看到：选择不同，继续发展的路线不同，且只能沿着选择的路线走下去。对于不可能同时发生的事件，即互不相容的事件，我们是不能同时兼顾的，这就是选择结构最大的特点：只能沿着一条路走到黑。

再来看一个选择场景：假设所住的楼层不高，上楼回家可以选择爬楼梯或乘坐电梯，如果电梯刚好到了，就选择乘坐；如果电梯没到（或者停电），就选择爬楼梯。这个选择结构如图 4-5 所示。

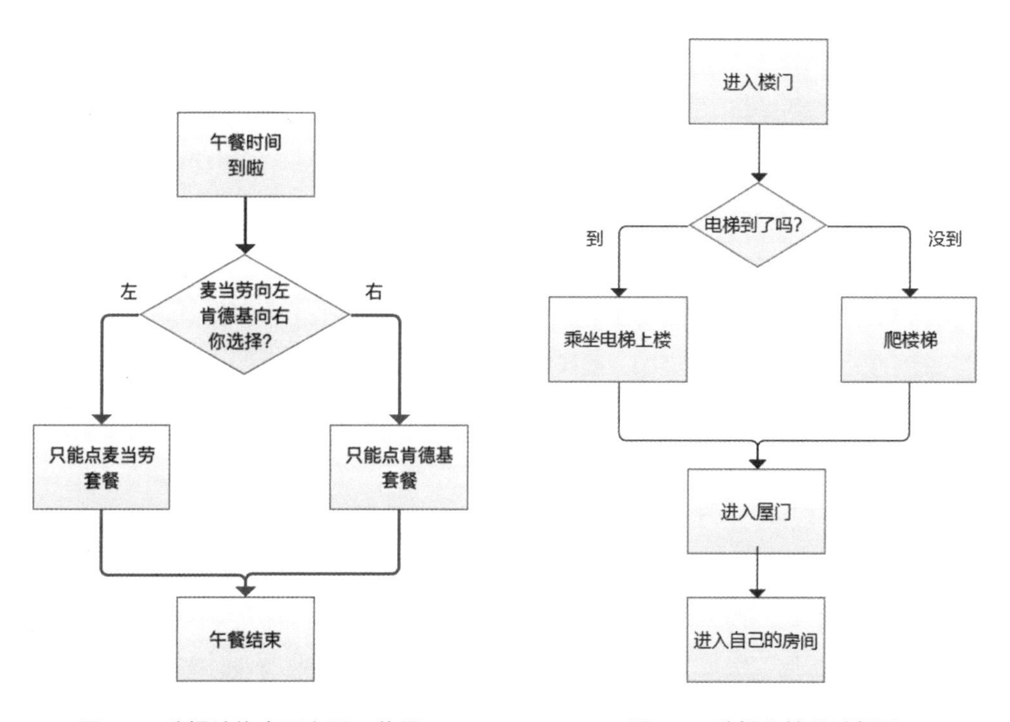

图 4-4　选择结构中两者不可兼得

图 4-5　选择上楼的过程图

我们能够清晰地看到程序在“电梯到了吗?”环节产生两个分支，用户可以根据情况选择要执行的分支，所以选择结构也称为分支结构。

选择结构的关键在于构建合适的判断条件，在上面例子中“电梯到了吗?”就是用户做出选择的判断依据，根据判断条件选择适合的分支。

判断条件一般为某种逻辑、关系以及比较等因素，也就是说必须“有可比性”。你可以比较“3”和“5”的大小，因为它们都属于数字；你可以比较“张三”和“李四”谁更高，因为他们都具有身高属性。但是，你不能比较数字“3”和汉字“五”谁大谁小，因为它们不属于同一类型，没有可比性；你也不能比较“矛”厉害，还是“盾”厉害，因为它们一个属于进攻型，一个属于防守型，不具备可比性。我们还会在后面具体讲解判断条件的知识。

一般我们把满足判断条件的情况称为“真”，把不满足判断条件的情况称为“假”。在编程领域，这种比较判断称为逻辑关系，其数据类型称为布尔类型，布尔类型只有两种值:“真”（true）和“假”（false）。

通过引入选择结构，程序增加了可被选择执行的分支，执行不同的分支使得程序运行出不同的结果。分析一下我们常接触到的程序，就会明白选择结构到底有多重要!

很多人喜欢在手机上玩射击游戏（程序），这类游戏一般会提供一个选择“射击工具”的界面。用户可以根据自己的喜好，以及游戏关卡的特点选择合适的工具，选择不同，游戏体验不同。

几乎所有的智能手机用户会使用微信（程序），很多人还喜欢发朋友圈。在“谁可以看”一项中的“公开”“私密”“部分可见”和“不给谁看”，就是典型的选择结构，不同的选择决定所发朋友圈的可见人群。

Scratch 软件中也有这样的选择结构。例如在“角色”面板中可以控制当前角色在舞台上是否显示，如图 4-6 所示。这就是一个典型的选择结构，确保角色只能以其中一种状态存在。

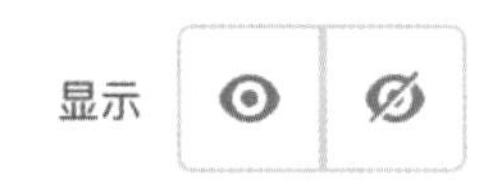

图 4-6　控制角色的显示

控制角色的显示只有一个判断条件——“是否显示?”，这也是选择结构最简单、最典型的样式，一般称为“单一选择结构”。

对于存在多个判断条件的程序，就需要进一步分析判断条件之间的关系。如果它们都处于同一个层级，那么所构成的依然是单一选择结构。例如，当分数“高于 80 分”且“低于 95 分”时，学生评价是“良”。虽然要对成绩进行两次判断，但是它们处于同一层级，只有在同时满足两个条件的情况下，才会得到评价“良”。

如果具有多个判断条件且处于不同的层级，上一层的判断决定着下一层的“命运”，下一层的判断结构完全属于上一层的某个分支，那么这种“高级别判断结构分支里面含有低级别判断结构”的形式的选择结构称为“嵌套选择结构”。

下面通过一个案例认识一下嵌套选择结构。

我能参加三好学生评选吗？这是一个具有多层级判断的嵌套选择结构，如图 4-7 所示。

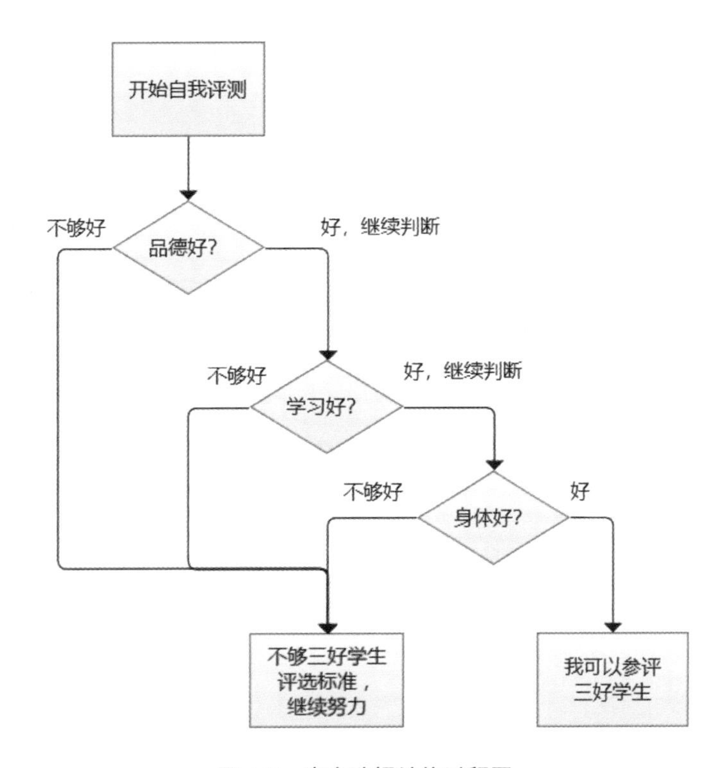

图 4-7　嵌套选择结构过程图

从图 4-7 中可以看到，整个程序按照“品德好?”“学习好?”“身体好?”3 个层级的判断条件依次进行判断。只有上一层满足判断条件，才能继续后面的判断，只要有一层不满足条件，结果就是“不够三好学生评选标准，继续努力”。当所有的判断条件都满足时，才能得出“我可以参评三好学生”的结果。

在这个嵌套选择结构中，判断条件“品德好?”的级别是最高的，其次是“学习好?”，级别最低的是“身体好?”。级别高的判断条件控制着级别低的判断条件，因此一旦层级高的判断条件被判定为“假”，后面的条件就不需要继续判断了，即使它们都可以被判定为“真”。

回到本节最初选择肯德基还是麦当劳的案例，将其改写成一个多层级连续判断的案例，并给出最终的选择结果。

要吃中午饭吗?

吃肯德基还是麦当劳?

(肯德基分支)吃汉堡套餐还是单点鸡肉卷?

(套餐分支)饮料要可乐还是雪碧?

(可乐分支)可乐要不要加冰?

(麦当劳分支)吃汉堡套餐还是单点巨无霸?

(套餐分支)饮料要可乐还是雪碧?

(可乐分支)可乐要不要加冰?

大家可以尝试画一下这个嵌套选择结构的过程图,体会嵌套选择结构中的逻辑关系。

嵌套选择结构不是只有上面这一种形式,构建它是很“烧脑”的,稍有不慎就会出现逻辑上的错误,在后面的课程中还会深入学习和练习。

通过本节的学习可以知道,当程序由单一的顺序结构改变为顺序结构与选择结构相结合,尤其是采用嵌套选择结构时,会极大地增加程序的复杂度,这是对逻辑思维强有力的挑战。

4.3 循环结构:上学放学天天如此

炎炎夏日,同学们走到哪里是不是都想带着电风扇?只要打开电风扇,扇叶就会一圈一圈不停地转动起来。

扇叶一圈一圈地转动就是循环的典型案例。想象一下,如果电风扇只转一圈,还能“产生”风吗?如果没有电风扇,就得选择扇子,那也得用手一下一下不停地扇动才能有风,这个用手扇动的过程也是循环。

下面来看一下生活中的循环场景。

学习很多时候是一个不断重复、积累的过程,每天上学、放学、写作业,上学、放学、写作业……每周五天不间断,这就是一个典型的循环场景,其过程图如图 4-8 所示。

下面来分析上面的循环场景,主要讨论 3 个问题。

(1) 为什么能循环?

从周一到周日的 7 天是有规律的,依次递增的,中间没有空缺和重复的日子。不可能过了周一过周三,喜欢过周三就过两次,这不符合客观规律。

(2) 用什么控制循环?

循环在每次执行前或者执行后都需要进行判断,决定是否要继续进行循环,因此编程人员需要构建“判断条件”来控制循环。因为周一到周五是工作日，所以案例中控制循环的判断条件为“今天是工作日?”，如果“是”，则进行循环；如果“否”，则跳出循环，执行右侧的“继续睡觉直到中午”。

思考：为什么不用“今天是周几?”作为判断条件?

(3) 循环执行什么?

作为学生，主要任务就是学习知识。“上学、放学、写作业”是学习知识所要做的几个基本动作，所以可以把这几项放入循环中，让它们循环执行。

根据以上分析，可以总结出循环的三要素：循环依据（为什么能循环）、判断条件（用什么控制循环）和循环体（循环执行什么）。

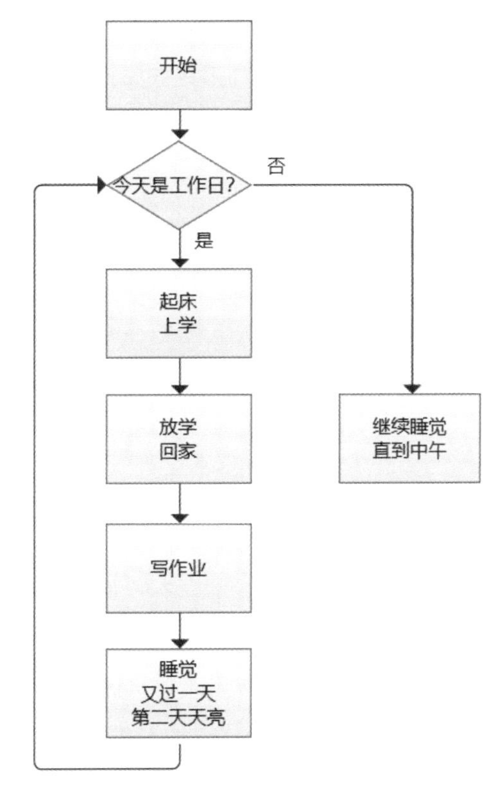

图 4-8　循环场景过程图

在设计循环结构时，循环依据的选择很重要，它必须有一定的可持续性。比如从 1 到 10 递增的数字、10 秒到 0 秒的倒计时等。

一些持续重复但没有规律的变化也可以用来控制循环，例如机器人在实现巡线[①]移动时，需要用颜色传感器持续不断地监控路径线条的颜色。如果能监控到正确的颜色，则继续监控；如果监控不到正确的颜色，则发生偏离路径的情况，需要执行校正程序回到正确的路线上。

确定循环依据后，需要围绕循环依据设定相应的判断条件，两者必须有“明确的”逻辑判断关系。如前面的每周上学的例子，循环依据是周一到周日有规律、能重复发展，是否为工作日与周一到周日有明确的逻辑关系，所以采用“今天是工作日?”作为判断条件。注意，如果用“今天是周几?”作为判断条件，那么最多要判断 7 次才能确定是否执行循环，效率较低。

这里显然不能用“今天电梯坏了吗?”作为判断条件，因为没有相关的逻辑关系，不论电梯坏没坏，工作日都得去上学。

① 在机器人功能描述中，巡线、寻线、循线、循迹、寻迹这几个词表示的意思是一样的，就是机器人沿着某种颜色的线条进行移动，本书将统称为巡线。

根据循环三要素，我们可以这样来构建循环结构：首先提炼问题中有规律、能重复发展变化的客观因素作为循环依据，其次根据循环依据构建具有逻辑关系的判断条件，然后按照循环依据的持续变化执行解决问题的循环体，直到判断条件控制循环终止。要成为优秀的程序员，善于构建循环结构是必备技能。

想一下生活中还有哪些场景中有循环结构的身影。

很多人喜欢用手机听音乐，手机上播放音乐的程序就具有循环结构，如图 4-9 所示。当歌曲按照名称等规则排列好顺序后，播放程序就可以一首接一首地播放了。如果不能设定循环，每听完一首歌还得手动播放下一首，那多麻烦啊！

图 4-9　音乐播放程序的循环播放模式

下棋的程序中有没有循环结构呢？肯定是有的。如图 4-10 所示，如果没有循环结构，棋手和计算机怎么轮番下棋？

图 4-10　轮番下棋是循环结构程序

循环结构是最能发挥计算机优势的结构，因此计算机特别容易替代人类从事一些有规律的、重复性很强的运算工作，而且这一优势已经从计算机领域延伸到以计算机为控制中心的机器人领域。

前面说到了下棋，大家可能听说过围棋界的大事——“阿尔法狗”先后战胜世界围棋冠军李世石和柯洁，让世人感叹人工智能的强大。什么是“阿尔法狗”？“阿尔法狗”是 AlphaGo 的昵称，本质上就是一段程序，其核心是蒙特卡罗算法。可能你又会问，到底 AlphaGo 有多复杂呢？

最简单的程序可能只有一行代码，而复杂的程序则可能包含上万行代码。一般情况下，程序功能越复杂，它所包含的代码量也会越大。请看下面的一组数据：Windows 95 约有 1500 万行代码，Windows 98 约有 1800 万行代码，Windows XP 约有 3500 万行代码，而 Windows Vista 的代码量则达到了 5000 万行，比 Windows XP 系统多出了近 40%。Windows 7 以后版本的代码量大概在 5000 万行到 7000 万行。

大家不要被上面的“大数据”吓到，再复杂的程序也是由 3 种基本结构构建起来的，没有第 4 种基本结构。

本章讲解了程序的 3 种基本结构——顺序结构、选择结构和循环结构，本书后面章节的重点就是练习这 3 种结构的搭配使用技能，帮助大家提升逻辑思维能力，解决各种复杂的问题，编写出合格的计算机程序或机器人控制程序。

第5章 程序流程图

课程目标

认识程序流程图的重要性，学习绘制流程图，练习使用 Axure RP 原型设计软件绘制程序流程图。

有些驾校学员在学习完交通规则后并不是直接上车学习，需要先在汽车模拟器上进行练习，培养一下驾车的感觉，有效减少突发事件。同样，我们了解了程序的 3 种基本结构之后，也不用着急去编写程序，最好先找一个“编程模拟器”来了解一下构建程序的逻辑思维，这个编程模拟器就是程序流程图。程序流程图可以有效地帮助我们厘清思路，构建解决问题的严谨逻辑思维，所以说，程序流程图就是检验逻辑思维是否正确的最佳工具。

现在很多编程书选择性忽略程序流程图，开篇就介绍面向对象、类型、变量等编程的碎片知识。我认为这样的安排有点“重技术，轻思维”，类似武术中“重招数，不重内功”一样，不利于初学者构建自己的思维逻辑，所以本书坚持从程序流程图基础讲起，循序渐进，做到功夫到家。

5.1 程序流程图基础知识

使用程序流程图，可以将头脑中发散的、不成熟的以及经常变化的思维固化到纸上，这有利于我们排查潜在的错误或漏洞，优化解决问题的思路。同时，可以将自己的思路与其他人分享，一起思考。

编写程序的能力不在于掌握了多少种编程语言，也不在于敲代码的速度，而是在于解决问题时逻辑思维的清晰程度。只有时刻保持清晰的逻辑思维，才能编写出优质的程序，才是真正的编程高手。程序流程图可以辅助我们成为编程高手。

到底什么是程序流程图？它长什么模样？像思维导图一样的吗？

一般地，为进行某项活动或者解决某个问题，将头脑中形成的步骤用图形、线条及箭头等符号以图示的方式表达出来，所绘制的图示即为流程图。流程图需具备以下特点：

- 符号简单，画法简单；
- 结构清晰，逻辑性强；
- 容易理解，便于描述。

流程图只是一个表达思维的工具，在使用它的时候，应该注重发挥其辅助理解和便于沟通的特性，不要钻牛角尖，过度表现细枝末节。

根据流程图的概念，程序流程图就可以这样定义：针对要解决的问题或者要达到的目标，用统一规定的标准符号将构思的运算处理方法（算法）或者解决问题的具体步骤采用流程图的样式表示，即为程序流程图（program flow chart）。图 5-1 展示了我们在进入游戏或登录网站时经常遇到的使用验证码校验身份的程序流程图。

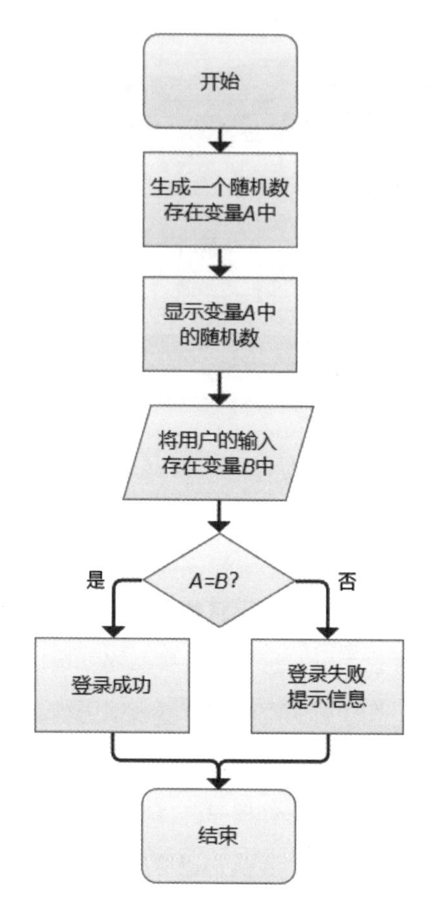

图 5-1　常用的验证码校验程序流程图

5.2　程序流程图常用符号

第 4 章中为了说明程序的 3 种基本结构，使用了叫作“过程图”的图示，其实这是为了讲解更加清晰，我“自创”的一种非标准程序流程图。下面学习程序流程图中的常用符号，如图 5-2 所示。

图形	意义	图形	意义
	程序开始或结束		判断和分支
	计算或处理		连接符
	输入或输出		流程线

图 5-2　程序流程图常用符号集

目前，程序流程图并没有严格、统一的标准符号，以上常用符号只是业界默认的一些表达形式，在实际工作中，程序员可以自行定义一些程序流程图符号。绘制程序流程图时所用的软件不同，也会导致符号样式不同，因此只能做到相对的统一。

下面用程序流程图符号改进之前所绘制的过程图，图 5-3 是顺序结构过程图与程序流程图的对比。

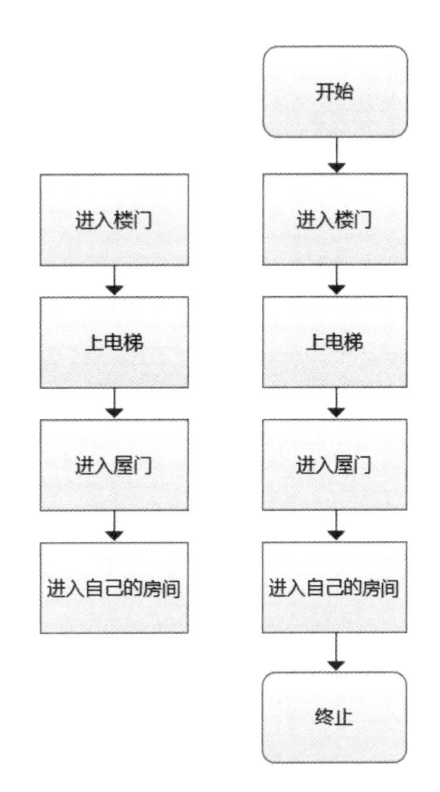

图 5-3　回家的程序流程图

通过两者的对比，可以看到中间部分没有变化，只是在开头增加了圆角矩形的“开始”符号，在结束增加了圆角矩形的“终止”符号，中间的执行过程采用矩形符号表示，带有箭头的流程线表示流程的执行顺序和方向。

下面对上一章嵌套选择结构的过程图进行改进，如图 5-4 所示。

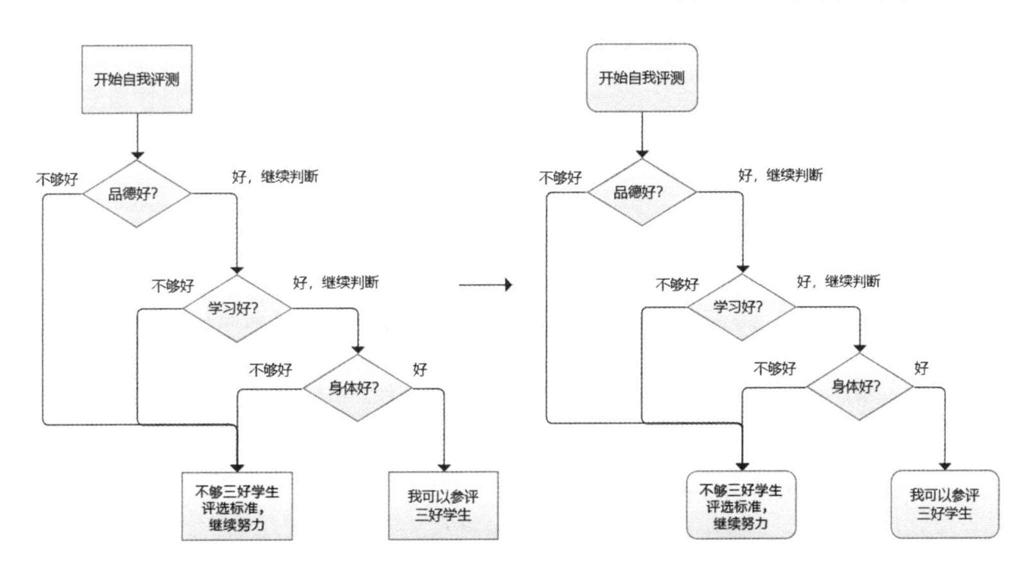

图 5-4　嵌套选择结构程序流程图

对比左右两张图可以看到结构没变，这种主体结构其实就是头脑中逻辑思维的具体表现，所以说绘制程序流程图其实就是思维的再现、检验和校正，只有在逻辑思维清晰的情况下，才能绘制出正确的程序流程图。

右图中采用圆角矩形表示程序的开始和终止，菱形符号表示选择结构的判断条件，它同样适用于循环结构。如果空间有限，而判断条件比较多，可以使用注释符号在程序流程图的一侧将重要提示详细地描述清楚，如图 5-5 所示。

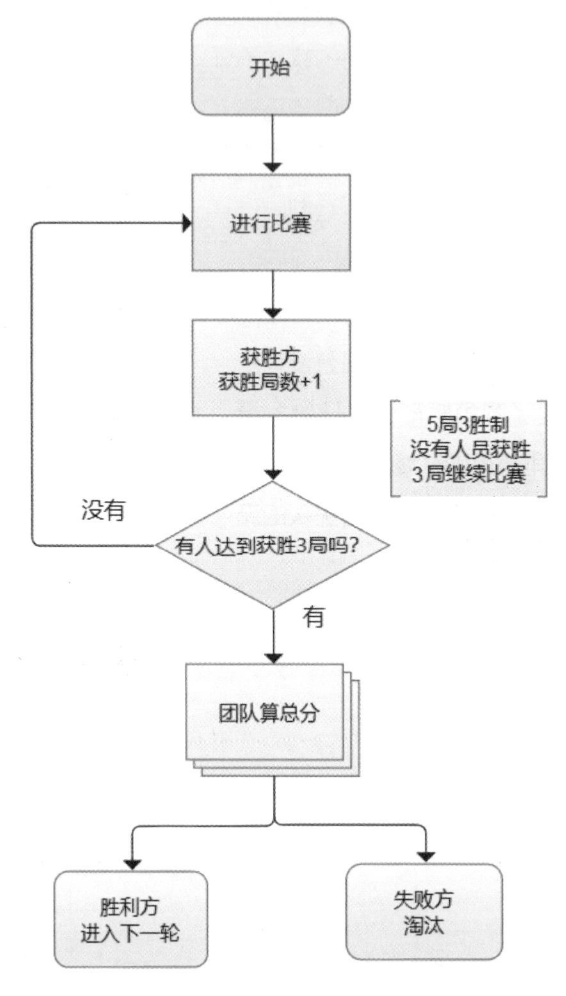

图 5-5 循环结构程序流程图

在这个程序流程图中，重点要说明的是：(1) 菱形符号作为判断符号不但可以放在选择结构中，也可以放在循环结构中，如果判断条件较多，可以采用注释符号在旁边进行注释；(2) 以前程序流程图符号中会有“循环上界”和“循环下界”，现在一般用流程线体现循环结构，要注意不要和选择结构混淆；(3) 程序流程图中的矩形组符号用来表示“预先定义进程”，即此处有一系列预先设定好的程序要执行，为了流程清晰或者节省空间不再具体标出，需要时可以单独呈现。

尽管使用软件绘制程序流程图会比较方便，但是手绘技能也是每一位程序员必须掌握的，毕竟我们不一定会随身携带个人计算机，而纸和笔却可以常伴身边。我在上大学时，手绘程序流程图是必修课，要求非常严格，这里给出一些基本原则，请遵循执行。

- 必须使用统一的符号进行绘制，符号大小尽量保持一致。前文给出的常用符号请勿更改为其他用途，这些符号的意义是所有程序员都默认的。
- 绘制程序流程图时，请按照由上而下、由左到右的方向进行，符号之间的流程线要长短适中，尽量避免交叉。适当使用颜色对程序进行区分和标注。
- 程序流程图只能有一个开始入口，但是可以拥有多个结束出口。
- 文字力求简明扼要，只在必要时使用注释符号进行说明。
- 在表示判断的菱形符号中，条件描述应简洁明了，在流程线上标注“是”及“否”，必要时可标注文字说明。
- 如果参考或引用了其他程序流程图，可使用预先定义进程，不必重复绘制。
- 如果程序比较庞大复杂，难以用一个程序流程图表达出来，可以分解为多个程序流程图进行绘制，使用连接符表达相互之间的联系。这样每一张程序流程图就可以专注于表现其中的分支细节，最终形成类似金字塔一样的逐级细化的结构。
- 切忌使用一个符号代表多个不同的含义，尤其是需要团队合作完成的项目，一个符号对应多个含义的情况极容易造成理解的混乱以及定义的混淆。自定义符号必须给出详细注释。
- 团队成员须严格遵守共同制定的绘制原则，这样才能更好地借助程序流程图进行交流沟通，以统一思想加快合作编程的效率。

5.3 程序流程图绘制软件

工欲善其事，必先利其器，软件技术越来越先进，飞机、火箭都可以用软件进行辅助设计了，更不用说小小的程序流程图了。下面就来认识几款可以绘制程序流程图的软件，用户可以根据自己的情况进行选择。不过，如果受条件所限没有软件可用，读者还得有能力拿起纸和笔进行手绘，手绘的本领可不能丢！

我推荐的第一款软件称为 Axure RP，它是一款专业的快速原型设计软件，RP 是快速原型（rapid prototype）的缩写。该软件是美国 Axure Software Solution 公司的旗舰产品，可以用来创建应用软件、Web 网站原型、线框图和流程图，目前已成为各大公司研发团队的必备软件，也是架构师、产品经理、页面前端设计师等人的工作必备软件。

尽管它不是免费的，不过依然建议大家通过官方网站下载试用，试用期为 30 天。如果抓紧时间，完全可以在失效前掌握软件的相关使用方法。

按照前面了解 Scratch 软件的方式，我们用先整体、再局部，自上而下的顺序来快速了解一下 Axure RP 软件的界面，如图 5-6 所示。

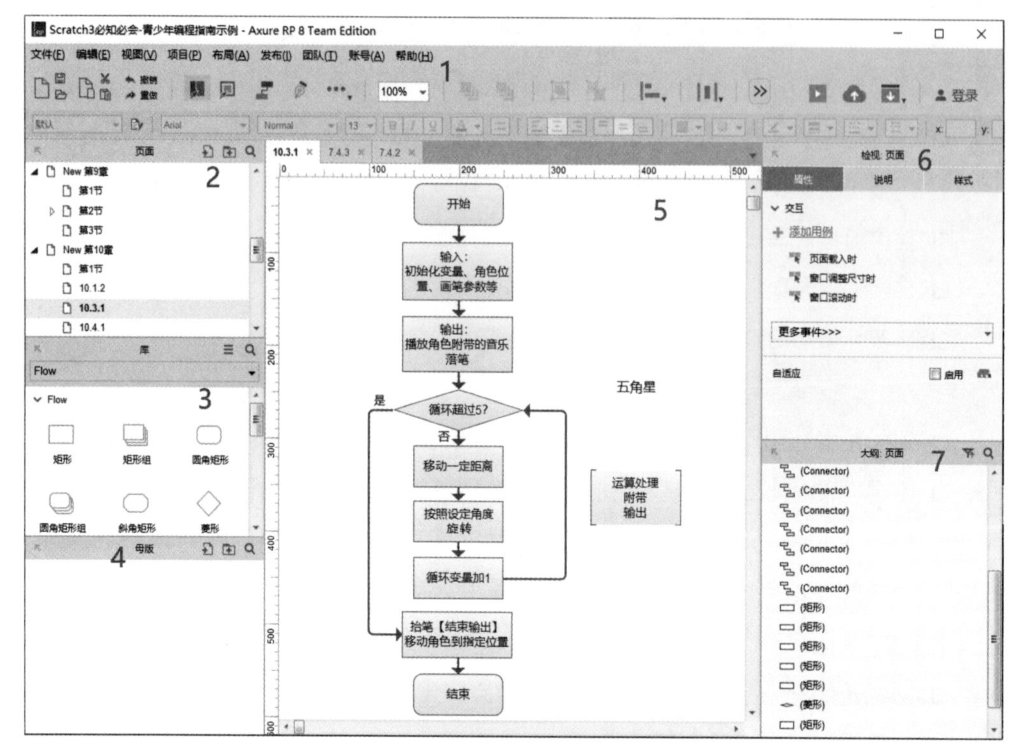

图 5-6　Axure RP 软件界面

1. 菜单栏和工具栏：执行常用操作，如打开文件、保存文件、格式化控件、自动生成原型和规格说明书等。

2. “页面”面板：对所设计的页面（包括线框图和流程图）进行添加、删除、重命名和组织页面层次等操作。

3. “库”面板：包含线框图符号、流程图符号和图标符号，我们还可以载入已有的符号库（.rplib 文件）或创建自己的符号库。

4. “母版”面板：母版是一种可以复用的特殊页面，在母版面板中，可以对母版页面进行添加、删除、重命名和分类组织等操作。

5. 页面工作区：也可以称为线框图工作区，是进行程序流程图、线框图等绘制的区域，也可以自定义部件和模块。

6. “检视：页面”面板：设置页面中被选择符号的属性、样式。

7. “大纲：页面”面板：以提纲的方式显示页面中的符号，有利于选择被遮挡的符号，可以对符号进行重命名等操作。

Axure RP 软件的“库”面板中包含 3 种符号集，分别是 Default（线框图符号集），用于绘制软件原型；Flow（流程图符号集），用于绘制流程示意图和程序流程图；Icons（图标符号集），用于在线框图和流程图中添加一些图标符号。在下拉列表中选择 Flow

项，即可切换到流程图符号集，如图 5-7 所示。

图 5-7　Axure RP 软件中的流程图符号集

- 矩形：在程序流程图中用作执行符号，用于表示要执行的计算或者处理。
- 矩形组：可以用作“预先定义进程”符号，也可以自定义为其他的用途。
- 圆角矩形：在程序流程图中用作开始和结束符号，表示程序的开始和结束。
- 圆角矩形组：无具体定义，用户在使用时可以进行自定义，注意统一性。
- 斜角矩形：较少使用，可以视情况进行自定义，注意统一性。
- 菱形：在程序流程图的选择结构和循环结构中用作判断符号，表示决策或判断。
- 文件：表示有一个文件，可以是生成的文件或者调用的文件，具体可自行定义。
- 文件组：表示输出的大量文件或者多个需求文件，也可以自行定义。
- 括弧：注释或说明，也可以用作条件叙述。
- 半圆形：常作为流程页面跳转或流程跳转的符号，在程序流程图中无具体使用规范，可以自行定义。
- 三角形：与流程线配合表示控制传递、数据流向或者在程序流程图中自行定义。
- 梯形：程序流程图中一般不会用到，可以自行定义。
- 椭圆形：一般用来表示程序之间的接口，一个流程图提供给另一个流程图的出口或者入口。
- 六边形：在程序流程图中可以自行定义其用途。
- 平行四边形：一般表示数据或确定的数据处理以及数据和信息的输入。

- 角色：表示程序流程中执行操作的角色。
- 数据库：表示存储数据的数据库。
- 页面快照：可以使用该符号将其他程序流程图（页面）以快照的形式表现在当前程序流程图中，用以表示调用关系，使用快照比使用矩形组符号更具表现力，效果如图 5-8 所示，是一张模糊的缩略图。
- 图片：可以填入一张图片，用于表示此处有图，具体用途可以自行定义。

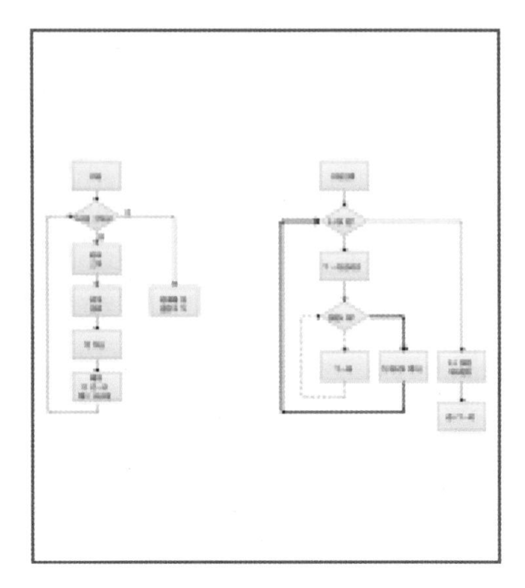

图 5-8　页面快照符号使用示意图

Axure RP 作为一款专业的快速原型设计软件，今天先用它绘制程序流程图，日后就可以用它做庞大的软件系统设计，这就是技能的储备和提升。光说不练假把式，接下来就通过几个练习来加深对 Axure RP 软件的认知，提升使用技能。

Get新技能：创建并保存程序流程图

Step 1　开启 Axure RP 软件，选择“文件”→“新建”命令，创建一个新文件。

因为 Axure RP 软件最常被用来进行网站原型设计，所以在“页面”面板中会显示一套页面体系，如图 5-9 所示。如果想要设计更大规模的程序，可以划分主程序和子程序，将主程序绘制在 index 页面上，子程序绘制在下面的 page1、page2、page3 等子页面中。

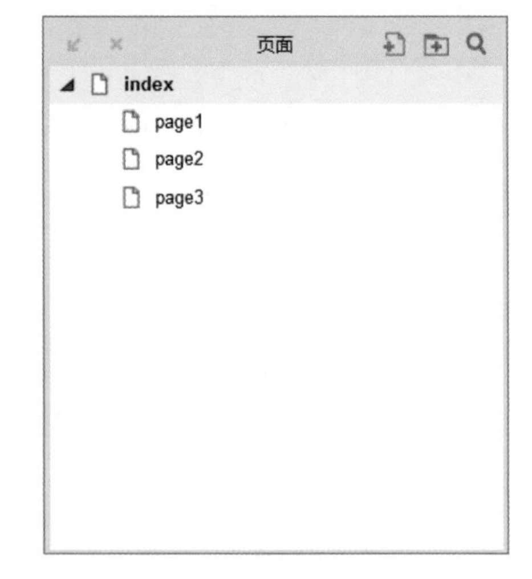

图 5-9　页面面板示意图

Step 2　在 index 和 page1 等条目上双击鼠标，可以在页面工作区中打开页面，如图 5-10 所示。点击工作区上面的页面标签，可以切换页面工作区，从而在不同页面中进行绘制。

Step 3 在“页面”面板的 index 和 page1 等条目上点击鼠标右键，在弹出的快捷菜单中选择“重命名”命令，可以对页面进行重新命名，如图 5-11 所示。

图 5-10 工作区上的页面标签示意图

图 5-11 重命名页面名称

Step 4 选择“文件”→“保存”命令或“另存为”命令，可以对绘制的程序流程图进行保存。在出现的对话框中，可以设定程序流程图的文件名和存储路径，如图 5-12 所示。如果是新建的文件，执行“保存”命令也将调出“另存为”对话框。

图 5-12 “另存为”对话框示意图

Get新技能：绘制程序流程图

Step 1 创建新文件，打开相应的工作区，在“库”面板中选择 Flow 流程图符号集。

Step 2 把 Flow 符号集中的圆角矩形符号拖曳到工作区中，这是程序的开始框。在符号上双击鼠标可以插入文字，如图 5-13 所示。

Step 3　把头脑中形成的逻辑思维转换成对应的程序流程图符号，按照从上到下，从左向右的绘制原则，将需要的程序流程图符号拖曳到工作区中，此时可以暂时忽略流程线，如图 5-14 所示。

图 5-13　拖曳圆角矩形符号到工作区示意图

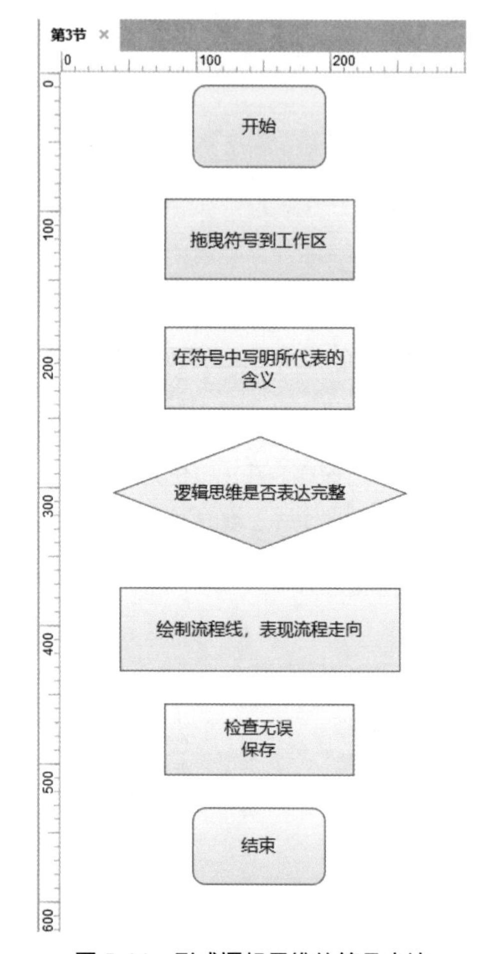

图 5-14　形成逻辑思维的符号表达

盖楼需要先把主要框架搭建好，再逐步细化。同样，在绘制程序流程图时也要先绘制出主要流程框架，然后逐步完善细节。如果一开始就过分追求细节，往往会“捡了芝麻丢了西瓜”，影响头脑中逻辑思维的整体表达。

Step 4　打开连接模式 ，按照执行流程连接各个符号，并添加相应的注释。

在连接模式下，当鼠标指针靠近符号时，符号会出现相应的调节手柄。靠近调节手柄会出现红圈，此时按下鼠标左键，流程线将从符号调节手柄处引出。用鼠标拖动它向需要连接的符号移动，在目标符号的调节手柄处释放，即可通过流程线将两个符号连接在一起，如图 5-15 所示。如果改变符号的位置和大小，流程线将自动适应变化。如果在距离调节手柄较远的地方（没有出现红圈）进行操作，则流程线不会与符号形成连接。

每一个被选中的符号都可以通过拖动绿色线框或者 4 个顶角来修改符号的形状。在默认情况下，调整符号的位置和大小会出现与上下符号对齐的提示线，可以借助这些提示线使程序流程图更加整齐美观，如图 5-16 所示。

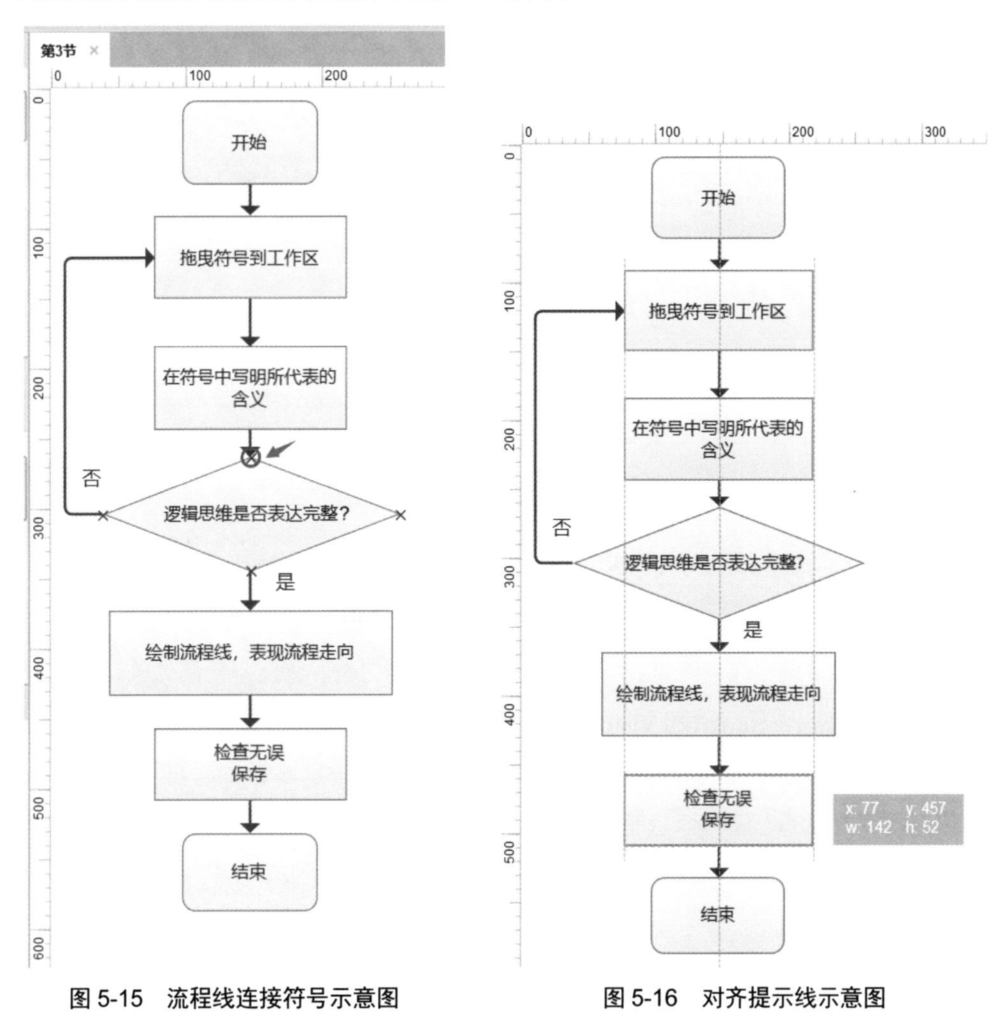

图 5-15 流程线连接符号示意图

图 5-16 对齐提示线示意图

Step 5 选择"文件"→"保存"命令或"另存为"命令进行保存，养成随时保存的习惯有利于保护自己的劳动成果。

上面讲述的只是 Axure RP 强大功能的冰山一角，目的在于让读者能够快速使用该软件绘制程序流程图，有兴趣学习该软件的读者可以自行购买 Axure RP 软件和参考书。

我要推荐的第二款软件是微软 Office 软件中的 Visio，它也是业界常用的软件，同样需要付费，此处不进行讲解。有关 Visio 软件的内容需要大家自行查找资料学习，鉴于 Office 软件的普及性，花点时间掌握这个软件还是值得的。

有没有免费的可用于绘制流程图的软件呢？当然有，网络上呼声比较高的是 Apache 软件基金会的 OpenOffice，该套软件能在 Windows、Linux、Mac OS X（X11）和 Solaris 等操作系统上执行，并且兼容其他主流办公软件。OpenOffice 是自由软件，任何人都可以免费下载和使用，界面如图 5-17 所示。

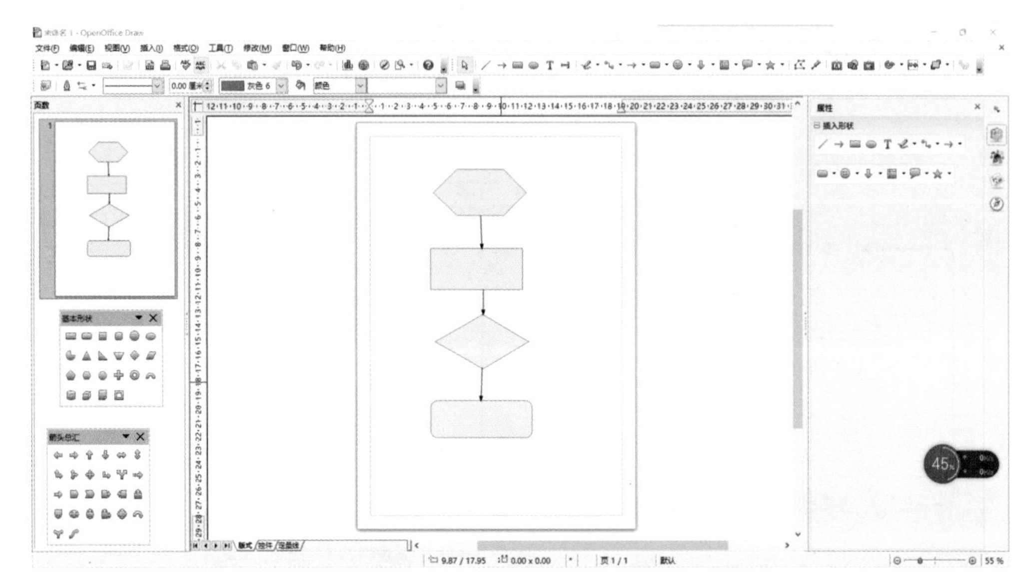

图 5-17　OpenOffice 软件界面

OpenOffice 属于办公软件，绘图只是它集成的小功能。因此从使用体验方面来说，方便程度远不及 Azure RP 和 Visio，它的流程线不会“智能”连接，在拖动符号位置时流程线会断开，需要使用鼠标再次拖动连接线重新连接。

在软件界面的右侧，有绘制流程图所用的符号，如图 5-18 上方红色箭头所指的位置。点击右侧的三角图标可以展开符号集，进一步选择要用到的符号，即可在绘制区进行绘制。

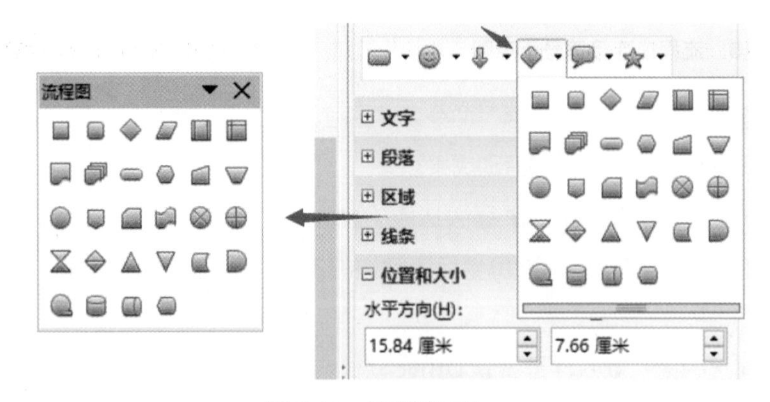

图 5-18　流程图面板

在选择符号后，展开的符号集就会自动收回，下一次使用时仍要重复之前的步骤，是不是比较麻烦？用户可以用鼠标拖动符号集底端的蓝色条，将流程图符号集“剥离”出来，形成独立的“流程图”面板。有关 OpenOffice 的使用就介绍这些，有兴趣的同学可以继续自学。

其实能胜任程序流程图绘制工作的软件不止以上推荐的这些，据了解，有相当多的用户会选择使用 Power Point 软件进行绘制。我也根据网上的推荐，尝试了一款名为“Dia Diagram Editor”（简称 Dia）的软件，它只有不到 20M 的体积，非常小巧，并且可以实现连接线与符号的“智能”连接。但由于是国外的网站，页面响应非常缓慢，可以考虑从太平洋电脑下载中心进行下载。为了安全和能获取最新版本，推荐夜深人静的时候从官网进行下载，此时网速会快一些。

大家使用 Dia 软件时可能会遇到一个问题：符号中只能输入英文字符，无法输入汉字。要解决这个问题很简单，在 Dia 菜单栏中选择“输入法”→“简单”即可。

程序流程图绝对是帮助编程人员厘清逻辑思路的首选辅助工具，是团队成员之间进行交流沟通的必备工具。在绘制程序流程图时，要尽量做到整体框架清晰，不要过分纠结细节。对于某些通用的标准定义符号，按规则使用，尽量不要自定义；对于需要自定义的符号，要制定“共同原则”，使用时严格遵循原则，这样有利于团队沟通并达成共识。每一位编程人员都要养成绘制程序流程图的习惯，即使编写很简单的程序也要坚持绘制，慢慢就能体会到它的作用和价值了。

第 6 章　面向对象编程

课程目标

了解面向对象编程的基本概念，了解面向对象编程中事件及消息的概念和用途。学习和使用 Scratch 软件中有关事件的积木指令，构建面向对象程序，初步形成面向对象程序的知识体系。

要想学好编程，只掌握理论知识是不够的，关键还是要多实践。从本章开始，我们会动手编写一些程序，希望大家能举一反三，对所学内容勤加练习。

6.1　创作第一个作品：追踪蟑螂

前文讲到，在 Scratch 中创作作品就如同排演舞台剧，每个角色都由各自的脚本控制着，当导演喊“开拍”时，角色就开始按照脚本所写，在舞台上进行表演。如果导演需要特别提醒某个角色的表演，他可能会这样说：“张三，快点跑！”被点名的角色就要加快奔跑的速度，导演没有喊“停”，就要一直表演下去。接下来我们通过创作一个作品，体会如何在 Scratch 中排演舞台剧，过一把当导演的瘾。

故事情节：贝果是家中清洁机器人，它在巡逻的时候发现了家里竟然有蟑螂，蟑螂处于舞台的中心，贝果在蟑螂左面，两者相距 150 点，蟑螂 1 秒能跑 15 点，贝果要在 10 秒内抓到蟑螂。

作为导演，首先要挑选作品中的角色。打开 source.sb3 文件后，贝果就出现在了舞台上，将这个文件另存为 6-1-1.sb3，以防止修改 source.sb3 文件。

练习 1：抓到蟑螂

Step 1　还记得如何新建角色吗？点击猫头图标，在“选择一个角色”界面中点击 Beetle 角色，如图 6-1 所示，然后在“角色”面板给它改名为“蟑螂”。

Step 2　现在舞台上已经有了两个角色，接下来就是要设定它们开始表演时的位置。根据故事情节，蟑螂在舞台上的位置应该是 $x = 0$，$y = 0$，贝果在舞台上的位置应该是 $x = -150$，$y = 0$。如图 6-2 所示，图中箭头所指处可以设定角色在舞台上的坐标。

图 6-1　新建“蟑螂”角色

图 6-2　设定两个角色在舞台上的初始位置

Step 3　为角色编写表演脚本。首先要控制蟑螂完成 10 秒的跑动，距离是 $15 \times 10 = 150$ 点。在“角色”面板中选择“蟑螂”角色，然后找到“代码”面板的“事件”模块，将“当绿旗被点击”积木指令拖动到程序面板中。注意程序面板右上角显示的是“蟑螂”角色，表示这段程序是“贴在”“蟑螂”角色身上的，如图 6-3 所示。

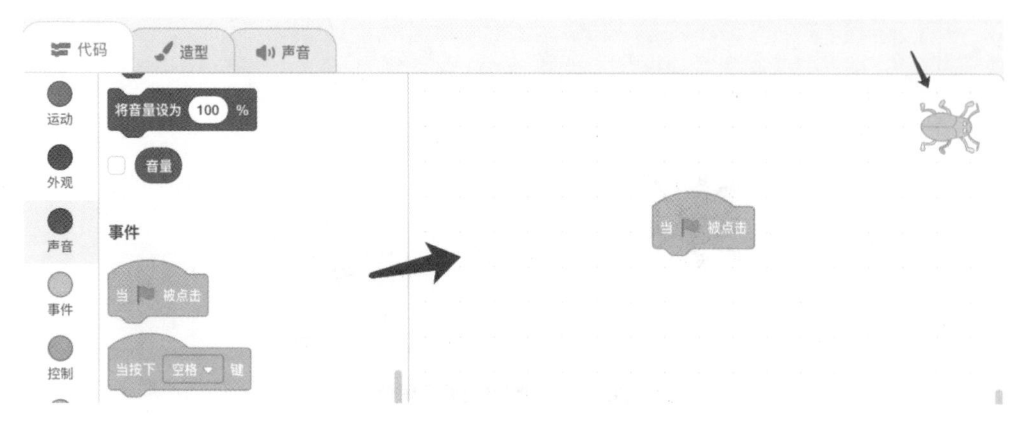

图 6-3　为“蟑螂”角色编写程序

Step 4　从“运动”模块中将 在 1 秒内滑行到 x: 0 y: 0 积木指令拖动到“当绿旗被点击”积木指令的下方，注意两者需要拼接在一起。如图 6-4 所示，修改里面的数值为 10、150、0，想一想为什么？

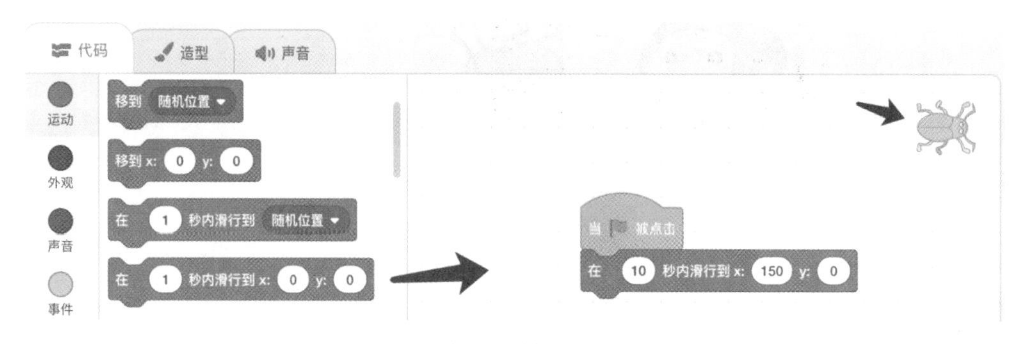

图 6-4　控制“蟑螂”角色运动

Step 5　在“角色”面板中选择贝果，然后为贝果编写表演脚本，程序面板中的表演脚本如图 6-5 所示。箭头所指表示这些表演脚本是“贴在”“贝果”角色上的。

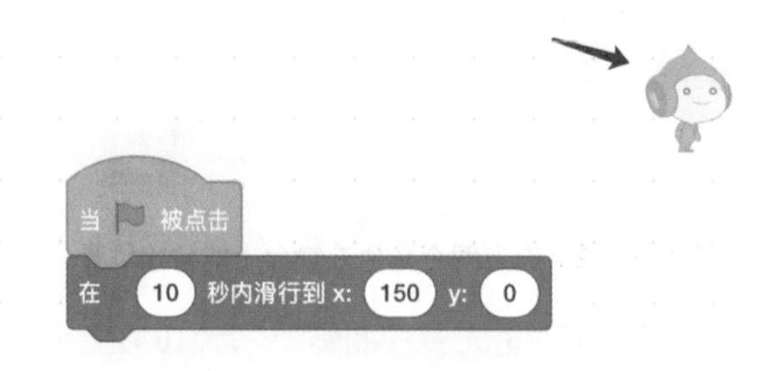

图 6-5　为“贝果”角色编写程序

好了，控制角色表演的脚本都写完了，作为导演，是不是迫不及待想看一下效果？再着急也要先保存作品，切记！还记得怎么保存吗？

像导演一样对着计算机屏幕大声喊“开拍”，结果当然是看不到任何表演。仔细看一看控制着两个角色表演的脚本，是不是都有一条“当绿旗被点击”积木指令作为开头？也就是说在 Scratch 软件中，舞台上方的这两个图标 🏁 ● 很重要，点击绿旗图标相当于喊“开拍”，角色会开始表演；点击红灯图标相当于喊“停”，角色会停止表演。

Step 6 点击舞台上方绿旗图标开始表演，点击红灯图标停止表演。再次点击绿旗图标，问题又出现了，两个角色在舞台上不动了，这是因为它们的坐标已经重合了。我们希望的是每次点击绿旗图标，贝果就开始追逐蟑螂，而不是只追一次。

练习2：反复表演抓蟑螂

在前面的例子中，贝果追了一次就不再动了，蟑螂也不跑了。分析原因：二者最初的坐标位置是在“角色”面板中的坐标输入框中设置的，这个坐标输入框中的数值并不是一成不变的，会随着运动积木指令的控制而变化。在表演一次后，二者的坐标都是 $x = 150$，$y = 0$，所以再次点击绿旗，二者当然是不会移动的。因此要解决问题，就需要在每次表演开始时将角色放置在正确的舞台位置处，即在脚本中设置角色的初始位置。这种对角色的最初控制在编程领域称为初始化操作。将作品保存为 6-1-2.sb3 文件，准备进一步修改。

Step 1 选择贝果，从“运动”模块中把“移到 x：…… y：……”积木指令拖动到程序面板中。既然是初始化操作，当然要先被执行，所以要放在其他运动积木指令之前，如图 6-6 所示。点击程序段进行测试。

Step 2 想一想蟑螂的初始化位置在哪里？用什么积木指令呢？程序如图 6-7 所示，点击程序代码段进行测试。

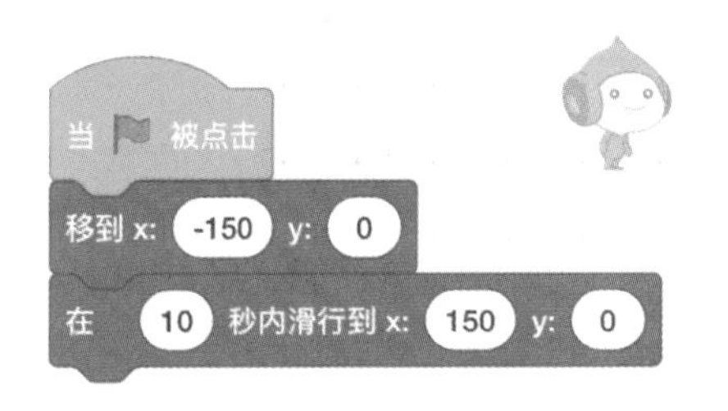

图 6-6　先初始化再移动

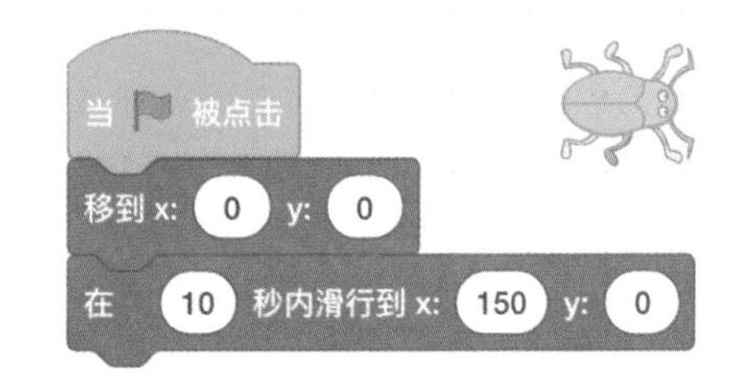

图 6-7　“蟑螂”角色的初始化和移动控制

Step 3 在点击绿旗图标进行整体效果测试之前，仍要记得保存程序哦！再次测试，是不是可以反复表演抓蟑螂了？可是贝果一直是一个形象在执行任务，不觉得有些无趣吗？

练习3：切换造型抓蟑螂

Step 1 将程序另存为 6-1-3.sb3 文件，然后在“角色”面板中选择贝果，点击软件界面左侧的“造型”标签，可以看到贝果有 4 个造型，如图 6-8 所示。

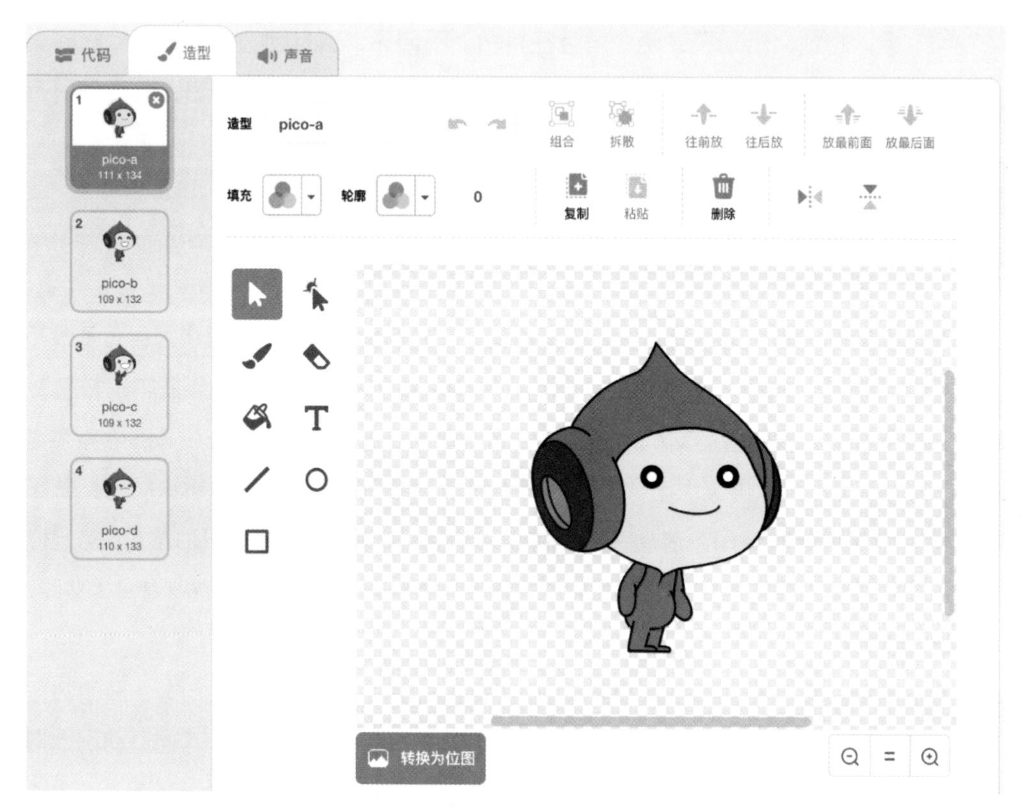

图 6-8 “贝果”角色有 4 个造型

Step 2 要实现切换造型的效果，就需要用到切换造型的积木指令。在“代码”面板中寻找一下，“外观”模块里有如图 6-9 所示的两条积木指令。

图 6-9 切换造型积木指令

Step 3 既然要切换造型，就不能再让贝果 10 秒直接走到预想的位置。我们知道，贝果从 $x = -150$，$y = 0$ 到 $x = 150$，$y = 0$ 一共走了 300 点，于是可以控制贝果每秒走 30 点，然后切换一下造型，这样就形成了一边走一边切换造型的效果。

Step 4 于是我们可以编写出如图 6-10 所示的程序，注意要填写正确的 x 坐标，否则贝果可就不按规矩行走了。

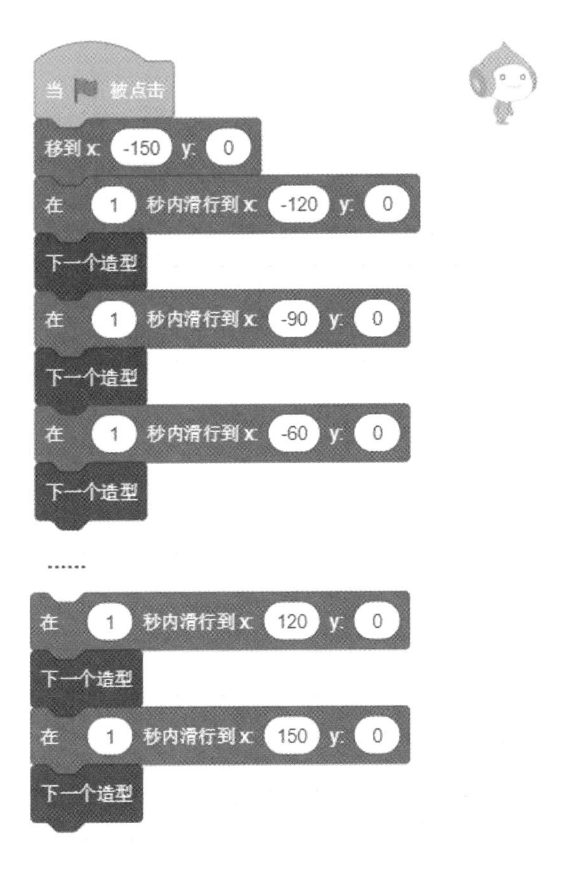

图 6-10　实现边走边切换造型的舞台效果

如图 6-11 所示，在积木指令上点击鼠标右键，从弹出的菜单中选择“复制”，可以直接在需要的地方贴合被复制出的积木指令，不用每次都从“代码”面板中拖曳积木指令。

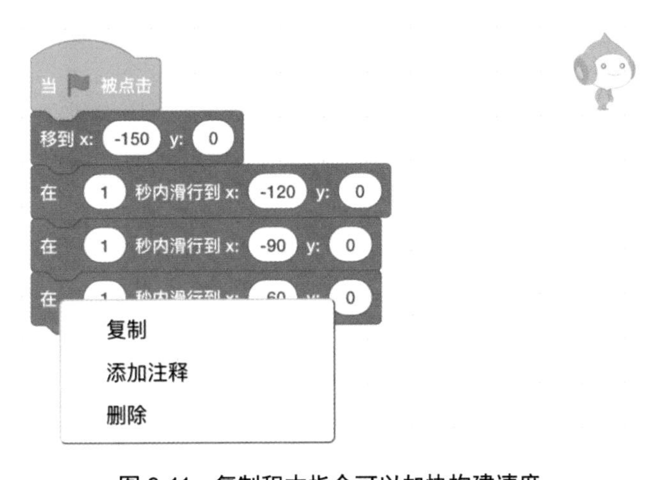

图 6-11　复制积木指令可以加快构建速度

Step 5 保存程序后进行测试，效果是不是生动了很多？编写程序就是这样，先考虑实现基本的功能，再逐渐丰富效果。

有没有觉得前面的程序实现方式有点“笨”啊？这是一个典型的顺序结构程序，有两条积木指令一直在出现，只是里面填写的数值不一样而已。那么能不能用循环结构替代这个“冗长”的顺序结构呢？答案当然是肯定的。

练习4：顺序结构变循环结构

Step 1 重新打开上面保存的 6-1-3.sb3 文件，另存为 6-1-4.sb3 文件。如图 6-12 所示，从“移到 x：–150 y：0”积木指令后面断开程序，图中底部的两条积木指令反复出现了 10 次。下面就把这两条积木指令放到循环结构中，现在不用深究，照着做即可，后面还会讲解有关循环指令的内容。

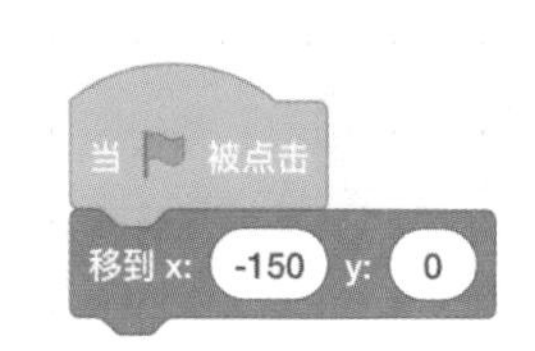

图 6-12 分离程序段

Step 2 从“代码”面板的“控制”模块中拖出“重复执行……次”积木指令，把它放到“移到 x：–150 y：0”积木指令后面。现在需要向循环积木指令中填入合适的积木指令用以控制贝果的移动，每次要移动 30 点，所以要用到“将 x 坐标增加……”积木指令，接着拼接“下一个造型”积木指令。但是在这样的脚本中，没有控制时间的积木指令了，怎样形成每隔一秒移动 30 点的效果呢？这时就需要用到“控制”模块中的“等待……秒”积木指令，最终贝果的表演脚本如图 6-13 所示，暂时不理解没关系，后面还会具体讲解。

Step 3 保存自己的劳动成果，测试运行。发现问题了吗？好像贝果“一蹿一蹿”跑得快，而且很早就“抓到”了蟑螂，然后“故意停下来放它跑”，有一种“难逃我手心”的感觉。于是我们修改蟑螂的控制脚本，如图 6-14 所示。

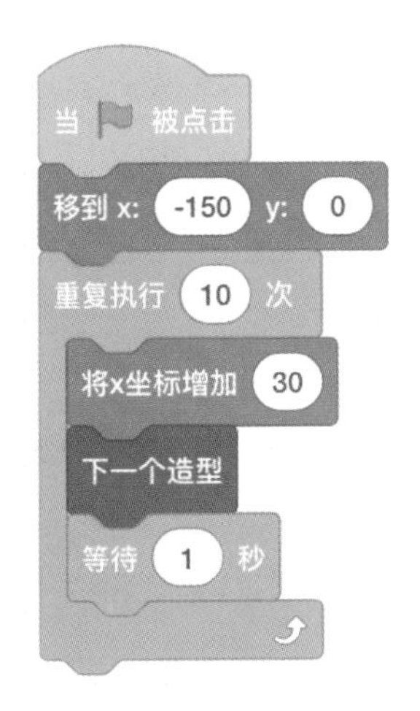

图 6-13 采用循环结构优化程序

图 6-14 采用循环结构优化蟑螂的控制脚本

Step 4 保存自己的劳动，再次点击舞台上方的绿旗图标，是不是追逐效果比上一个版本好多了？

思考：现在程序面板中还有大段被断开的程序，它们会影响舞台上角色的表演吗？为什么？（建议读者及时清理那些无用的程序。）

到目前为止，舞台剧是不是有点单调？只要开始表演，蟑螂就跑，贝果就追。一般电影表现中都会有一些剧情铺垫，比如蟑螂感受到危险了才会跑，而贝果看到它跑了才会开始追。接下来就实现这样的交互效果。

练习5：你要跑，我就追

Step 1 打开上一练习存储的 6-1-4.sb3 文件，保存为 6-1-5.sb3 文件，然后开始进行交互效果的修改。首先选择“蟑螂”角色，将“重复执行……次”积木指令从程序中剥离下来。在“代码”面板的“事件”模块中找到 积木指令，把它拖到程序面板中，不要着急将之前剥离的程序片段连接起来。

Step 2 在“事件”模块中找到 积木指令，该积木指令可以对整个作品发出一条广播，类似对着广场上的人喊：“张三，回家吃饭啦！”。那么谁应该对这个广播做出响应呢？当然是名字叫张三的人了。点击“广播……”积木指令中的“消息 1”，在出现的菜单中选择“新消息”，然后在“新消息”对话框中输入名称“逃跑啦”，如图 6-15 所示，让蟑螂在逃跑之前“嚣张”地挑衅一下贝果，宣告自己要逃跑！

Step 3 将上面新拖曳的两条积木指令和剥离下来的程序片段拼合在一起，如图 6-16 所示。现在“蟑螂”角色有两段程序，“当绿旗被点击”用于初始化角色的位置，“当角色被点击”用于控制角色发生逃跑动作，在逃跑之前还发出“逃跑啦”的消息。

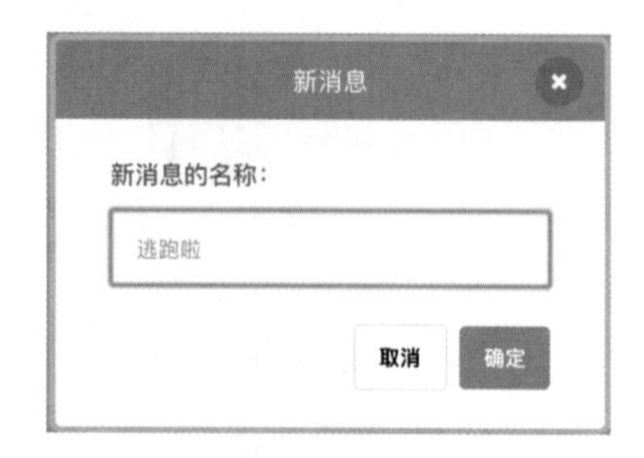

图 6-15 创建“逃跑啦”消息

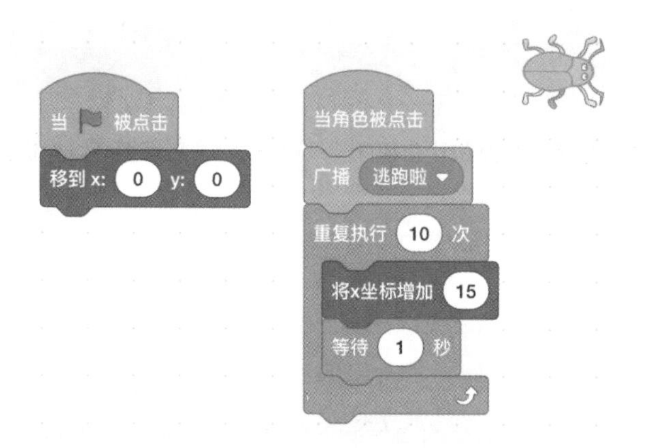

图 6-16 蟑螂“角色”的两个事件程序

Step 4 在“角色”面板中选择贝果，从“代码”面板的“事件”模块中找到 当接收到 逃跑啦 积木指令，该指令是随上面创建新消息而产生的响应积木指令。每一条新消息都会有一条对应的接收命令，如果设置错误，那就会发生“鸡同鸭讲”的问题。贝果的两段程序如图 6-17 所示。

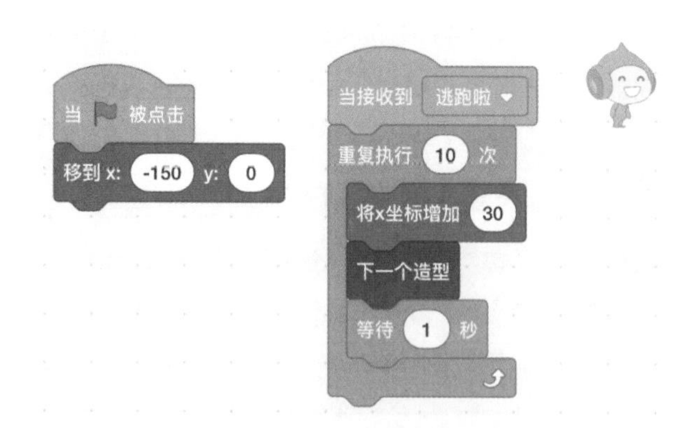

图 6-17 “贝果”角色的两个事件程序

Step 5 保存文件，然后看一下修改后的舞台效果如何。用鼠标点击蟑螂，模拟蟑螂“感受”到来自贝果的压力开始跑，于是贝果开始追。这样的舞台效果显然要比之前的真实一些。

思考：这个程序还是有瑕疵的，使用鼠标不断点击蟑螂就会看到问题，怎么解决呢？随着学习的深入会找到适合的解决方案，此处就不再深入了。

通过创作这样的一个作品，一是体会 Scratch“编程就是排演舞台剧”的工作模式，二是对面向对象编程有一个初步的认识，为以后学习代码式编程奠定一些基础。

6.2 什么是面向对象编程

面向对象编程（object oriented programming，OOP）是当前主流的编程模式，Scratch 软件虽然采用积木指令构建程序，但是它也有面向对象编程的身影。本节将通过分析上面的作品来了解面向对象编程的相关概念。

贝果在 Scratch 软件中称为“角色”，这种称呼与 Scratch 软件“排演舞台剧”式的工作方式相吻合。如果把贝果“置入”计算机编程领域，那么它就可以称为“对象”（object），每个对象的“身上”都可以有编写好的程序。

如何对计算机编程领域中的对象进行定义呢？现在明确地解释这个词比较困难，大家简单了解即可。

对象，编程术语，广义指内存上一段有意义的区域，一般也指类在内存中装载的实例。此处可以浅显地理解为对象就是程序中可以用来完成任务的“物体”，一个对象有状态、行为和标识 3 种属性。例如贝果就是一个对象，它的舞台坐标、朝向这些“状态”是可以修改的；给它编写程序就可以定义它的“行为”，如行走、转向、发出声音等；可以对一个对象设定多种行为，也就是可以编写多个控制程序；它的角色名称、造型名称是它的“标识”。

根据上面的说法，Scratch 软件中的所有角色都是对象，舞台也是对象。

除了上面提到的对象外，在使用 Scratch 软件过程中出现的按钮、输入框，甚至软件左上角的 3 个圆形小图标都是对象，如图 6-18 所示。是不是每个对象都有各自的状态、标识和行为（功能）呢？

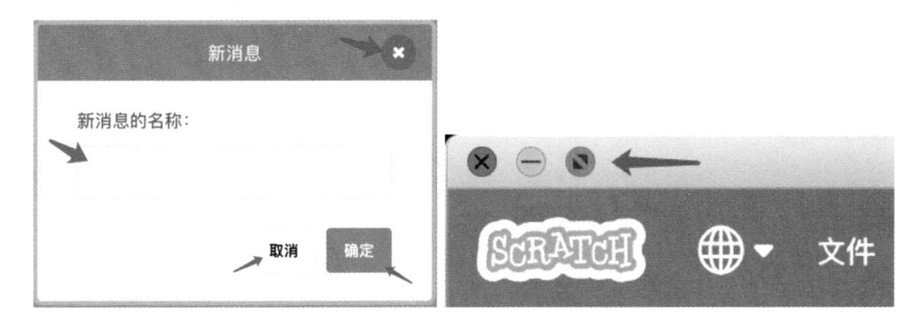

图 6-18　箭头所指均为对象

其实在计算机编程领域中，不止这些可见的“物体”称为对象，还有很多不可见的对象，而且它们还有一些特性，感兴趣的同学也可以自行查阅编程语言方面的资料。

回想一下为贝果编程的过程，用户首先要在“角色”面板中选择贝果这个角色，然后在程序面板中为它编写程序。如果在“角色”面板中选择其他角色，那么在程序面板中构建的程序就会附着在你选择的角色上，而不是贝果上。这种编程模式可以简单地理解为面向对象编程，即面对选中的对象进行编程。

为了加深对面向对象编程的理解，接下来做一个有趣的多媒体程序。如图 6-19 所示，在舞台上放置多个对象，为每一个对象（包括舞台）定义多个行为（编写不同的程序），从而让对象表现出不同的功能（参见 6-2-1.sb3 程序）。

图 6-19 对象行为测试程序

作品中有 5 个对象，每个对象上都附着多个功能不同的程序，下面分析它们具有的程序。

1. 舞台对象

如图 6-20 所示，舞台有两个背景，3 个程序，以不同积木指令开始的程序段的功能如下。

- **当绿旗被点击**：清理舞台，恢复到初始状态。
- **当响度 >50**：切换背景，测试时需要打开计算机的麦克风，拍拍手，声音超过 50 分贝就能切换背景。

❑ **当背景换成 stage2**：只要背景切换成“stage2”，就会启动这个程序，询问是否喜欢这个背景，回答 1 表示喜欢，响一段乐器声；回答 2 表示不喜欢，切换到背景 1。

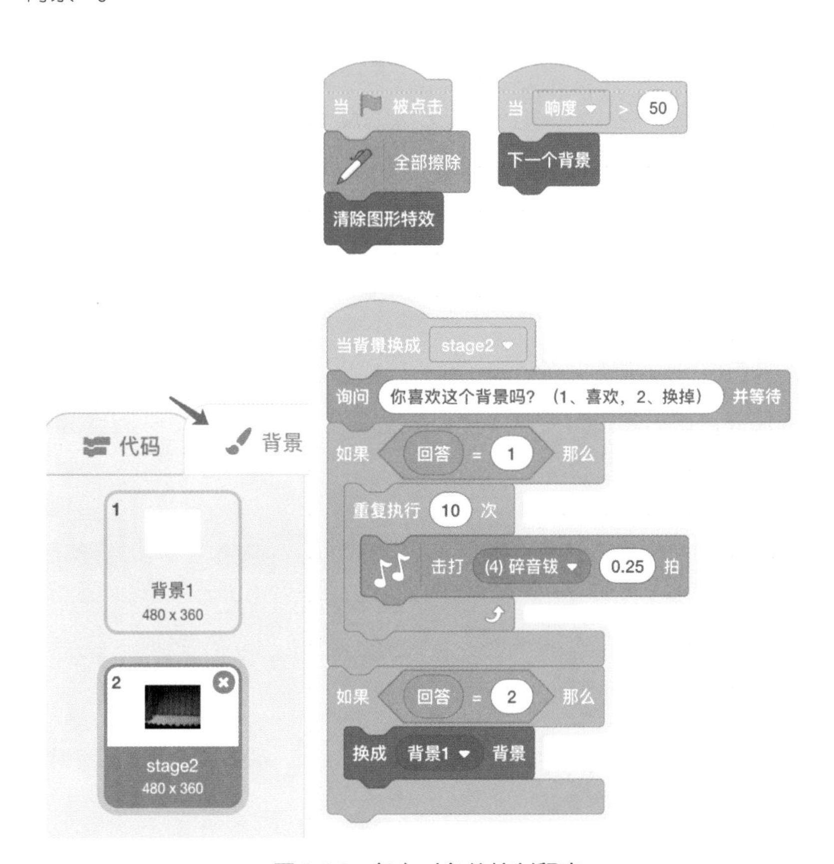

图 6-20　舞台对象的控制程序

2. 贝果对象

贝果向大家展示了一个有趣的功能：克隆，即复制出一个完全相同的对象。如图 6-21 所示，贝果有 3 个程序，以不同积木指令开始的程序段的功能如下。

❑ **当绿旗被点击**：表达贝果存在克隆功能。

❑ **当角色被点击**：执行克隆功能，在舞台上克隆出一个贝果对象，克隆出的对象与原对象具有一样的功能，被点击也会进行克隆。

图 6-21　贝果对象的控制程序

- **当作为克隆体启动时**：控制被克隆出的对象的移动，并表明自己是“克隆的”，展示 3 秒后，删除克隆对象。在克隆对象展示的 3 秒之内点击克隆对象，会再次进行克隆。此程序将在贝果对象被克隆出的一刻执行。

3. Beetle 对象

Beetle 在舞台上跑来跑去，碰到舞台边缘就反弹回来，它有两个程序，如图 6-22 所示，以不同积木指令开始的程序段的功能如下。

- **当绿旗被点击**：初始化 Beetle 对象，让它面向 90 度（默认正方向），并表明对象具有移动的功能。
- **当角色被点击**：设置对象的旋转方式为任意旋转，这样才能发生后面的反弹行为；然后控制对象随机移动，注意 x 轴坐标和 y 轴坐标的数值范围都要超过舞台的尺寸，这样才有可能发生移动超出舞台范围的情形，一旦碰到舞台边缘，就会发生反弹行为。

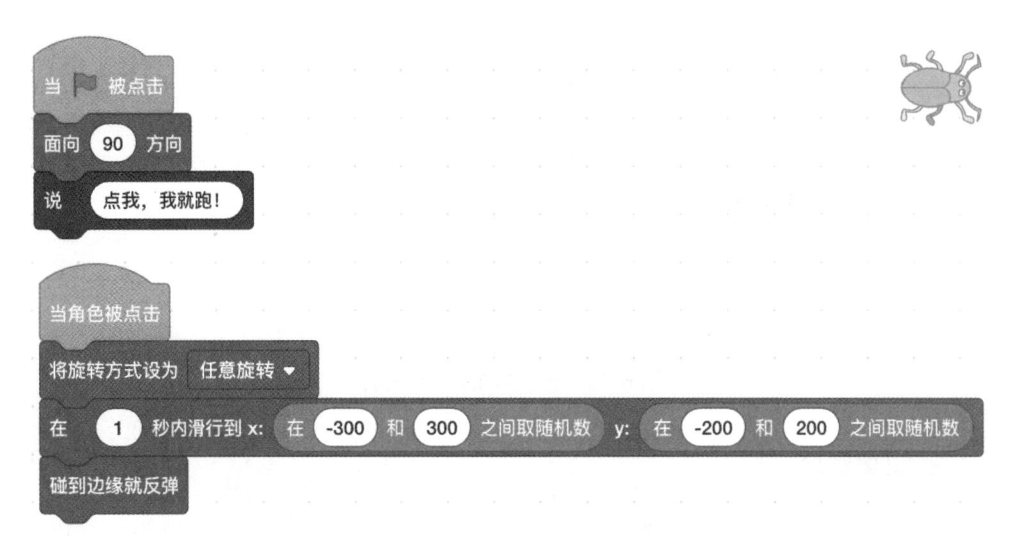

图 6-22　Beetle 对象的控制程序

4. Drums Conga 对象

Drums Conga 可以根据用户按键的不同播放不同的声音。如图 6-23 所示，它有两个程序，以不同积木指令开始的程序段的功能如下。

- **当绿旗被点击**：表明这个对象只接受 A、S、D、F 按键控制。
- **当按下……键**：响应 A、S、D、F 按键，按键不同，播放的声音不同。此处播放的声音是对象自带的，可以通过下拉列表进行选择。

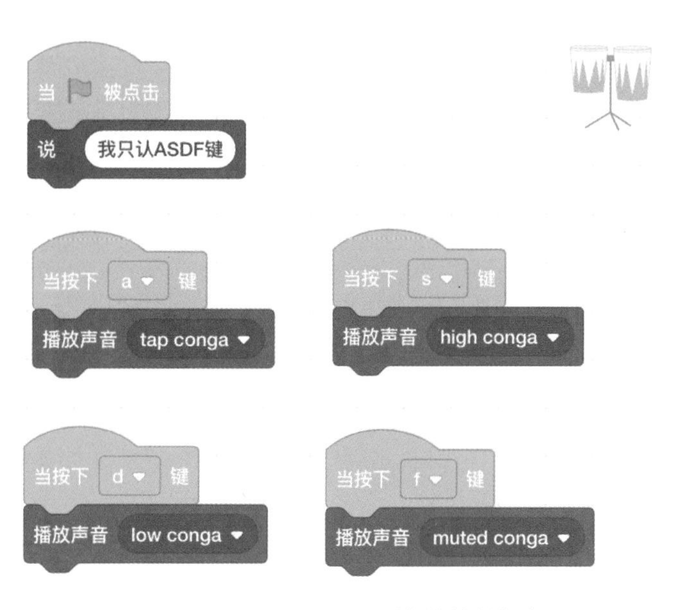

图 6-23　Drums Conga 对象的控制程序

5. Bat 对象

Bat 是邪恶的小怪兽，它会停止程序的运行。如图 6-24 所示，它有 3 个程序，以不同积木指令开始的程序段的功能如下。

- **当绿旗被点击**：表明它具有停止程序的功能。
- **当角色被点击**：直接停止程序的运行。
- **当按下 q 键**：同样可以停止程序。这个可以认为是程序中的隐藏功能，也可以算是程序员给自己留的控制作品的"小后门"。

图 6-24　Bat 对象的控制程序

上面的案例展现了面向对象编程的一些基本特点，所有的角色都可以视为对象，那对象是怎么来的？从表面上看，这些对象都是从角色库中引入的，其实，一个角色被引入作品之后，创作者对角色的所有修改都只会保存在作品中，不会影响到角色库中的原始角色。

这就形象地展现了对象的概念：在内存中装载的实例。可以这样理解：角色库中的原始角色就是类，每一次引入新作品时，该原始角色（类）就克隆一个自己（实例）放入作品中，而自己依然存在于角色库中，所以作品中修改的是实例（对象）而不是类。

类和实例理解起来比较抽象，利用 Scratch 软件去理解面向对象编程也是很有帮助的。面向对象编程是目前软件开发的主流，大家通过本书初步了解即可，在以后学习高级编程语言时，你对它的理解会更深入。

6.3 程序要执行，启动靠事件

在上面作品的 5 个对象中，我们均使用了"当绿旗被点击"积木指令，读者们也知道这条积木指令的作用：一旦点击舞台上的"绿旗"图标，对象中所有以"当绿旗被点击"积木指令开头的程序都将被执行。

该积木指令存放于"代码"面板的"事件"模块中，那什么是事件？事件在面向对象编程中的作用是什么呢？

简单地说，"事件"就是用户在系统中所做的操作，例如点击鼠标、按下按键、关闭窗口等。

告诉计算机发生了某种操作，请求计算机对所发生的操作行为进行处理，这种告诉的行为有一个专门术语，称为触发事件，如用户点击舞台上的绿旗图标，点击动作就是触发事件。

就像接头暗号一样，每个触发事件都会有对应的应答事件，称为响应事件。计算机一旦接收到触发事件，就会去寻找与触发事件对应的响应事件。凡是以响应事件开头的程序，都会被执行，所以"事件"模块中的积木指令被设计成只有向下凸起，上面没有凹槽的造型，它们只能放置在程序的顶部，不能插入程序段中或者放在程序的最底部。

例如：触发事件是点击舞台上的"绿旗"图标，其相应的响应事件就是"当绿旗被点击"，所以只要发生此触发事件，计算机就会去查找所有角色的所有程序，以"当绿旗被点击"为开头的程序都将被执行。

在 6.2 节的案例中，5 个对象的程序中均使用了"当绿旗被点击"积木指令，这说明不同的对象可以使用相同的响应事件。当触发事件发生时，所有能响应触发事件的控制程序都将被执行。一般常用"当绿旗被点击"进行作品的初始化工作，例如设定角色最初的位置和朝向等。

原则上触发事件和响应事件都是对应的，但如果寻找不到响应事件，计算机就会忽略触发事件。这种忽略有时不会产生影响，有时则可能导致程序出错，下面来验证一下。

Get新技能：谁的事件谁响应

Step 1 打开 source.sb3 文件并将它另存为 6-3-1.sb3 文件。从角色库中引入一个新的角色 Nano，如图 6-25 所示，它具有 4 个造型。

Step 2 在“角色”面板中选择贝果，为它编写如图 6-26 所示的程序，然后点击贝果测试效果，注意观察 Nano 是否有动作。

图 6-25　引入新角色　　　　图 6-26　为贝果编写程序

Step 3 使用鼠标直接点击舞台上的 Nano 角色，观察是否会切换造型。如果还不甘心，可以在“角色”面板中选择 Nano 角色，再点击舞台上的 Nano 角色，双重“保险”的情况下，应该能确认的是：Nano 角色的造型不会切换。

以上说明了一个重要问题：谁的事件谁响应。也就是说触发哪个对象的触发事件，哪个对象才具有响应的“资格”，如果有响应事件，则执行响应程序；如果没有响应事件，则触发事件会自动被忽略。

下面进行一个加强版验证。

Get新技能：角色之间复制程序

Step 1 在“角色”面板中选中贝果，然后在程序面板中的程序上点击鼠标右键，在出现的菜单中选择“复制”命令。

注意：被点击的积木指令及其下面的积木指令都将被复制。因此，左侧在事件积木指令上进行复制将复制整个程序，读者可以尝试实现图 6-27 最右侧的复制效果。

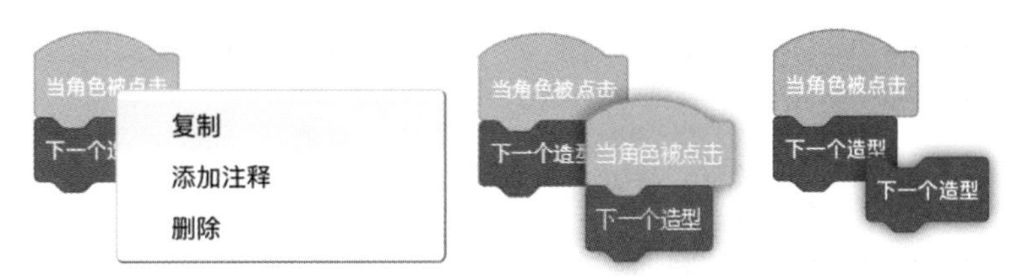

图 6-27　复制程序

Step 2 被复制的程序将“附着”在鼠标指针上。然后将鼠标指针移动到“角色”面板中，在 Nano 角色上点击鼠标，就可以将复制的程序赋给 Nano 角色了，如图 6-28 所示。

图 6-28 给 Nano 粘贴程序

Step 3 在“角色”面板中选择 Nano，可以看到在程序面板中，Nano 角色已经有了程序。在舞台上再次点击 Nano，它也可以切换造型了。注意，在它切换造型的时候，贝果是不是没有变化？这再次证明：谁的事件谁响应。

Scratch 软件的事件积木指令并不止“当绿旗被点击”这一个，它只是最常用的事件积木指令。在“代码”面板中选择“事件”模块，可以看到 Scratch 软件所提供的全部事件积木指令，如图 6-29 所示。

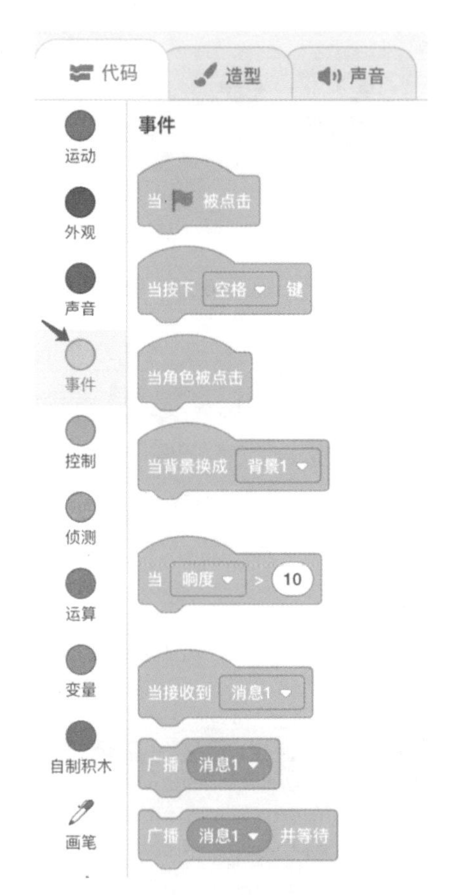

图 6-29 “事件”模块积木指令

在 6.2 节的案例中，每个对象分别有多个程序，且采用不同的响应事件作为程序的开头，这说明多个程序可以共存于同一个对象上。不过对象所具有的程序并不会“主动”运行，它们将“安静地”存在着，直到发生相应的触发事件。原则上，应该为同一对象的不同程序设定不同的事件。

如果一个对象被编写了相同事件的控制程序会如何？如果同一个事件的两个程序功能正好相反又会产生什么结果？大家可以动手试一下。把程序写得自相矛盾显然是不符合逻辑思维的，一定不要犯这样低级的错误。

Get新技能：按键执行程序

使用 当按下 空格 键 积木指令可以控制程序根据用户按键的不同，执行不同的程序。在上一节的案例中，设定了 Drums Conga 对象需要响应按键 A、S、D、F，按键不同，播放的声音不同，如图 6-30 所示。

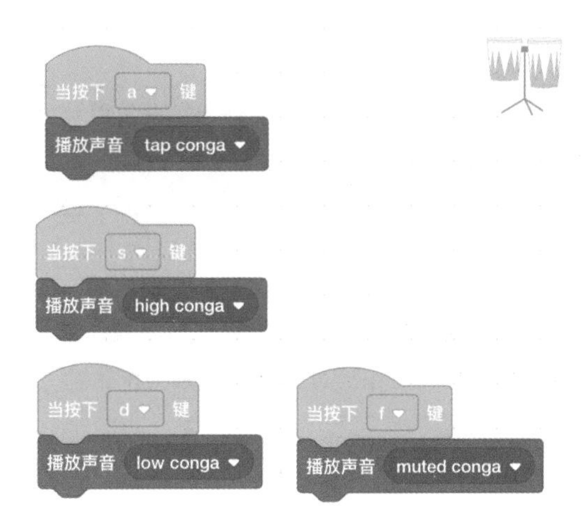

图 6-30　按键事件可用于模拟乐器

可以尝试设定多个按键事件，将计算机变为乐器，通过键盘演奏一曲。

其他事件可以参看 6.2 节的案例自行学习，也可以直接拖曳到程序中通过实践发现其功能。注意，在使用“响度”事件时，需要开启计算机内置的麦克风，否则无法采集到声音，就不能进行声音强度的判断。

1. 事件类积木指令是一个程序的入口，因此必须将其放置在程序顶部。
2. 要运行程序，必须先触发事件。
3. 发生在对象上的触发事件原则上只能由对象自身的响应事件进行处理，其他对象即使有响应事件也不会被执行，除非采用一定的方法（广播消息）让它执行。
4. 一个对象可以有多个程序，不同程序尽量采用不同事件。

触发事件和响应事件的机制并不是 Scratch 软件独有的，而是面向对象编程的典型特征和重要组成部分。在 Windows 系统、mac OS 系统和 Android 系统中，只要有操作就会产生触发事件，如双击某个软件图标时，双击就是触发事件，计算机对此事件的响应大多是打开该软件；手指滑动手机屏幕，滑动也是触发事件，智能手机系统对此事件的响应大多是切换页面。

事件可以分为系统事件和用户事件。系统事件由操作系统触发，如计划的提醒事件，在特定时间会弹出信息进行提示；用户则事件由用户的操作触发，如点击某个按钮，拖动窗口等。

越好的操作系统提供的事件越丰富，人机交互方式越人性化。现在技术人员正在研发一些新型事件以形成更好的交互体验，如用眼睛注视屏幕就能启动软件，用声音就能控制机器人做出动作，用脑电波就能驾驶智能汽车等。随着科学技术的飞速发展，未来的人机交互有无限可能，让我们拭目以待！

第7章　顺序结构应用

课程目标

深入学习顺序结构，使用运动、外观、声音、音乐、画笔等模块内的积木指令创作具有多媒体效果的作品。

上一章使用 Scratch 软件创作了贝果追踪外星人的作品，它是一个非常简单、典型的顺序结构程序，本章将通过一些更有趣的案例来加深用户对顺序结构的理解。

为了丰富舞台效果，下面先带领大家学习外观、声音、音乐和画笔等具有多媒体功能的积木指令。

7.1　外观指令

外观类积木指令主要用来设置和调整舞台中角色的外观视觉效果，以及实现角色的交互行为。

外观类积木指令非常简单，而且在前面已经应用过数条，因此在学习的时候多加练习大都能掌握，并不需要死记硬背。同样，在以后学习高级编程语言时，死记硬背命令也是没有用的，忘记命令的拼写没有关系，可以通过编程环境的辅助拼写功能解决问题，关键还是对命令的理解。

根据“代码”面板中外观类积木指令之间分隔间隙的不同，可以将外观类指令大致分为以下几组。

角色表达组：用于表达角色要说的文字以及思考的内容，属于舞台效果展示，如图 7-1 所示。

- **说……秒**：在输入框中可以输入角色要说的话，后面圆形的输入框可以输入数字（可以用小数点精确控制），设定“话语”在屏幕上显示的时间，单位是秒。

图 7-1　角色表达组积木指令

- **说……**：持续显示要说的话。如果要清除说的文字，就执行一个空白的“说……”积木指令。可以在两条“说……”指令中间插入“等待……秒”积木指令，达到与“说……秒”积木指令一样的效果。
- **思考……秒和思考……**：基本同上面的积木指令一样，不过在舞台上的表现方式不一样，自己试用一下就知道了。经常看动漫的同学都知道用什么图形表示内心所想。

造型背景组：用于设定角色的造型和舞台的背景，属于舞台效果展示，如图 7-2 所示。

- **换成……造型**：一个角色可以有多个造型，控制造型切换展示可以形成有趣的动画效果，如川剧中的变脸效果。
- **下一个造型**：每执行一次，从当前造型切换为下一个造型。如果已经到最后一个造型，则切换为第一个造型。

图 7-2　造型背景组积木指令

- **换成……背景**：类似切换角色造型，不过切换的是背景，因此需要预先设定多个背景。此积木指令常用于故事、舞台剧，以及游戏中的背景切换，在角色扮演类游戏和射击类游戏中经常用到。
- **下一个背景**：参照“下一个造型”积木指令的讲解。

舞台角色设定组：对舞台上角色的尺寸进行设定、修改，属于舞台效果展示，如图 7-3 所示。

- **将大小增加……和将大小设为……**：对角色的修改和设定是按照百分比进行的。角色原始尺寸为 100%，“将大小增加 10”积木指令表示将角色的大小调整为原来的 110%，“将大小增加 –10”积木指令表示将角色的大小调整为原来的 90%。

图 7-3　舞台角色设定组积木指令

特效设定组：对舞台上的角色进行颜色等特效设定，属于舞台效果展示，如图 7-4 所示。

- **将……特效增加……和将……特效设定为……**：对角色进行特效处理，形成一些特殊的效果，特效选项如图 7-5 所示。两个积木指令的区别是前者按照设定数值递增改变，后者

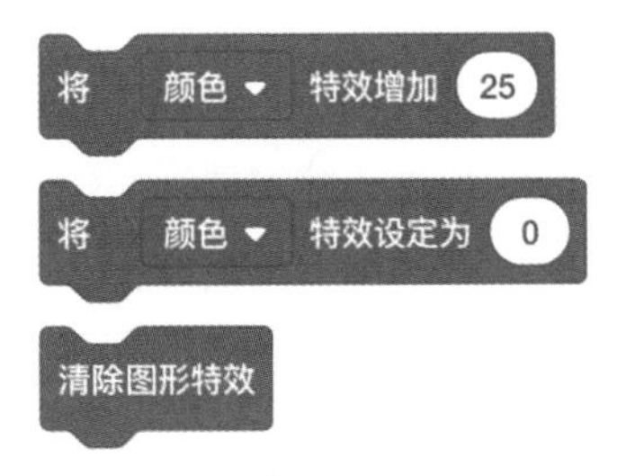

图 7-4　特效设定组积木指令

直接设定最终值。如果对设定数值没有什么把握，建议用递增的方式进行设定。

- ❑ **清除图形特效**：将之前设定的特效去掉，恢复角色的默认外观。

显示隐藏组：包含“显示”和“隐藏”两个积木指令，用于控制角色在舞台上显现和消失，如图 7-6 所示。

角色会按照在“角色”面板中的顺序倒序出现在舞台上，也就是“角色”面板中靠左面的角色位于舞台靠后的位置（也可以理解成下层），而排列在靠右的角色位于舞台前面的位置（可以理解成上层），如图 7-7 所示。

图 7-5　特效选项示意图

图 7-6　显示隐藏组积木指令

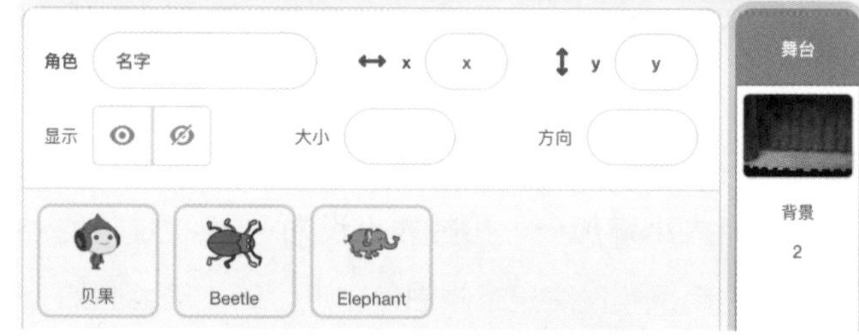

图 7-7　舞台角色层级示意图

角色之间的相互覆盖会造成选择不便，而且有时出于舞台效果的需要，我们不得不调整角色之间的层级关系。

注意：所有角色都会处在舞台背景的前面。

角色层级和信息组：用于控制角色在舞台上出现的层级并显示角色和背景的相关信息，起到辅助提示的作用，如图 7-8 所示。

- ❑ **移到最……**：将当前角色的层级直接调整到最前面或者最后面。

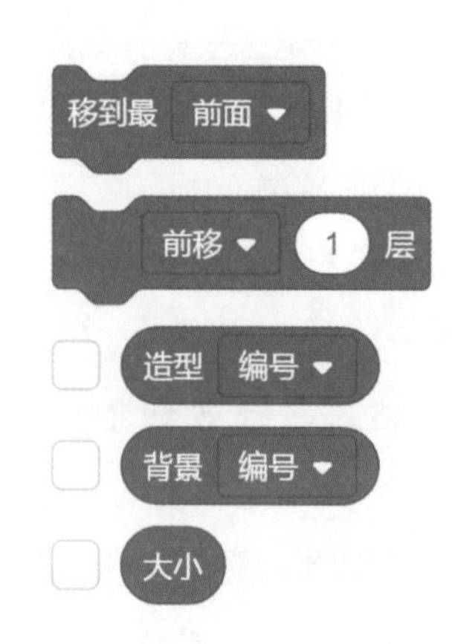

图 7-8　角色层级和信息组积木指令

- **前移……层和后移……层**：将当前角色的层级逐层地向前或者向后调整。
- **造型……**：在舞台上显示所选角色的造型信息，如名称或者编号。
- **背景……**：在舞台上显示所选背景的信息，如名称或者编号。
- **大小**：在舞台上显示所选角色与正常尺寸的百分比。

在编写程序时，及时了解角色和舞台的信息有助于跟踪程序的运行，排除逻辑思维方面的错误隐患。在选中角色的情况下勾选“造型……”“背景……”“大小”积木指令，舞台效果如图 7-9 所示。

如果当前选择的不是角色而是背景，那么外观类积木指令会切换成如图 7-10 所示的内容。这些与背景相关的外观类积木指令与之前学过的应用于角色的积木指令大同小异，大家可以通过实践学习一下。

图 7-9　在舞台上显示角色造型和背景信息

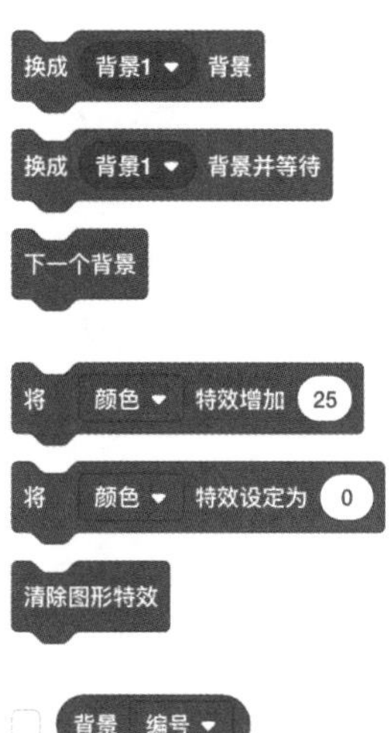

图 7-10　应用于舞台背景的外观类积木指令

7.2　声音和音乐指令

Scratch 软件非常适合用来创作交互式多媒体作品，如舞台剧、游戏、动画等。一个多媒体程序怎么能缺少声音呢？ Scratch 软件提供了声音类积木指令和音乐类积木指令，并能够直接使用声音素材，本节一起来学习一下，掌握这些积木指令就可以创作出有声有色的多媒体作品啦！

我们先来依次看一下“声音”模块中的积木指令，如图 7-11~ 图 7-13 所示。

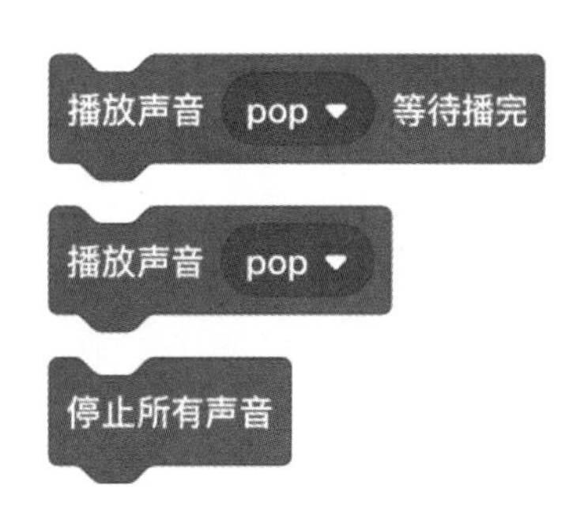

图 7-11　播放角色声音的积木指令

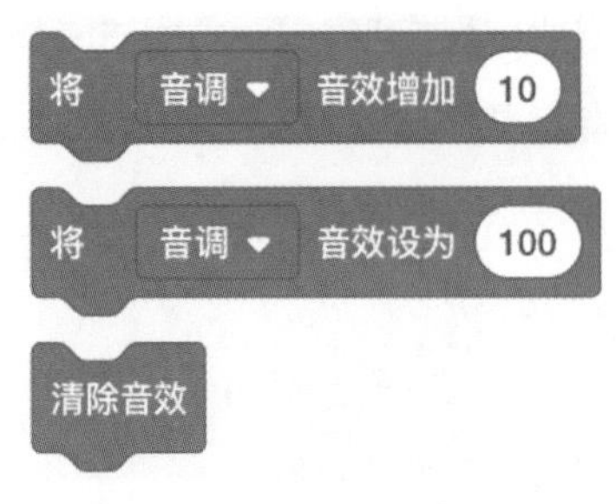

图 7-12　音效类积木指令

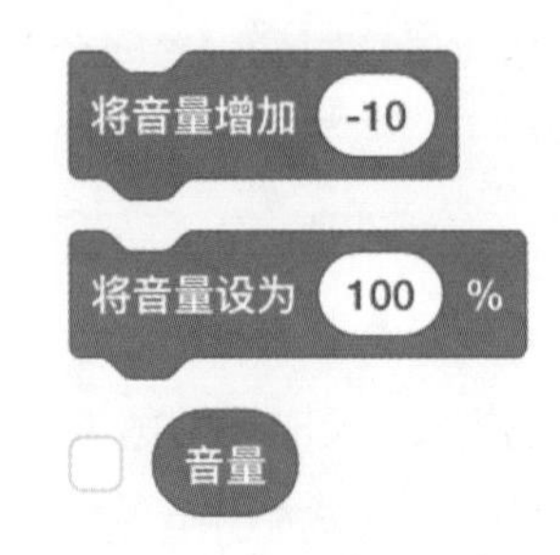

图 7-13　音量调节类积木指令

音量的设定范围为 0~100%，默认音量为 100%。

- **播放声音……等待播完**：播放当前选中角色中的声音素材（如果有多个声音素材可以选择其中一个）直至播放完毕，然后再执行后面的积木指令。
- **播放声音……**：播放当前选中角色中的声音素材（如果有多个声音素材可以选择其中一个），在播放的同时执行下面的积木指令，可以用来制作声音和画面、动作同步的效果。
- **停止所有声音**：强行停止当前正在播放的声音素材。
- **将……音效增加……**：按照设定的数值逐步增加或者减弱（设为负数）声音特效。
- **将……音效设为……**：按照设定的百分比数值增加或者减弱声音特效。
- **清除音效**：清除当前选中角色的声音特效，按照原始音效进行播放。
- **将音量增加……**：按照设定的数值逐步调整角色声音的音量。因为每个角色都可以附带声音素材，所以可以为每个角色单独设置音量，这样就可以同时以不同音量播放不同的声音素材了。设置为负数则逐步降低音量。
- **将音量设为……**：将角色中声音素材的播放音量按照设定的百分比数值进行调整。
- **音量**：勾选后，将在舞台上显示角色中声音素材播放的音量数值，如果当前选择的是舞台背景，勾选后显示背景声音的播放音量数值。

在 Scratch 3.*x* 版本中，有关声音的积木指令被分拆成两部分，一部分就是上面学习的声音类积木指令，另一部分变更为音乐类积木指令。使用音乐类积木指令需要一定的音乐技能，如会打节拍、能识谱等。读者如果具备相应能力可以尝试一下。

音乐类积木指令并没有直接出现在“代码”面板中，它被放在了扩展模块里。点击 Scratch 软件左下角的“添加扩展”图标，就可以找到被隐藏的模块了，如图 7-14 所示，有“音乐”模块还有即将在下一节介绍的“画笔”模块等 11 个模块（未来也许会更多哦）。

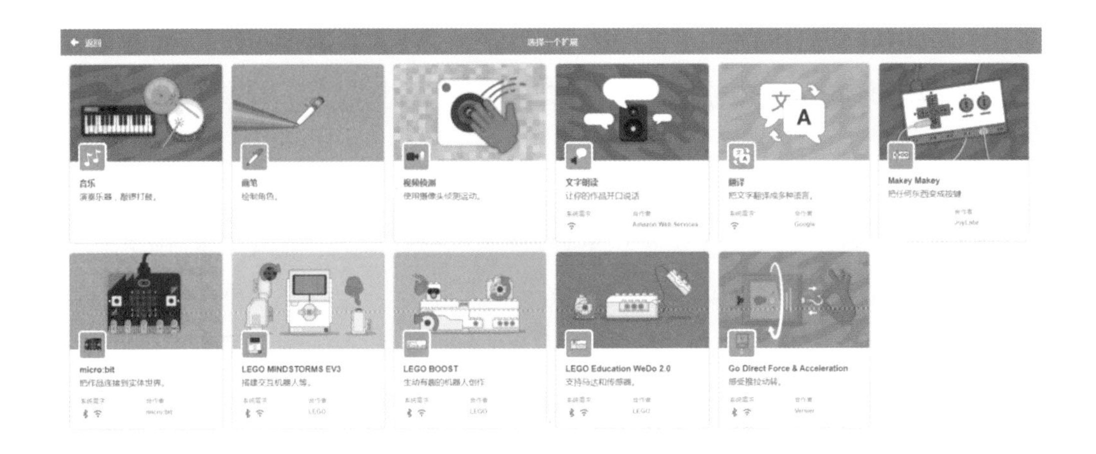

图 7-14　扩展模块

被点击的模块会按顺序显示在“代码”面板中，如图 7-15 所示。

注意：重启 Scratch 软件后，之前从扩展中调入的模块们会再次“隐藏”。

下面简单介绍一下如图 7-16 所示的音乐类积木指令，能否用出“花样”，就看各位的水平啦！

图 7-15　扩展类积木指令出现在“代码”面板中　　图 7-16　音乐类积木指令

- **击打……拍**：根据设定的拍数播放选定乐器的声音。
- **休止……拍**：根据设定的拍数停止播放声音。
- **演奏音符……拍**：播放选定乐器的相应音效。
- **将乐器设为……**：可以从下拉列表中选择某种乐器，乐器选择得不同，“演奏音符……拍”发出的声音不同。

- **将演奏速度设定为……**：直接按照设定的节拍数值播放音乐。
- **将演奏速度增加……**：按照设定的数值调整演奏速度（设为负值则减慢演奏速度）。
- **演奏速度**：在舞台上显示当前音乐的演奏速度。

Scratch 软件为用户提供了素材丰富的声音库，我们可以从声音库中直接调用适合的声音。同一个声音素材可以存在于多个角色中，同一个角色也可以具有多个声音素材。但是切记，声音素材不能作为独立的角色存在，只能存在于角色或者背景中。

下面我们来学习一些基本的声音编辑技能。

Get新技能：声音素材的基本编辑

Step 1 打开 source.sb3 素材文件，另存为其他文件，以免覆盖源文件影响后面的学习。在“角色”面板中选择贝果，点击软件界面左上角的“声音”标签，将出现如图 7-17 所示“声音”面板。

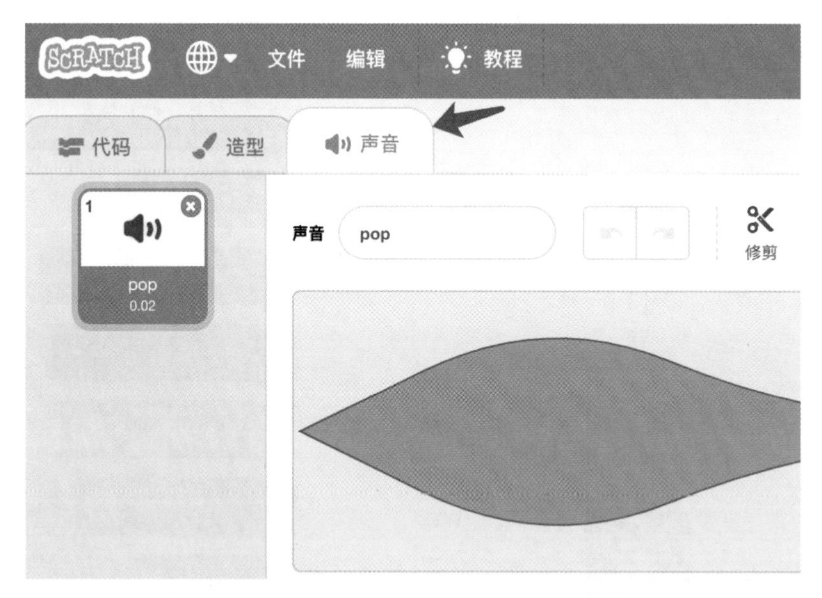

图 7-17 “声音”面板

Step 2 左侧为该角色所具有的声音素材，选中某个声音素材后，就可以在右侧对它进行编辑了，如图 7-18 所示，这些操作都比较简单，尝试一下即可掌握。

图 7-18 声音素材的特效处理

Step 3 在“声音”面板的下面有一个用户已经很熟悉的 图标，用来以多种方式增加声音素材，鼠标指针经过图标将出现如图 7-19 所示界面，里面的功能是不是也很熟悉？从下往上的功能有“选择一个声音”“录制”“随机”和“上传声音”，接下来逐一试用一下。

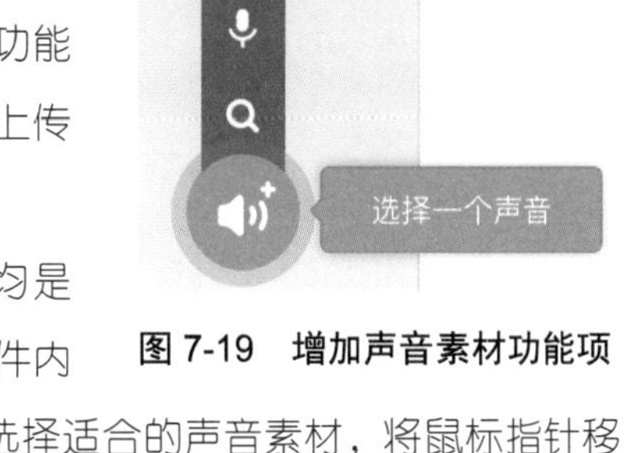

图 7-19 增加声音素材功能项

Step 4 点击喇叭图标或者放大镜图标，执行的均是“选择一个声音”功能，将打开 Scratch 软件内置的声音库，从声音库的不同分类中可以选择适合的声音素材，将鼠标指针移到声音素材框的位置可以试听声音，如图 7-20 所示。

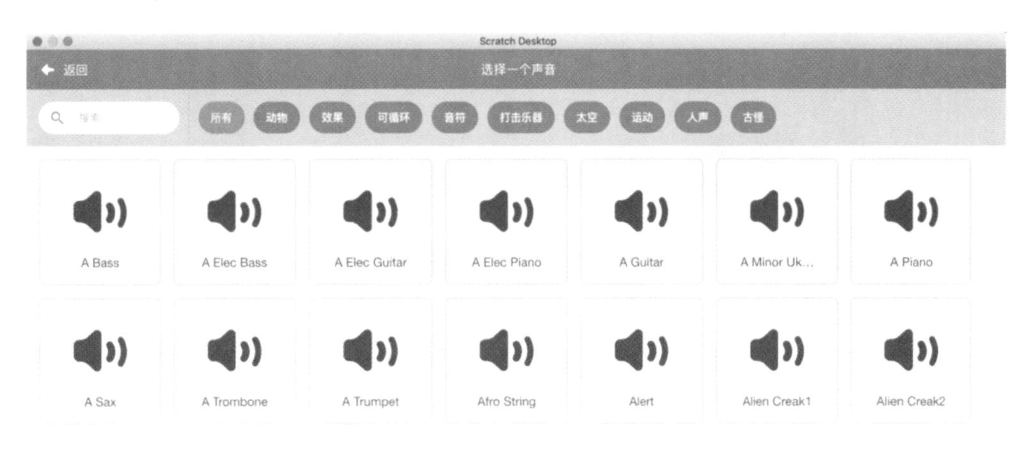

图 7-20 Scratch 软件内置声音库

Step 5 可以为同一个角色调入多个声音素材，它们会按照顺序依次显示在“声音”面板中。选中某个声音素材后，就可以在右侧的编辑区加工声音了，如图 7-21 所示。

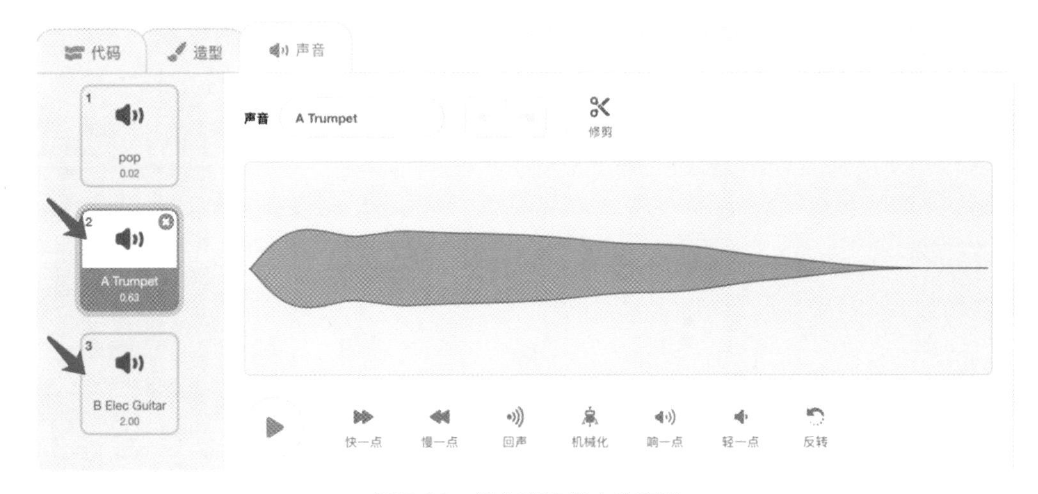

图 7-21 调入声音库中的素材

Step 6 经过编辑的声音素材只会保存在当前创作的文件中，声音库中的原始声音素材和角色库中的原始角色并不会受到影响，因此大家可以放心进行编辑加工。

Get新技能：录制声音

如果声音库中的声音素材已经不能满足创作需求，用户还可以通过计算机的麦克风录制声音，用作故事的旁白或者为角色配音。

Step 1 如图 7-22 所示，点击麦克风图标（即选择“录制”功能），将出现“录制声音”对话框，点击橘红色录制按钮即开始声音的录制。注意开启计算机的麦克风。

图 7-22　录制新声音

Step 2 停止录制后，系统将自动选择有效的声音片段，而且用户也可以根据情况对声音进行再加工。如图 7-23 所示，点击“播放”按钮可以听到录制的效果；点击“重新录制”则放弃保存本次录音，重新录制一个新的声音素材；点击“保存”按钮将会把选择的声音片段作为角色的声音素材保存到角色中，然后可以在“声音”面板中进一步编辑处理。

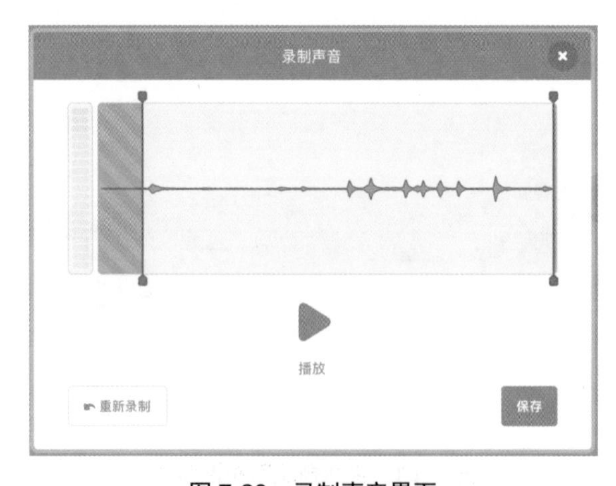

图 7-23　录制声音界面

Get新技能：上传声音文件

我们除了录制声音素材，也可以直接从网上下载或者购买一些专业的声音，能被计算机播放的声音文件都可以上传到作品中作为声音素材。

Step 1 点击“上传声音”按钮，在弹出的对话框中找到并点击要上传的声音文件，然后点击“打开”，如图 7-24 所示。

图 7-24　上传声音文件

Step 2 Scratch 软件会在上传的过程中对声音数据进行处理，默认采用 MP3 格式进行压缩处理。

Step 3 经过处理的声音数据将成为当前选中角色的声音素材，对其进行编辑加工并不会影响原始声音文件，因此不用担心上传和编辑会破坏源文件。

在对任何文件进行编辑修改前，最好进行备份，这是一个好的工作习惯。

很遗憾，Scratch 软件升级到 3.*x* 版本后，不能再将编辑后的声音素材单独存储为声音文件了。要想保存为声音文件，只能使用其他软件转录。

掌握以上声音和音乐类积木指令后，就能给自己作品中的背景和角色加上声音了，背景音乐和角色配音都会让作品充满活力哦！

7.3 画笔指令

为了方便用户实现更好的舞台效果，Scratch 软件不但提供了内容丰富的角色库和造型库，还提供了几个画笔类积木指令，掌握这些积木指令有利于大家创作出感官效果更佳的作品。

“画笔”模块与“音乐”模块一样，默认也处于“隐藏”状态，使用前必须通过扩展功能将其加载到“代码”面板中。“画笔”模块中的积木指令如图 7-25~ 图 7-27 所示。

图 7-25　全部擦除和图章积木指令

- **全部擦除**：从舞台上清除所有画笔绘制的痕迹和图章产生的“镜像”。
  注意：画笔绘制的痕迹和图章产生的“镜像”不是背景的一部分，因此清除时不会改变背景。
- **图章**：以当前选中的角色为模板，在舞台上复制出一个镜像。
  注意：镜像不是角色，不能被控制和设置，也不能给它编写程序。
- **落笔**：以当前角色为笔，落笔后角色移动时会绘制出移动路径，可用来创作图形。
- **抬笔**：执行“抬笔”积木指令后，被当作画笔的角色在移动时就不会绘制出痕迹了。

图 7-26　落笔和抬笔积木指令

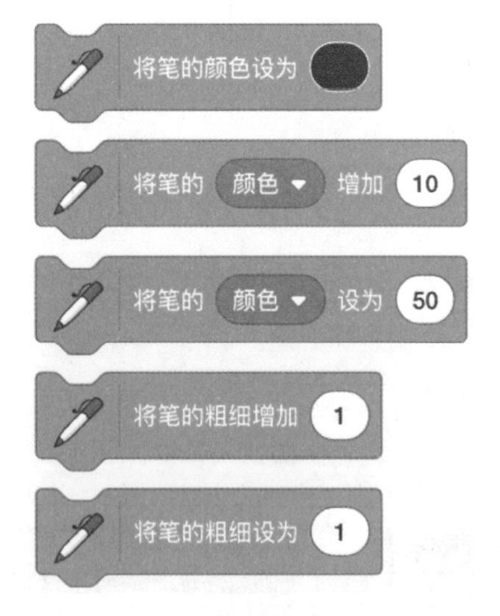

图 7-27　控制画笔效果的积木指令

以当前角色为笔并不是以角色造型为笔的形状，角色在此处仅相当于笔杆上的装饰物，真正控制绘制效果的是图 7-27 中的几条积木指令。这些积木指令主要是对画笔进行设置，设置的方式主要有两种：逐步调整和一次性设定，类似声音积木指令的设置方式。这些画笔指令都比较简单，读者自行练习一下就能掌握，至于能否通过程序绘制出奇妙的图形就看大家的数学功底和逻辑思维啦！

7.4 顺序结构应用案例

简单而言，顺序结构就是按积木指令的排列顺序逐项执行程序，因此顺序结构很适合用来描绘按照既定舞台位置顺序运动的事件，如游戏角色在场景中按照设定好的舞台位置行走；也适用于描述按照时间线性发展的事情，如电子相册、闹钟等小的程序。下面就通过 3 个案例来加深对顺序结构应用场景的认知。

案例1：贝果送餐

案例背景：贝果是一个送餐机器人，它需要沿着正方形路径送餐，正方形左下角的顶点是起点，其他 3 个顶点各有一张餐桌。贝果需要先走到一个顶点，然后旋转 90 度走向下一个顶点，依次进行直到贝果回到起点，且朝向正确。

程序流程图如图 7-28 所示，从程序流程图上可以看出这是典型的顺序结构，请读者根据程序流程图自行在 Scratch 软件中实现，主要用到“运动”模块中的积木指令，难度不大（参见 7-4-1.sb3 程序）。

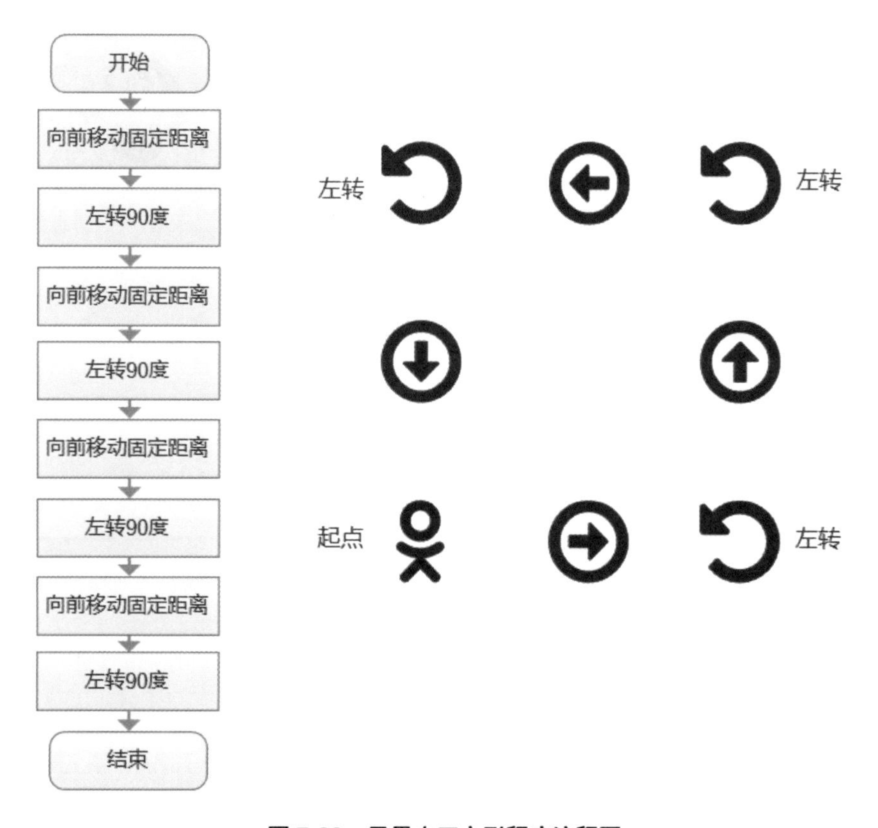

图 7-28　贝果走正方形程序流程图

参考程序如图 7-29 所示，执行效果如图 7-30 所示。

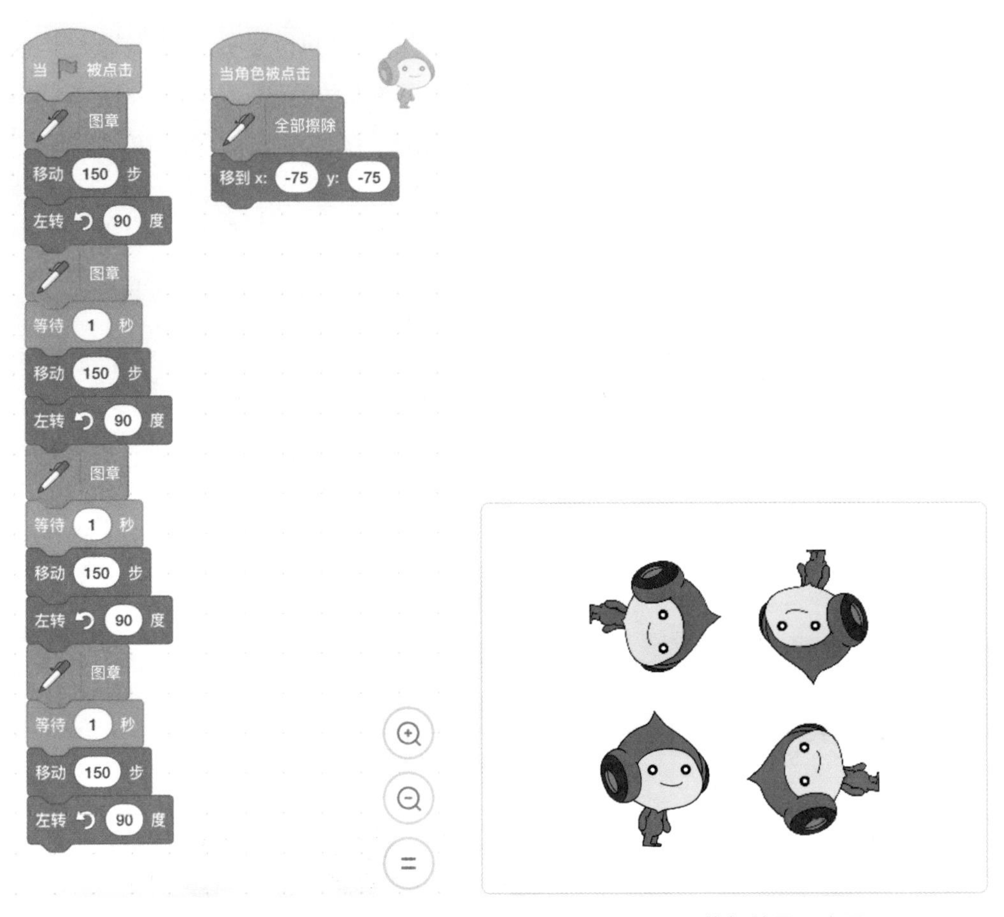

图 7-29　贝果走正方形程序　　　　图 7-30　执行效果示意图

讨论以下问题。

(1) 为什么用“等待……”积木指令?

(2) 为什么用“图章”积木指令?

(3) 在以“当角色被点击”为响应事件的程序中，“全部擦除”的作用是什么?

(4) 程序实现预期效果了吗?

(5) 程序存在什么问题? 原因是什么? 怎样解决呢?

案例2：制作电子相册

本例将制作一个以机器人为主题的电子相册，按顺序显示 5 张机器人图片，每 3 秒换 1 张，显示完毕后，关闭相册。本例几乎没有什么编程难度，主要用来巩固顺序结构的应用场景。

第一种思路是使用角色的造型切换来实现，步骤如下。

Step 1 导入 5 张机器人图片，给角色创建 5 个造型。

Step 2 显示第 1 个造型，3 秒后显示第 2 个造型，依次显示完 5 个造型。

Step 3 最后一个造型显示完成后，使用“停止”积木指令结束程序。

程序流程图如图 7-31 所示。

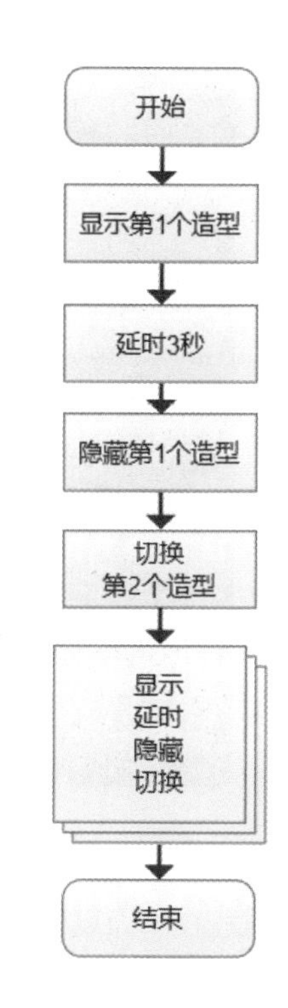

图 7-31 电子相册程序流程图

在这个流程图中，用矩形组符号来表示多次执行之前的处理过程。通过绘制流程图，就可以感觉到这种解决办法是很笨拙的，大家能想到更便捷的方法吗?

示例参见 7-4-2.sb3，此处不再给出程序图示。(我把一个实现方式极其笨拙的程序藏起来啦！) 在这个程序中，有些积木指令其实是画蛇添足的，找出来尝试去掉它们，以后学习了循环结构，还可以进一步精简优化这个程序。

第二种思路是使用 5 个角色来实现，大家自己考虑一下该如何操作，最后总结一下两种实现方式的优缺点。

案例3：动物运动会开幕式

本例要完成的作品比案例 2 难度大很多，而且要用到一些多媒体创作技巧。如果学会活学活用本例中的实现思路和方法，就可以去创作故事场景和动漫游戏了。好，开始创作！

奥运会开幕式会有运动员入场仪式，我们将仿照这个仪式做一个动物运动会的运动员入场仪式。在角色库的动物栏中任意引入 5 个动物角色，控制动物角色每隔 5 秒上场一个，从舞台左边走到舞台右边，然后消失。

为了舞台效果逼真，需要用到舞台背景，本案用的是 Scratch 软件内置的 Pathway 背景，动物走过舞台的效果如图 7-32 所示。

图 7-32　动物走过舞台示意图

首先绘制程序流程图，采用顺序结构，因为每隔 5 秒有一个动物上场，所以通过设定每个角色的等待时间就可以达到逐个登场的效果。然后控制角色 5 秒移动一定距离，如图 7-33 所示。

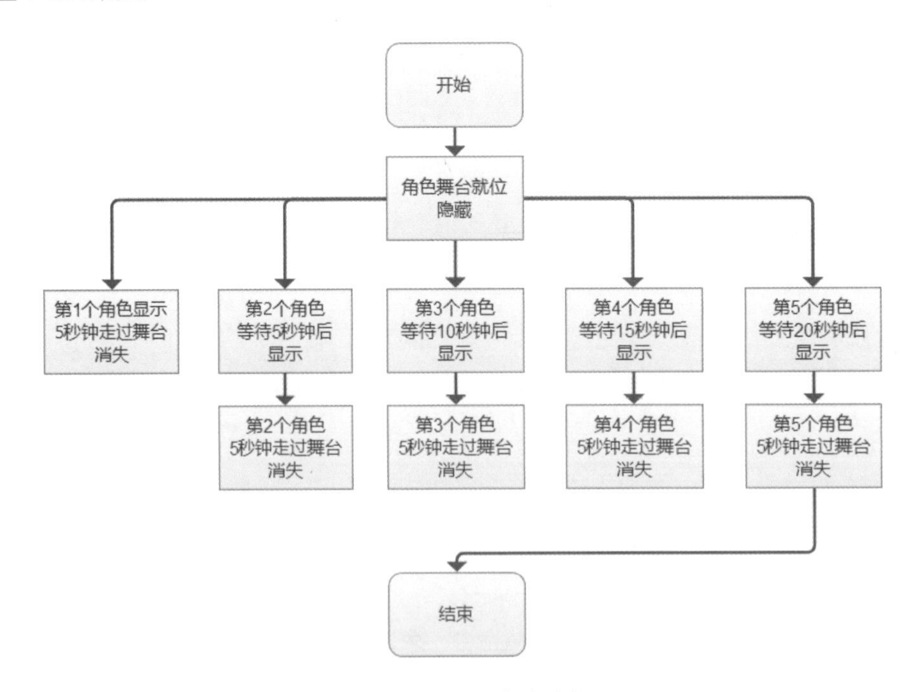

图 7-33　动物入场程序流程图

看了这个程序流程图，你可能有些“懵”，不是顺序结构吗？顺序结构应该是一条线贯穿到底，此处为什么出现 5 个平行的分支呢？

大家简单了解一下即可，这是一种并行的程序。因为角色上的程序只能控制当前角色，所以我们可以用某一事件同步启动 5 个角色的程序，再分别控制每个角色的等待时间，这样就解决了先后出场的问题。

图 7-34 是第 2 个角色和第 4 个角色的程序对比，我们会发现只有等待时间不同。作品中 5 个角色的程序都采用了“当绿旗被点击”积木作为开头，这样我们在点击舞台上的绿旗图标时，就同步启动了 5 个角色上的程序。

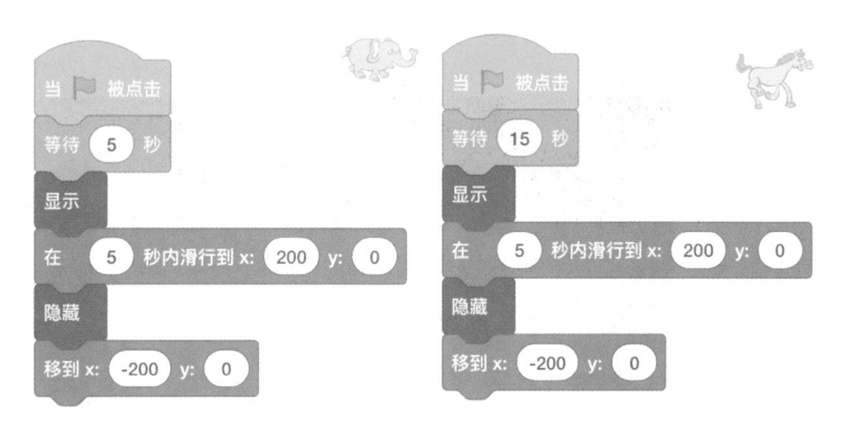

图 7-34　角色上的程序示意图

现在解决了动物运动员先后出场的问题，又出现了新的问题，请看图 7-35。我们希望动物们从房屋外的地面上走过，结果动物们都有了“穿墙术”，直接从左侧墙壁进来，从右侧墙壁出去，这样的穿帮镜头太可笑了，得想办法解决这个问题。

图 7-35　动物们穿墙而过

要解决这个问题也简单，不需要编程，我们使用一个“障眼法”。如图 7-36 所示，将 Pathway 背景作为角色（而不是背景）引入作品，然后将 Pathway 角色的中间“抠掉”，叠加到舞台上，使其位于舞台最前面。从表面上看还是一个背景，其实已经变成了“夹心饼干”，动物角色都处于中间的夹心层，如图 7-37 所示。

图 7-36　Pathway 角色中间抠成镂空

图 7-37　夹心饼干式舞台示意图

在 Scratch 软件中进行创作的时候，会经常用到这种“障眼法”，一个看似完整的物体可能是由几个角色“合成”的，而看似分散的物体有可能是同一个角色。灵活使用“障眼法”，再配合上程序的控制，会让我们创作出让人惊叹的作品。

如何提高自己的障眼法技能？答案就是向电影、电视剧的特效工作者学习。特效人员的工作就是“欺骗”观众的眼睛，他们利用各种软件创作摄影机不能直接拍摄出的特效镜头，如火山爆发、地震、飞船降落地球等场景。因此，想要在 Scratch 软件中创作出好作品，光学编程还不行，要提高自己的艺术修养。

本示例参见 7-4-3.sb3 程序，创作完成后，请思考如何改进它，能不能用一个“纯正”的顺序结构程序实现上面的效果呢？

顺序结构的程序都相对简单，大家理解即可，把精力放在积木指令的学习上，对“代码”面板中运动、外观、声音和画笔类积木指令勤加练习，熟练掌握后就可以创作出更精彩的作品了，再加上编程控制，很快就能成为高级“程序猿”。

第 8 章　选择结构应用

课程目标

了解选择结构的应用场景，学习“代码”面板下“控制”模块的选择结构积木指令，学习变量和变量赋值，构建选择结构的判断条件。

顺序结构的程序相对简单，能解决的问题也有限。本章中，我们将重点学习程序三大结构的第二种结构——选择结构。因为需要根据条件判断的结果选择执行线路，所以程序会有不同的执行分支，也有资料将这种结构称为分支结构。

8.1　选择结构相关指令

生活无处不程序，生活也无处不选择！我们先来看几个生活中的选择案例。

很多小朋友喜欢吃麦当劳，其中会有很多种套餐，可惜爸爸妈妈只允许小朋友点一种套餐，这时就需要选择啦。饭量大的小朋友可能会选择“巨无霸套餐”，能吃辣的小朋友则会选择“麦辣鸡腿汉堡套餐”，总之，做出选择后就只能吃到购买的套餐。

作业和试卷中的单选题就更是一种典型的选择案例了，一旦选择错误，那可就丢分了，高考的时候，一分之差就可能与心仪的大学、适合的专业擦肩而过。

选择吃什么套餐，进入什么高校，穿什么衣服……人生就是在各种选择中度过的，每一次选择都将进入一个特定的分支，产生一个不同的结果。

在超市中购买商品，付款时会让用户选择支付方式。选择“支付宝”，则需要打开支付宝，出示支付条码；选择“微信”，则需要打开微信钱包，出示支付条码，收银员扫描付款码后完成支付。这个过程可以用如图 8-1 所示的程序流程图表示。

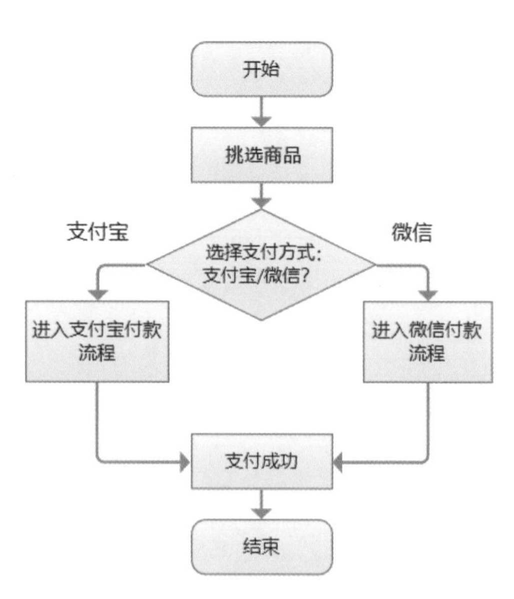

图 8-1　付款程序流程图

这就是一个典型的以选择结构为主的程序，其关键在于构造合适的判断条件。在程序流程图中，选择结构的判断条件填写在菱形框中，菱形引出的分支线上要标注判断结果（如“是”“否”或者“真”“假”），程序的执行按照判断结果走向不同的分支。各分支“水火不容”，程序只能选择其中一条。

根据程序流程图可以解读出以下信息：“选择支付方式：支付宝 / 微信?”为本例的判断条件，放在菱形框中；“支付宝”是一条分支线路，如果选择“支付宝”选项，则进入支付宝支付的流程；“微信”是另一条分支线路，如果选择“微信”选项，则进入微信支付流程。不论走哪个支付流程，最终都能完成付款操作，结束程序。

选择结构适用于需要进行逻辑判断或关系比较的场景，通过绘制程序流程图可以有效拆解、简化问题，帮用户厘清判断条件。随着学习的深入，大家就会更深刻地体会到绘制程序流程图的重要性。

常见的选择结构分为单分支体、双分支体和多分支体，复杂的情况可能会叠加多个选择结构，称为嵌套选择结构，也就是在一个选择结构中内置一个或数个选择结构。

单分支体只有一个分支，只在满足判断条件的情况下执行既定的分支处理流程，不满足判断条件的情况下继续按照顺序结构执行程序。通常这样表述：如果满足判断条件，那么执行分支体。例如在玩游戏时，如果按下 Esc 键，那么立即结束游戏，如图 8-2 所示。

在 Scratch 软件中，单分支体选择结构积木指令存放在“代码”面板的“控制”模块中，如图 8-3 所示。

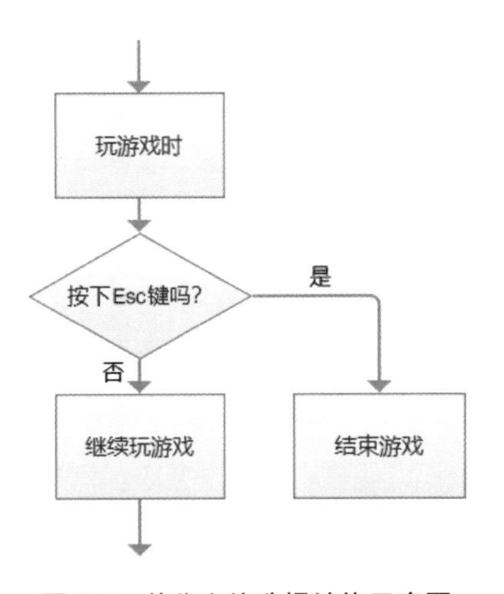

图 8-2　单分支体选择结构示意图

图 8-3　单分支体选择结构积木指令

双分支体具有两个分支，满足判断条件时执行一个分支体，否则执行另一个分支体。通常这样表述：如果满足判断条件，那么执行满足的分支体；否则，执行不满足的分支体。例如，如果是男生，那么向左走，否则向右走，如图 8-4 所示。

双分支体选择结构的积木指令如图 8-5 所示。在 Scratch 软件中，并没有现成的多分支体和嵌套选择结构积木指令，但是可以通过组合单分支体和双分支体选择结构积木指令实现相同的效果。有关多分支体和嵌套选择结构的讲解和使用，可参看第 9 章中的内容。

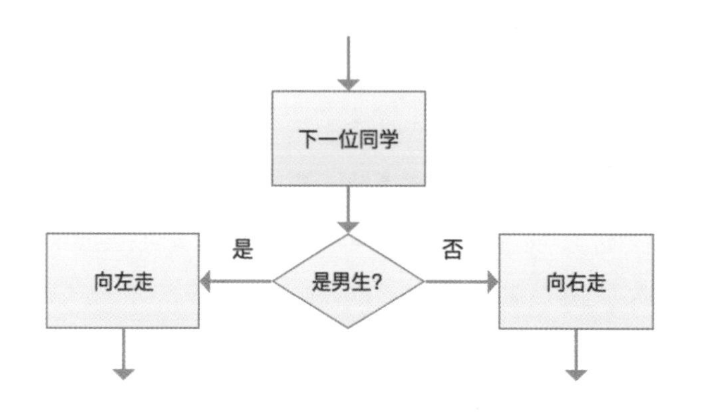

图 8-4　双分支体选择结构示意图

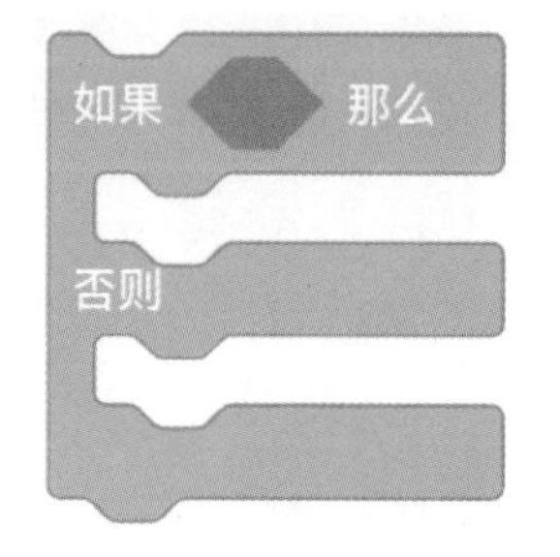

图 8-5　双分支体选择结构积木指令

选择结构积木指令上的六边形框为判断条件的填充框。原则上，Scratch 软件中所有外形为六边形的积木指令都可以作为判断条件填入此处，外形为圆角矩形的积木指令也可以通过组合的方式形成判断条件，填入填充框。

六边形和圆角矩形的积木指令就是我们在第 3 章讲过的辅助类积木指令，一般存放在“代码”面板的“侦测”模块和“运算”模块中。

下面通过一个案例来学习单分支体和双分支体选择结构积木指令，希望这个案例能让大家明白：条条大路通罗马，只要逻辑思路清晰，判断条件设置得合理，采用单分支体或双分支体都可以达到目的。

案例：使用左、右方向键控制贝果向左走、向右走。此程序的应用场景就是在游戏中控制角色左右移动（参见 8-1-1.sb3 程序）。

提示：为了监控左、右方向键是否被按下，我们会用到一个无限循环。有关循环结构的讲解，请参看第 10 章，此处只需理解这个程序会不停地执行。

下面给出了两个程序流程图，请大家对比分析两者的不同，如图 8-6 所示。

解析：左边的程序流程图是顺序结构，内含两个单分支体选择结构，即使第一个选择结构已经被执行，也会对第二个选择结构的判断条件进行判断，以确认是否执行该分支体。右边的程序流程图是标准的双分支体结构，这里比较迷惑读者的是在“否”分支里面又嵌入了一个单分支体选择结构，这种结构称为嵌套选择结构，具体内容将在第 9 章中讲解。

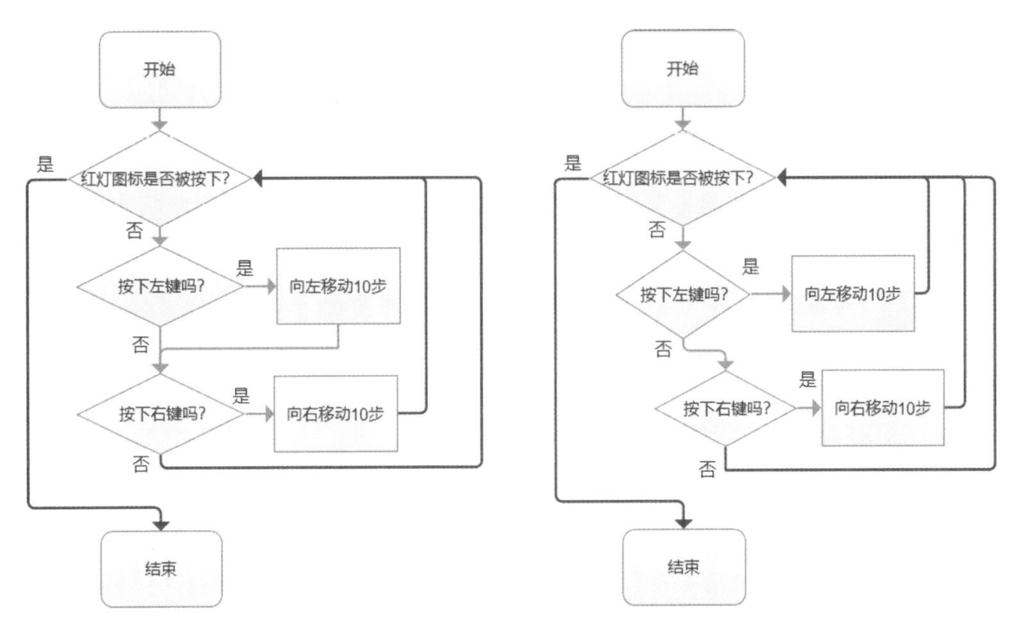

图 8-6　控制贝果左右闪避的程序流程图

图 8-6 中左边的程序流程图对应的程序如图 8-7 所示，右边的程序流程图对应的程序如图 8-8 所示。

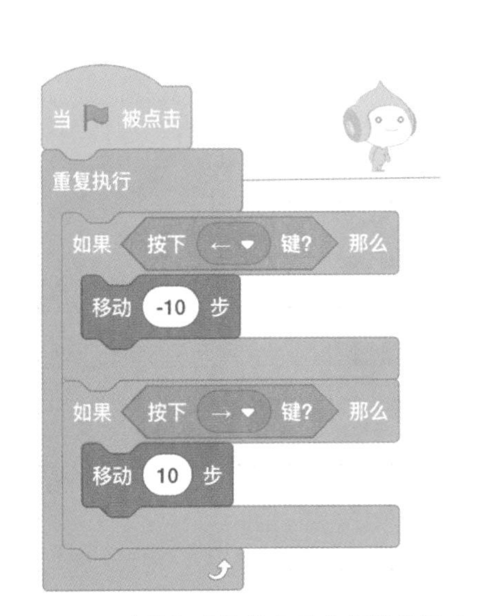

图 8-7　顺序执行式单分支体选择结构程序

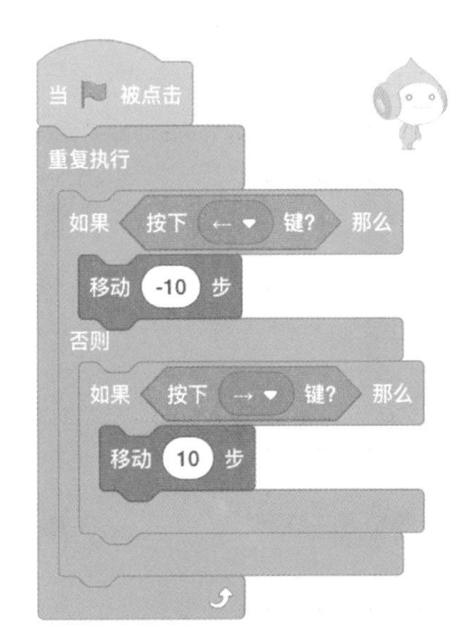

图 8-8　双分支体选择结构程序

在图 8-8 中，假如没有单分支体的嵌套选择结构，只有“移动 10 步”积木指令，会出现什么样的问题呢？请大家思考并给出答案，建议在计算机中验证一下。（只要按下的不是左键，甚至不按键，贝果都会向右移动，这显然不是我们想要的效果。）

前面案例中的两个程序都可以控制贝果左右移动，一个采用了单分支体选择结构，另一个采用了双分支体嵌套一个单分支体的选择结构。尽管两者的执行效果一样，执行路线却不同，这从程序流程图的路线指向中可以看出来。

由此可以总结：(1) 尽管逻辑思维和程序不同，还是可以达到一样的执行效果；(2) 选择结构是一个严谨的程序结构，设定判断条件时稍有不慎，程序就会出现问题，而且随着各种结构的嵌套，判断条件的构建就更需要完美无瑕。

下面我们一起来学习 Scratch 软件中可用于构建判断条件的积木指令，掌握这些积木指令有助于我们构建更复杂、更智能的程序。还记得这样的积木指令有什么特点吗？对，它们的外形都是六边形的。

8.2　判断条件积木指令

在 Scratch 软件中，可以用于构建判断条件的积木指令多数存放于“代码”面板的“侦测”模块中，这些积木指令一般为六边形，如图 8-9 和图 8-10 所示。下面将逐条讲解这些积木指令，可以一边学一边参照给出的案例去练习。

图 8-9　用于构建判断条件的积木指令 1　　图 8-10　用于构建判断条件的积木指令 2

大家知道，点击“代码”面板中的积木指令可以直接进行测试。点击 碰到 鼠标指针 ? 积木指令，会显示如图 8-11 所示的信息。`false` 表示什么意思？它是如何产生的呢？

选中的角色处在舞台中，而鼠标指针正处在“代码”面板中，两者怎么可能碰到？所以判断条件给出的答案是没碰到，它反馈的信息就是 `false`，表示没碰到。

将贝果移动至舞台边缘，直至无法再向外移动，点击如图 8-12 所示的积木指令，会显示出 `true` 信息，表示碰到。

图 8-11　测试判断条件类积木指令　　图 8-12　测试判断条件类积木指令

所有判断条件只能返回 true 或 false。在计算机编程领域，true 和 false 是专用术语，也称为布尔值，属于布尔类型。布尔值有且只有这两个，但有时候会穿上不同的“马甲”，让我们来看一下都有哪些“马甲”？

布尔值“马甲”展示：true = 正确 = 是 = 真 = 1；false = 错误 = 非 = 假 = 0，知道这些“马甲”就不要再被迷惑了。记住，判断条件的结果要么是真，要么是假，不能是半真半假！

- **碰到……？**：如果当前选定的角色碰到鼠标指针或者舞台边缘，那么判断结果是 true，否则返回 false。“碰到舞台边缘”积木指令很适合创作“猫抓老鼠”的游戏。老鼠在舞台上随意运动，碰到舞台边缘就转动一定角度继续运动，有兴趣的同学可以尝试构思并绘制程序流程图，然后编写程序来测试一下。

  提示：也可以编写程序让贝果跟着鼠标指针跑（参见 8-2-1.sb3 程序），通过移动鼠标指针带着贝果去抓老鼠，这样的交互操作是不是更有意思，为什么不去实践一下呢？

- **碰到颜色……？**：如果角色碰到指定的颜色，那么返回 true，否则返回 false。如何设定颜色呢？点击圆角矩形的颜色框，在出现的弹窗中拖动滑块即可设定颜色。我们还可以点击弹窗底部的吸管图标，然后到舞台上“吸取”颜色。这时鼠标指针将更换为放大镜形状，滑过舞台上的不同颜色区域，放大镜边缘的颜色会随之更改。用鼠标点击想要的颜色就能“吸取”到该颜色了，如图 8-13 所示。

图 8-13 放大镜形状的鼠标指针“吸取”颜色

使用这个积木指令可以实现以下效果：贝果碰到仙人掌时变身“喷火龙”造型，离开仙人掌后复原，如图 8-14 所示（参见 8-2-2.sb3 程序）。

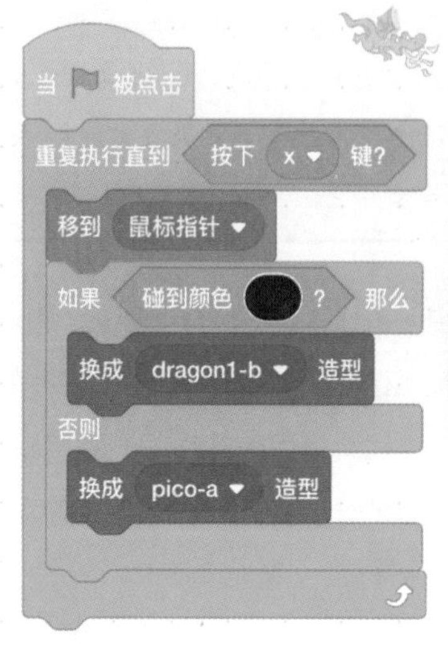

图 8-14 测试碰到颜色积木指令

- **颜色……碰到……?**：当指定的第一种颜色碰到指定的第二种颜色时，返回 true，其他情况返回 false。

  一般第一种颜色应取自当前角色，第二种颜色取自舞台背景或者其他角色。使用这个积木指令也可以实现前面贝果变身“喷火龙”的效果，如图 8-15 所示（参见 8-2-3.sb3 程序）。

  这次我们使用了不同的方式控制“喷火龙”的显示与隐藏，读者可以自行总结一下两种方式的优缺点，然后探究性学习广播消息的相关知识。

  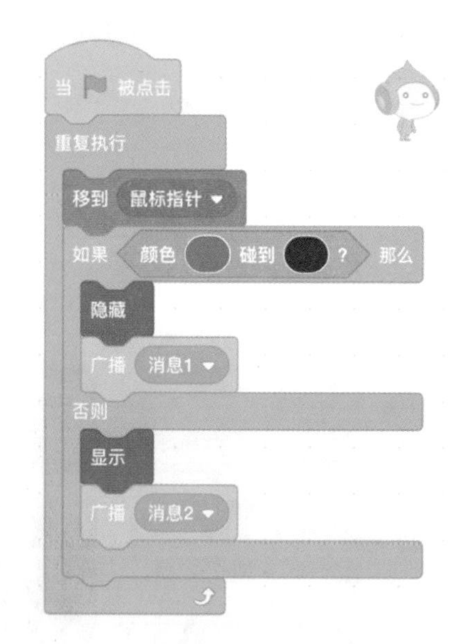

  图 8-15 某种颜色碰到其他颜色程序示意图

  提示：不要轻易使用无判断条件的“重复执行”积木指令（即无条件的循环），最好更换为“重复执行直到”积木指令，在判断条件框中填入“按下……键”积木指令。通常将 X 键设定为终止循环的条件，X 键也常用于退出。

- **按下……键?**：当指定的按键被按下时，返回 true，否则返回 false。前面的案例已经使用到此积木指令，自行回看一下即可。

- **按下鼠标?**：监测是否在舞台上点击鼠标，如果发生点击事件，那么返回 `true`，否则返回 `false`。

  可以尝试修改 8-2-2.sb3 程序，监测鼠标是否被按下，按下则停止循环。注意测试一下，鼠标离开舞台后，积木指令还能监测鼠标是否被按下吗?

除了以上用于构建判断条件的六边形积木指令外，“侦测”标签中还有一些积木指令，我们可以利用它们获取程序运行过程中的一些数据，更好地构建判断条件，控制程序的运行。用于获取数据的积木指令的形状多为圆角矩形，如图 8-16 所示。

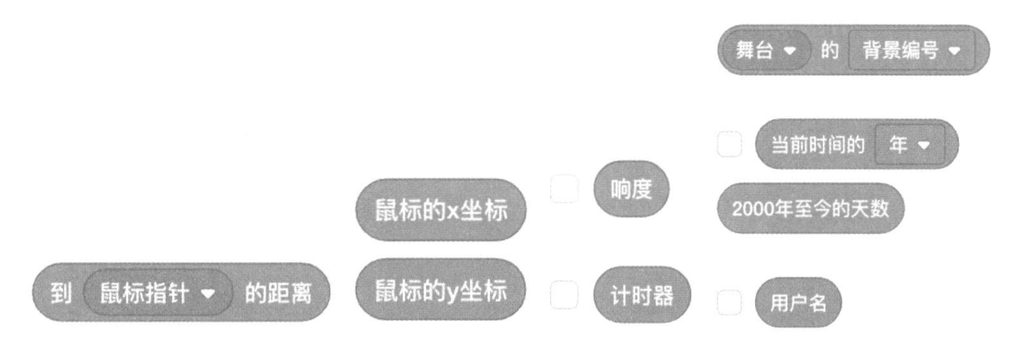

图 8-16　用于获取数据的积木指令

- **到……的距离**：获取当前角色到鼠标指针或者其他角色的距离。

  想一想，利用这个数据可以编写一个什么样的有趣程序? 比如赛车游戏，前车由程序控制，后车由用户通过键盘控制，当两车距离小于某个值时，出现撞车的警告提示。

- **鼠标的 x 坐标和鼠标的 y 坐标**：实时获取鼠标指针在舞台上的 x 坐标和 y 坐标。当鼠标指针超出舞台范围时，这两条积木指令会返回舞台右下角的坐标值。舞台坐标值的范围如图 8-17 所示。

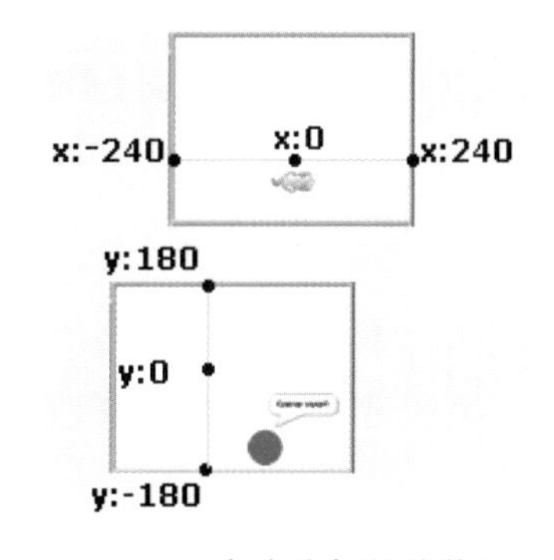

图 8-17　舞台坐标值的范围

- **响度**：获取计算机麦克风采集到的声音的音量值（数值范围为 1~100），要在舞台上显示此音量值，可以勾选“响度”复选框。

  注意：使用该积木指令之前，要确保计算机的麦克风处于可用状态，否则无法采集数据。

  为什么不利用这个功能做一个控制贝果运动的程序呢? 声控程序示意图如图 8-18 所示。

  运行程序，只要你拍手（声音响度超过 20），贝果就会行走，这就是简单的声控程序（参见 8-2-5.sb3 程序）。

- **计时器**：使用此积木指令可以获取当前 Scratch 软件已经运行的时长。此外，我们也可以使用 计时器归零 积木指令重置计时器。
- **……的……**：默认用于获取舞台上的一些信息。当舞台上的角色不止一个时，这条积木指令用于获取非当前角色的相关信息。例如当前选定的角色是贝果，那么可以通过此积木指令获取其他角色的信息，如图 8-19 所示，但就是不能获取贝果的。想一想，怎样获取当前选定角色的信息呢？

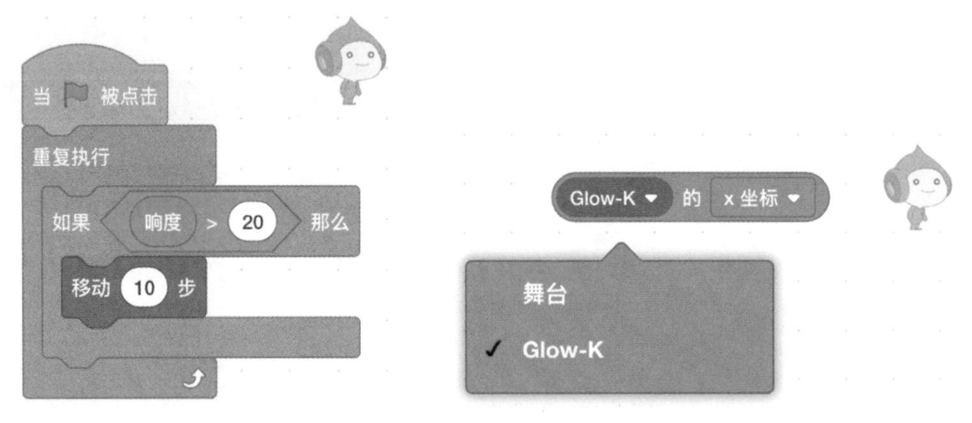

图 8-18　声控程序示意图　　　　图 8-19　查看非选定角色的信息

剩余的几条积木指令都很简单，运行测试一下就看到结果了，此处不再讲解。大家可以将它们填入选择结构的积木指令中进行练习，熟悉了就能运用自如了。

本节中，我们既学习了选择结构相关的积木指令，也学习了构建判断条件的积木指令。下面请你来尝试编写一个简单的程序：假设 60~80 分属于合格，81~90 分属于良好，91~100 分属于优秀，输入一名同学的分数，显示分数属于哪个等级。

看起来很简单吧？就是用输入的分数跟设定的分数段进行比较，符合哪个分数段就是哪个等级，问题是怎样构建判断条件呢？前面学的侦测类积木指令好像没有适用的。没错，那些都不适用，要解决相互比较的问题，还得靠运算类积木指令，继续学习吧！下面要学的内容才是构建判断条件的关键因素。

8.3　变量与运算指令

我们已经认识到，光靠侦测类积木指令是不能应对所有事情的，运算类积木指令非常重要。其实上节最后还忽略了一个小问题：输入的分数存在哪里。存在一个角色或者造型中？一个数字有啥形象可言？肯定不行，目前所学的 Scratch 知识无法解决存储数字的问题。我们得找个“合适的箱子”，用它来存放用户输入的信息，如数字、字符。这个“合适的箱子”就是变量，下面我们就重点学习变量的相关知识。

变量是计算机编程领域一个不可或缺的组成部分。可以这么说，计算机编程领域如果缺少了变量，就如同孙悟空不会“七十二变”。

变量来源于数学，它是一种方便使用的占位符，既可以用来保存程序运行时用户输入的数据、特定运算的结果（如布尔运算）以及要在屏幕上显示的数据信息等，也可以用来传递这些数据，供其他程序使用。

简单而言，变量就是一个有“个性”的箱子。首先，它能存东西，既可以存放数值，也可以存放字符。说它有“个性”，是因为它不喜欢别人“胡乱”放东西，如果先放的是数字，就不能再放字符，反之亦然。既然是箱子，就可以打开并取出里面的东西，然后再放进去同类型的东西。此外，箱子还可以经过“传送”，将里面的内容输送到其他程序中。

一般通过变量名访问变量，变量名既可以是一个英文字母（如 A、B），也可以是字符串、数字或某些符号的组合。不同的编程语言对变量名的要求不同，可以自行查阅编程语言的相关资料。这里要提醒大家的是，一定要养成良好的变量命名习惯（简短、易于记忆的名字）和变量使用习惯。

在编程中，变量需要先创造（称为定义）再使用（先造出箱子才能使用）。有时，需要在定义变量的同时对其进行初始化，也就是按照类型要求，先放入一个“滥竽充数”的数字或者其他字符，在实际应用之前再放入正确的内容。

Scratch 软件并未提供现成的变量，需要在“代码”面板的“变量”模块中自行创建，如图 8-20 所示。用户可以根据程序设计需求创建数量不等的变量，不过变量越多越耗费计算机的资源。

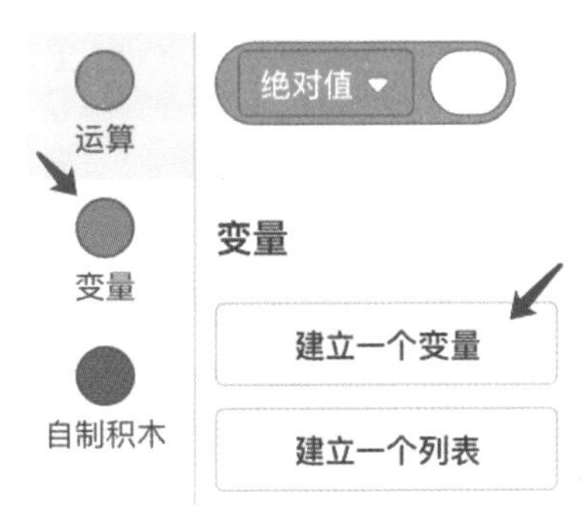

图 8-20　建立一个变量示意图

如果在程序中创建了变量，一定要在测试前保存程序，否则一旦程序意外退出，创建的变量就会丢失。

Get新技能：创建变量

Step 1　点击“建立一个变量”，Scratch 软件将弹出“新建变量”对话框，如图 8-21 所示。

Step 2 在“新变量名”处输入要创建的变量的名称，它要尽量简短，容易理解和记忆。

Step 3 “适用于所有角色”表示创建的变量可以供所有角色使用，默认选择此项；“仅适用于当前角色”表示变量仅供当前选定的角色使用。

图 8-21 “新建变量”对话框

Step 4 点击“确定”按钮，在创建变量的同时，会出现 5 条与变量相关的积木指令，如图 8-22 所示。

图 8-22 与变量相关的积木指令

下面解释一下变量相关的积木指令。

- **变量名**：代表所创建的变量，可以在程序中使用此积木指令，这相当于使用变量。
- **将……设为……**：对创建的变量进行初始化，设定初始值。
- **将……增加……**：设定变量增加的数值，常用于循环结构的判断条件中。
- **显示变量……**和**隐藏变量……**：用于设定在舞台的左上角是否显示变量名和存储的内容。显示变量便于我们在调试阶段监控程序的执行过程，不过调试完成后记得要隐藏变量，不然就穿帮了。

关于变量的具体使用，我们将在后面的案例中进行练习，下面就来学习运算类积木指令。先讲解与本章关系紧密的六边形积木指令，然后介绍其他积木指令。

第一组六边形积木指令如图 8-23 所示，Scratch 软件只提供了 3 种关系运算符的积木指令。

关系运算符实际有 6 种，它们将根据关系判断结果给出布尔值“真”或“假”。因此，使用关系运算符可以直接构建判断条件，如表 8-1 所示。

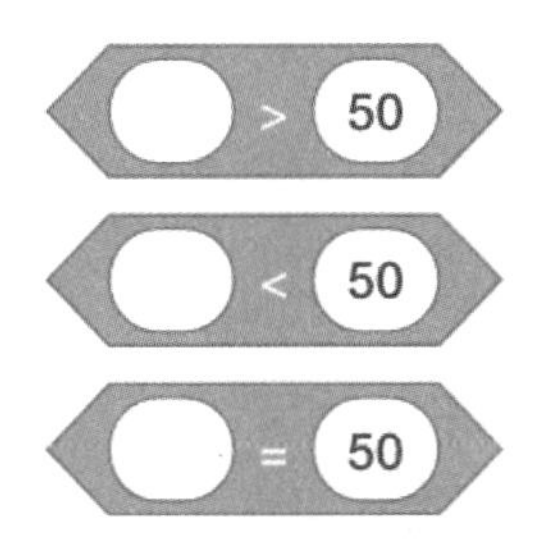

图 8-23　关系运算积木指令

表 8-1　6 种关系运算符

运 算 符	名　称	示　例	功　能
<	小于	a<b	a 小于 b 时返回真，否则返回假
<=	小于等于	a<=b	a 小于等于 b 时返回真，否则返回假
>	大于	a>b	a 大于 b 时返回真，否则返回假
>=	大于等于	a>=b	a 大于等于 b 时返回真，否则返回假
==	等于	a==b	a 等于 b 时返回真，否则返回假
!=	不等于	a!=b	a 不等于 b 时返回真，否则返回假

下面我们用 Scratch 提供的 3 个关系运算积木指令解决上一节根据分数划分等级的问题。

重点分析：如何确定分数在 60~80 分的同学呢？

如果设定判断条件为“分数 >60”，那么“分数 =60”的同学就会因为不满足条件而进入“否”分支体。可以先筛选出“分数 >60”的同学，再从中筛选出“分数 <81”的同学，他们属于合格等级。然后到“否”分支体中，将“分数 =60”的同学筛选出来，他们也属于合格等级，如图 8-24 所示。

如果设定判断条件为“分数 <60”，则可以借助双分支体选择结构的“否”分支体去掉“分数 <60”的同学，然后再将“分数 <81”的同学筛选出来，如图 8-25 所示。

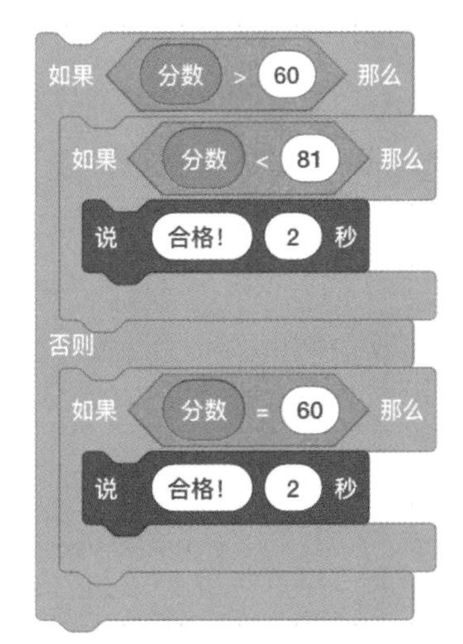

图 8-24　筛选合格等级 1

如果设定判断条件为“分数 =60”，那么先把“分数 =60”的同学筛选出来，再筛选出“分数 >60”而且“分数 <81”的同学，他们的分数属于合格等级。这个选择结构如图 8-26 所示。

判断条件可以有多种构建方案，如果采用 59 分作为判断基础，以上判断条件该如何改写呢？是不是会容易一些？这里给出一个程序示例，如图 8-27 所示，读者可以感受一下。

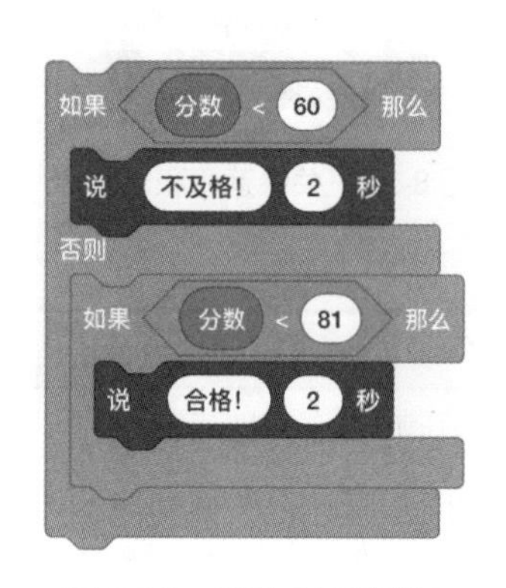

图 8-25　筛选合格等级 2

图 8-26　筛选合格等级 3

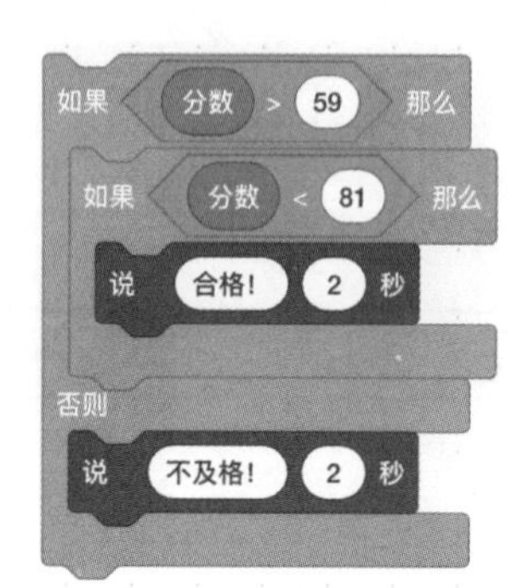

图 8-27　筛选合格等级 4

上面的程序示例想告诉读者：合理构建判断条件可以有效减少选择结构的分支数量，降低判断的难度。我们总是在说编程能够锻炼逻辑思维，通过上面构建判断条件的练习，相信大家会有所领悟的。

请大家用类似的方法将剩余的分数分级问题完成，体会一下到底有多麻烦！难道就没有积木指令能组合判断条件、简化选择结构吗？比如将判断条件“分数 >59”和“分数 <81”整合在一起形成一个判断条件，从而采用一个选择结构来解决问题。

当然有，而且不止能组合两个判断条件，原则上能组合 N 个判断条件，这些积木指令也存在于“运算”模块中，如图 8-28 所示，它们称为布尔运算积木指令。

在计算机编程领域，对布尔值进行逻辑运算，从而产生新的布尔值，这种逻辑运算称为布尔运算。

布尔运算共有 3 种基本运算符：“与”“或”“非”（即图 8-28 中的“……不成立”积木指令）。为了更好地理解布尔运算和运算后的结果，下面采用布尔值的“马甲”之一——1 和 0 进行说明。

图 8-28　布尔运算积木指令

- 与：可以理解为乘法，“1 与 1”就是“1 乘 1”，结果为“1”，即为“真”；那么“1 与 0”“0 与 1”“0 与 0”就分别可以理解为“1 乘 0”“0 乘 1”“0 乘 0”，结果为“0”，即为“假”。也就是说，只有两个布尔值都为“真”时，进行“与”运算才能得到“真”，只要有一个布尔值为“假”，得到的结果就是“假”。
- 或：可以理解为加法，“1 或 0”即“1 加 0”，结果是“1”，即为“真”；“0 或 0”即“0 加 0”，结果是“0”，即为“假”。需要说明的是，“1 或 1”虽然可以理解为“1 加 1”，但是得出的结果是“1”而不是“2”（因为计算机不识别“2”）。也就是说，只要两个布尔值有一个是“真”，进行“或”运算的结果就为“真”，只有两个布尔值都是“假”时，得到的结果才是“假”。

- 非：可以理解为“反转”，即布尔值为“1”，进行“非”运算会得到“0”，布尔值为“0”，进行“非”运算会得到“1”。需要说明的是，“非”运算只对一个布尔值进行操作，它的优先级别高于另外两个。

采用 A、B 表示任意布尔值，“*”表示“与”，“+”表示“或”，“′”表示“非”，可形成以下组合：

(1) $1' = 0$; $0' = 1$

(2) $A + 1 = 1$

(3) $A + 0 = A$

(4) $A + A = A$

(5) $A + A' = 1$

(6) $A * 0 = 0$

(7) $A * 1 = A$

(8) $A * A = A$

(9) $A * A' = 0$

(10) $A + B = B + A$

(11) $A * B = B * A$

(12) $A + (B + C) = (A + B) + C$

(13) $A * (B * C) = (A * B) * C$

(14) $A * (B + C) = A * B + A * C$

(15) $A + (B * C) = (A + B) * (A + C)$

(16) $(A')' = A$

(17) $(A + B)' = A' * B'$

马上验证一下，还是来解决上一节的根据分数划分等级的问题：60~80 分属于合格，81~90 分属于良好，91~100 分属于优秀，看一下通过布尔运算符组合构建的判断条件是不是简化了很多？如图 8-29~图 8-31 所示。

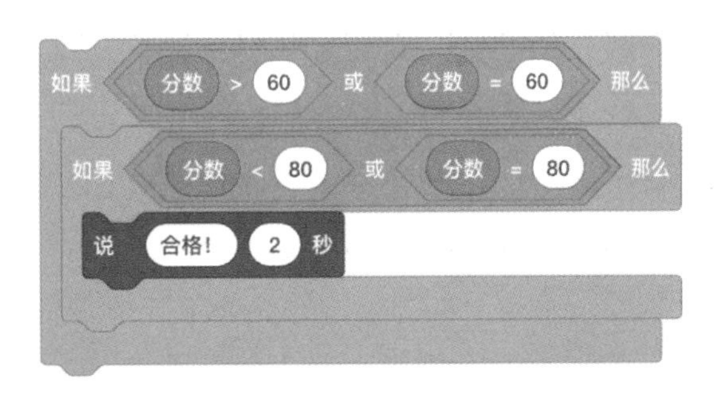

图 8-29　60~80 分属于合格

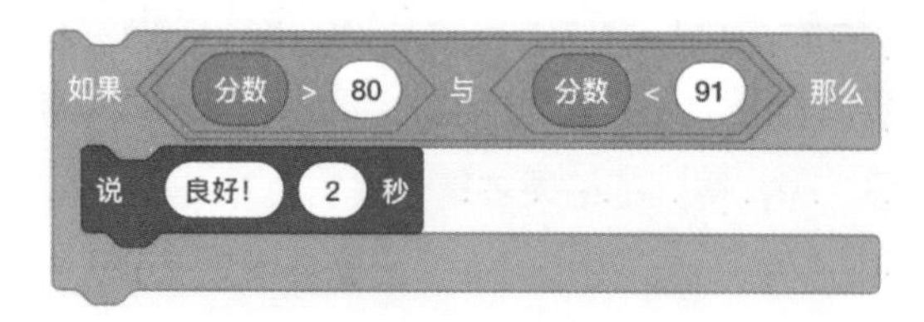

图 8-30　81~90 分属于良好

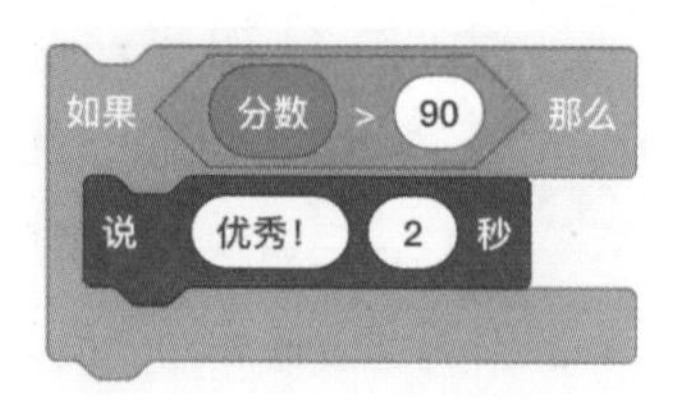

图 8-31　91~100 分属于优秀

可以看到，虽然 Scratch 中没有“<=”“>=”等关系运算符，但是可以通过“与”“或”“非”等布尔运算符组合基本判断条件，从而形成复杂的判断条件，最后将其整个填入判断条件框，如图 8-32 所示。

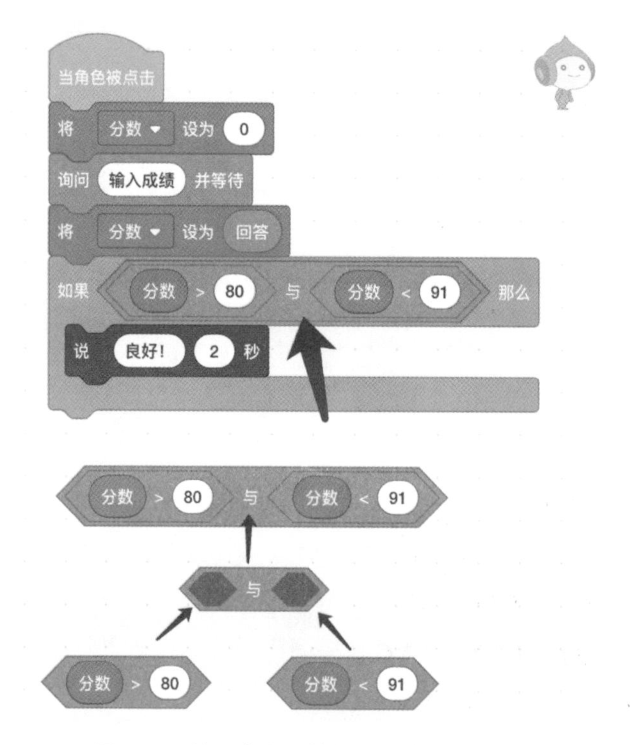

图 8-32　使用布尔运算组合构建判断条件

高级编程语言能够直接使用“<=”“>=”等关系运算符构建判断条件，Scratch 软件的这种拼合模式略显麻烦。但就我多年使用 Scratch 软件的经验来说，这种组合构建判断条件的方式是能够胜任编程需要的，关键要有清晰的逻辑思维，能够把复杂的关系拆解成相对简单的关系，锻炼这种问题拆解能力其实就是强化逻辑思维。

积木式编程语言集成程度高、容易上手，但在构建复杂程序时会力不从心；高级编程语言较难入门，但掌握之后能爆发出比积木式编程语言强大得多的能量。所以，要想成为真正的软件工程师，还要掌握一门高级编程语言，如 Python、JavaScript 或者苹果的 Swift。

8.4 构建判断条件

绘制程序流程图可以有效地将复杂问题分解成若干简单问题，从而厘清编程思路，因此只要认真绘制程序流程图一般就不会出现较大错误。但程序在运行时还会出现一些意想不到的问题，而造成问题的原因可能就是选择结构（或循环结构）中构建的判断条件不够严谨。

回头来分析 8.1 节的付款程序流程图，发现问题了吗？

付款方式中缺少了现金付款方式，毕竟有一些人因为某些原因不能使用手机支付，现金是他们的默认支付方式。这种有缺陷的或者说不严谨的判断条件是潜伏在程序中的“炸弹”，满足一些特定情况才会“爆炸”，因此不容易排查，这就要求程序员在构建选择结构时先通过程序流程图把所有可能都列出来，再构建合适的判断条件。

重新调整判断条件，将判断条件修改为“是否使用现金？”：“是”则进入现金支付流程；“否”则进入非现金支付流程，提示用户进一步选择支付方式。修改后的程序流程图如图 8-33 所示。

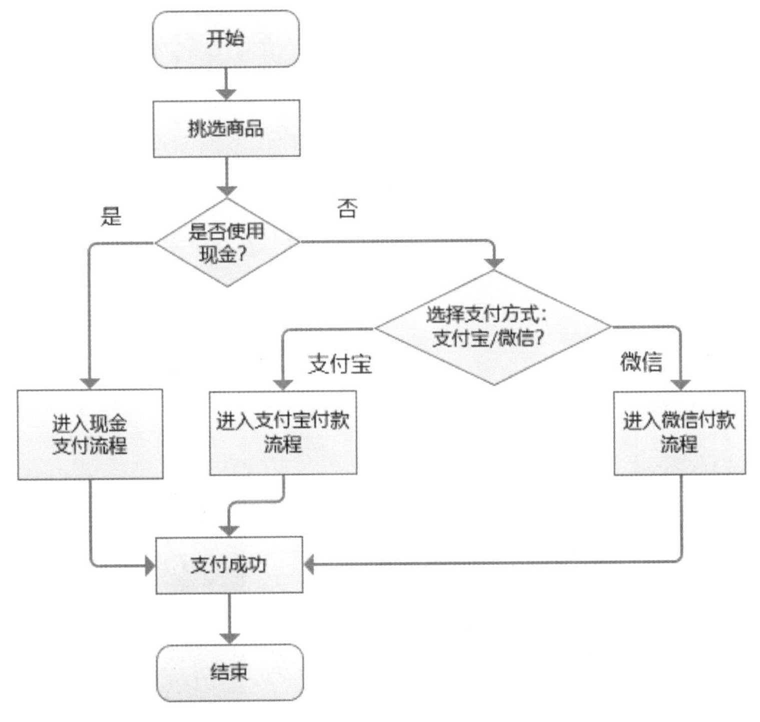

图 8-33　付款程序流程图（改进版）

判断条件是选择结构的核心，要构建严谨、正确、容易理解的判断条件，就要理解和掌握以下知识，并在程序中合理使用。接下来的内容不仅对构建选择结构的判断条件很重要，对构建循环结构的判断条件也同等重要。

构建判断条件的方法总结如下。

第一条：构建判断条件时，首先要列举出所有可能存在的分支。

第二条：判断条件不是一成不变的，构建合理的判断条件可以简化选择结构，减少分支体。

第三条：构建判断条件一定要“是非分明”。因为计算机只能识别“1”和“0”两个数，所以只能判断两种状态：“真”和“假”。一般用“1”表示真，用“0”表示假。在程序设计中，选择结构和循环结构的判断条件一定要明确，不能暗含不明确的第三种或更多种状态。

第四条：要学会拆分和组合判断元素，形成明确的对应关系以构建判断条件。

例如，使用遥控手柄控制机器人行走，一个摇杆控制前进和后退，另一个摇杆控制左转和右转。那会组合成多少种状态呢？一个摇杆有 3 种状态，两个摇杆就应该有 3×3 种状态，即形成 9 种状态，如表 8-2 所示。

显然，9 种状态是不能直接对应“真”和“假”两个布尔值的。能够确定的是，摇杆的一种状态处于真时，其他所有状态都处于假，因此只要为 9 种状态设置独立的标识码，然后以摇杆当前的状态码与设定的标识码进行匹配，匹配准确的状态就为真，未能匹配的则为假。

因此，考虑为每个摇杆设定一套状态标识，两套状态标识组合对应 9 种状态。假设 A 表示控制左右的摇杆，A = L 表示左转，A = R 表示右转，A = M 表示无操作；B 表示控制前后的摇杆，B = Q 表示前进，B = H 表示后退，B = Z 表示无操作；9 种状态对应的组合如表 8-3 所示。

表 8-2　摇杆状态细分表

状态	左	中	右
前	左前	前	右前
中	左	无控制	右
后	左后	后	右后

表 8-3　标识码表示摇杆状态

状态	*A* 左 L	*A* 中 M	*A* 右 R
B 前 *Q*	左前 *A*L*B*Q	前 *A*M*B*Q	右前 *A*R*B*Q
B 中 *Z*	左 *A*L*BZ*	无控制 *A*M*BZ*	右 *A*R*BZ*
B 后 *H*	左后 *A*L*B*H	后 *A*L*B*H	右后 *A*R*B*H

这样 9 种状态就都有自己独立的标识码了，只要判断当前输入的摇柄组合与哪组标识码吻合，就可以执行相应的分支体了。所以，越复杂多样的状态就需要用到越多的组合进行标识，这种组合技能对于构建判断条件有至关重要的作用。

思考：假设有一个左右轮可以单独控制的双轮机器人，如图 8-34 所示，左轮代号 L，右轮代号 R，向前转为 1，向后转为 0，请写明双轮机器人做出动作的组合代码。例如前进是 L1R1，那么后退、向左旋转、向右旋转的组合代码分别是什么?

图 8-34　双轮机器人示意图

最后要掌握的是合理使用布尔运算构建组合判断条件。

即使程序员具有良好的逻辑思维能力，也构建了条理清晰的判断条件，单一的选择结构也仍然很难满足复杂程序的需要。比如前面编写的按照分数划分等级的程序，采用嵌套选择结构会更方便，开始下一章的学习吧!

第 9 章　嵌套选择结构应用

课程目标

掌握嵌套选择结构的原则，学习构建判断条件，构建嵌套选择结构的程序。

在上一章控制贝果左右移动的程序（8-1-1.sb3）中，我们已经用到了嵌套选择结构，本章将重点讲解嵌套选择结构的作用，这种嵌套更考验程序员的逻辑思维。

9.1　嵌套选择结构的作用

即使 Scratch 软件提供了强大的判断条件构建功能，有时我们也不得不使用嵌套选择结构。分析上一章接触到的嵌套选择结构，可以发现一般在两种情况下需要用到嵌套：(1) 判断条件构建复杂；(2) 需要用到 2 个以上的分支。

首先通过修改贝果左右行走的程序来认识嵌套选择结构的作用。打开 8-1-1.sb3 程序，将其另存为 9-1-1.sb3 程序。

修改 9-1-1.sb3 程序，将嵌套在“否则”分支体中的选择结构进行剥离，然后将“移动 10 步”积木指令从剥离的选择结构中拖动回“否则”分支体中，程序如图 9-1 所示。

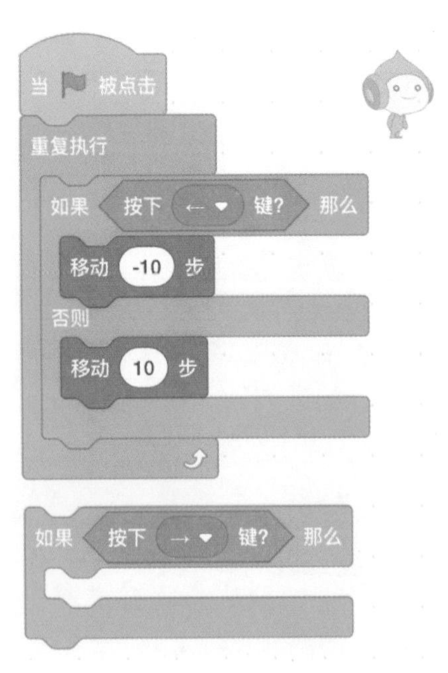

图 9-1　剥离嵌套的选择结构

点击绿旗图标开始运行程序，发生了什么？

如果我们按下左方向键，贝果会向左移动，但是只要我们松开按键，贝果就失去控制地向右移动，直到触碰到舞台的边缘。

看来，程序失效是由于嵌套选择结构被剥离，下面解读一下改变后的程序。判断条件是左方向键是否被按下，如果是，则贝果向左移动，否则贝果开始向右移动。此处满足“否则”的条件：(1) 按下的是右方向键；(2) 按下的不是左方向键；(3) 没有按任何键。也就是说，只要没有按键或者按下的不是左方向键，都将进入“否则”分支体，所以贝果失控了，不等我们按键就开始行动了。

选择结构中设定的判断条件是“按下左方向键?”，而我们直觉上会认为“左方向键”对应的是“右方向键”，所以只有“按下右方向键”才能与“按下左方向键”相对，进入“否则”分支体。

出现这个问题是因为我们把计算机的判断想得太“智能”了。在计算机的“思维”中，它并不认为“左”和“右”对立、“上”和“下”对立。事实上，“左”和“非左”对立，即它和“右”“上”“下”都是对立的；“上”和“非上”对立，即它和“左”“右”“下”是对立的。所以我们在构建判断条件时一定要严谨，在一个宽泛的判断条件中，可以采用嵌套的选择结构进一步缩小满足条件的范围。

阅读图 9-2 所示的程序流程图，我们计划创建一个用声音控制贝果移动的程序。对着计算机麦克风发出声音，如果分贝数大于 50，那么贝果向左转并前进 2 秒；如果分贝数小于 50，那么贝果向右转并前进 2 秒。大家想一下，这个程序有问题吗?

这个问题依然在对判断条件的解读上，构建判断条件的人错误地认为如果没有声音输入，贝果会停留在原地，直到有声音输入才开始进行判断。

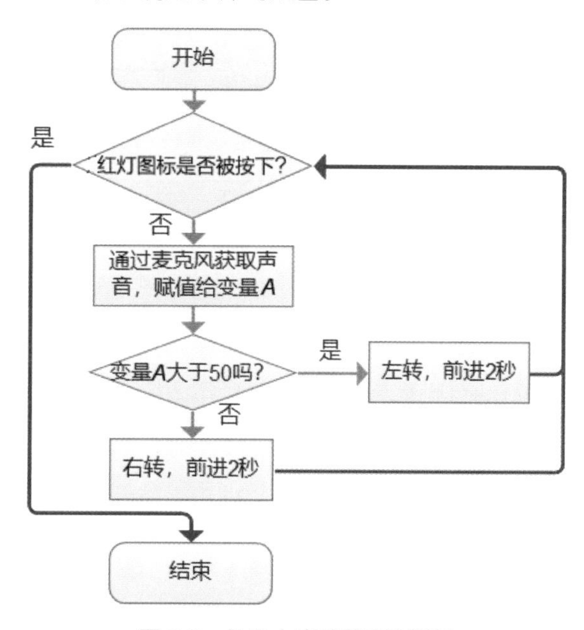

图 9-2　机器人声控程序流程图

其实程序哪能这般“智能”？对它而言，没有声音输入，分贝数就是 0，该值当然小于 50，所以机器人就会持续执行“右转，前进 2 秒”的命令。我用真实机器人试验过，由于机器人在交互响应时有点“迟钝”，我们需要不停地对机器人“喊叫”，直到机器人“良心发现”侦测到大于 50 分贝的声音，才能执行“左转，前进 2 秒”。“喊叫”的时间点很重要，一定要在右转动作将要完成时进行，这就是判断条件有缺陷造成的问题。

为此，需要将判断条件修改得更为严谨，在没有声音输入的情况下保持机器人状态不变。尝试将判断条件修改为：如果分贝数大于 90（明确发出较大声音），执行左转和前进 2 秒；如果分贝数小于 90 且大于 60，执行右转和前进 2 秒。设定分贝数大于 60，可以将杂音和没有声音的情况过滤掉。程序流程图如图 9-3 所示，大家可以尝试在 Scratch 软件中，使用贝果和“响度”积木指令进行验证。

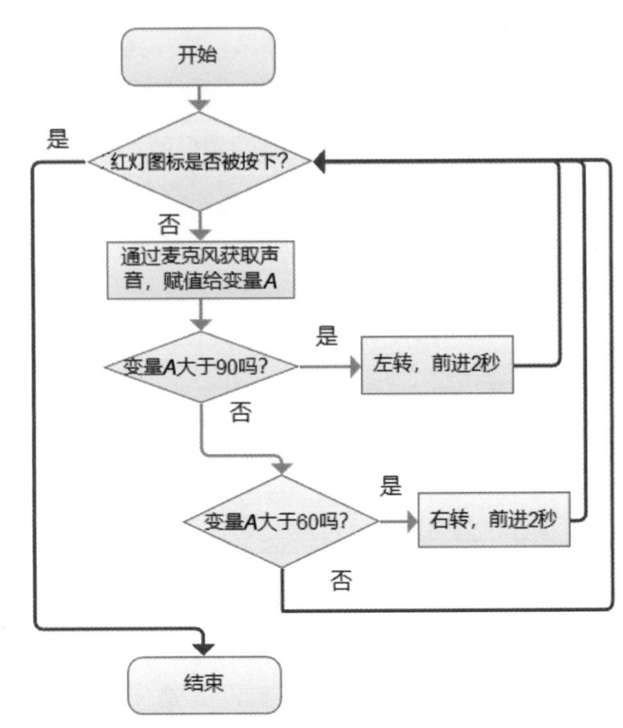

图 9-3　嵌套选择结构的程序流程图

上面的程序流程图在一级选择结构中嵌套了一个二级选择结构，对“否”分支体做了进一步判断，形成一个典型的嵌套选择结构。通过这样的修改，机器人对声音的响应将显得较为智能，不但不会持续右转前进，而且在没有足够大的声音发出时，它也会静静地在原地等待。

大家可以尝试在一级选择结构的“是”分支体内再嵌入一个选择结构，对声音的高低进行细分判断，达到声音高低不同执行动作也不同的效果。目前，有一些智能机器人不但能识别声音高低，还能识别人类语言中的关键词，如前进、后退、左转、右转，从而有更好的人机交互体验，这种用语音关键词控制机器人行动的功能也是通过嵌套选择结构实现的。

9.2　猜拳游戏

本节将采用嵌套选择结构设计一款猜拳游戏，让用户与机器人一起玩耍。用户使用数字键 1、2、3 代表“剪子（剪刀）”“包袱（布）”“锤子（石头）”，其他键不起作用，采用三局两胜制，最终显示获胜者。

分析：采用循环结构实现三局两胜制，如果出现平局或者用户按键错误的情况，不累计局数，有一方获胜两局就退出循环，因此判断条件就是“有一方胜两局?”，还需要有一个变量记录用户和机器人获胜的局数。（思考：使用一个变量如何分辨出是机器人获胜还是用户获胜？必须用两个变量吗?）

下面来厘清胜负关系，按照用户输入的 1、2、3 分别进行判断。

假如用户输入 1，机器人为 1 则平局（无效），为 2 则机器人失败，为 3 则机器人胜利。

假如用户输入 2，机器人为 1 则机器人胜利，为 2 则平局（无效），为 3 则机器人失败。

假如用户输入 3，机器人为 1 则机器人失败，为 2 则机器人胜利，为 3 则平局（无效）。

所以程序结构中应该具有 3 个分支，分别对应用户输入 1、2、3，每个分支里面还要具有 3 个子分支，先绘制出这一部分的流程图，如图 9-4 所示。

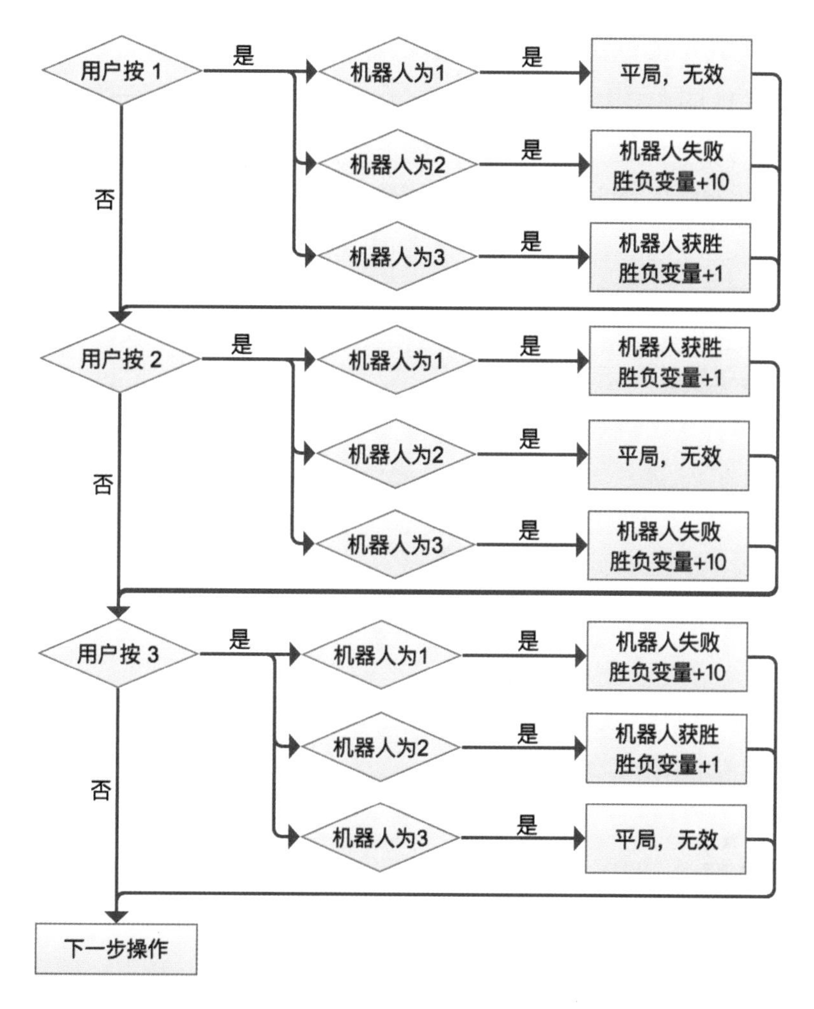

图 9-4　计算胜负的嵌套选择结构流程图

怎样用一个变量分辨出是用户获胜还是机器人获胜，想出来了吗？其实很简单，可以用 0 表示开始，用 1 表示机器人获胜，用 10 表示用户获胜。机器人获胜就增加 1，人获胜增加 10，所以 11 表示各胜一局，12 和 2 表示机器人获胜，20 和 21 就代表用户获胜。

Get新技能：提问和回答

在交互程序中，经常需要获取用户的回答，程序将根据回答执行操作。在 Scratch 软件中，可以通过“侦测”模块的两个积木指令实现角色提问和用户回答的效果，如图 9-5 所示。

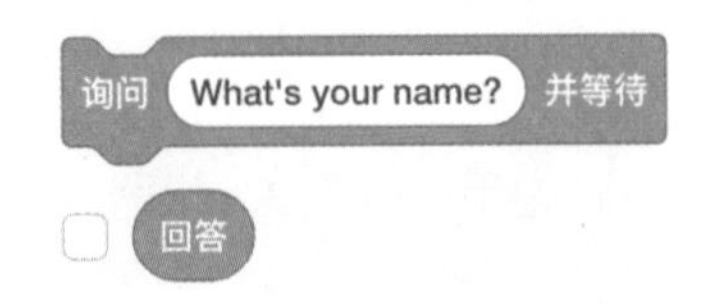

图 9-5 询问和回答积木指令

- **询问……并等待**：将询问的内容显示在角色上面，并在舞台下方显示一个输入框，等待用户输入回答。
- **回答**：用于存储用户在舞台下方输入框中输入的内容。如果勾选前面的复选框，将在舞台上显示用户回答的内容，可以起到监控作用，这在调试程序时尤为重要。

举个例子，我们在“询问……并等待”积木指令的输入框内输入“你知道我的姓名吗?”，然后在舞台下方的输入框中回答“贝果”，敲击键盘的 Enter 键或者点击右侧的“对钩”，效果如图 9-6 所示。

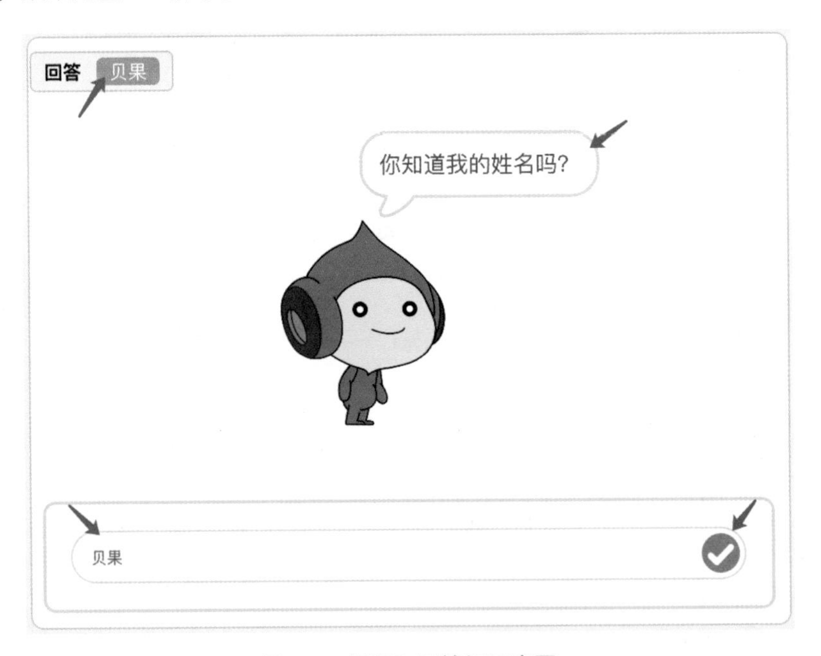

图 9-6 提问和回答框示意图

学会了如何实现提问和回答功能后，请大家尽量自行完成图 9-7 中的例子（参见 9-2-1.sb3 程序），在 10 次循环中，可以尝试输入不同的回答查看程序的执行结果。这样一个程序可以过滤用户输入的错误信息，确保只接受用户输入 1、2、3。很多程序都会用到这样的过滤方式，可以防止有人恶意破坏程序的执行。

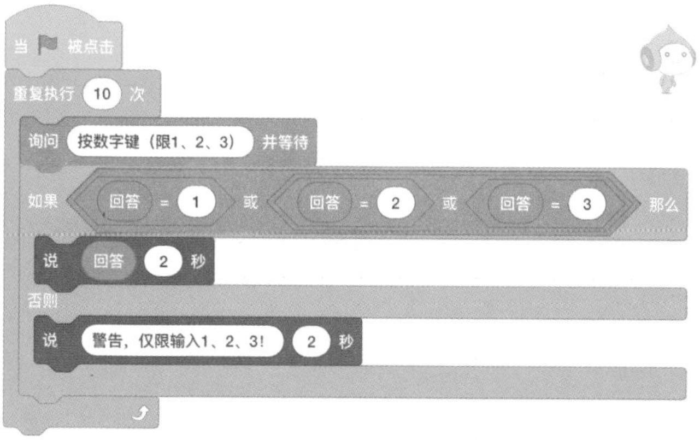

```
当 🏴 被点击
重复执行 10 次
    询问 按数字键（限1、2、3） 并等待
    如果 回答 = 1 或 回答 = 2 或 回答 = 3 那么
        说 回答 2 秒
    否则
        说 警告，仅限输入1、2、3! 2 秒
```

图 9-7　过滤程序示意图

学完新技能，用户可以正式开发猜拳程序了。老规矩，先画程序流程图，尽量画完之后再看图 9-8 所示的程序流程图。

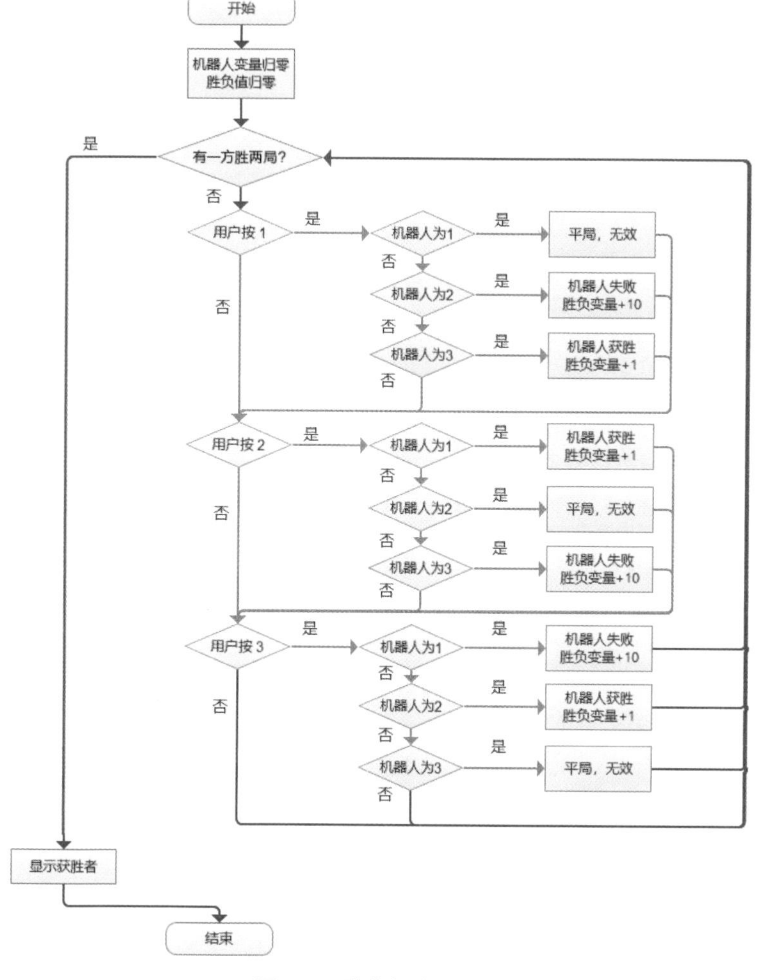

图 9-8　猜拳程序流程图

然后我们来编写猜拳程序，如图 9-9 所示（参见 9-2-2x.sb3 程序）。

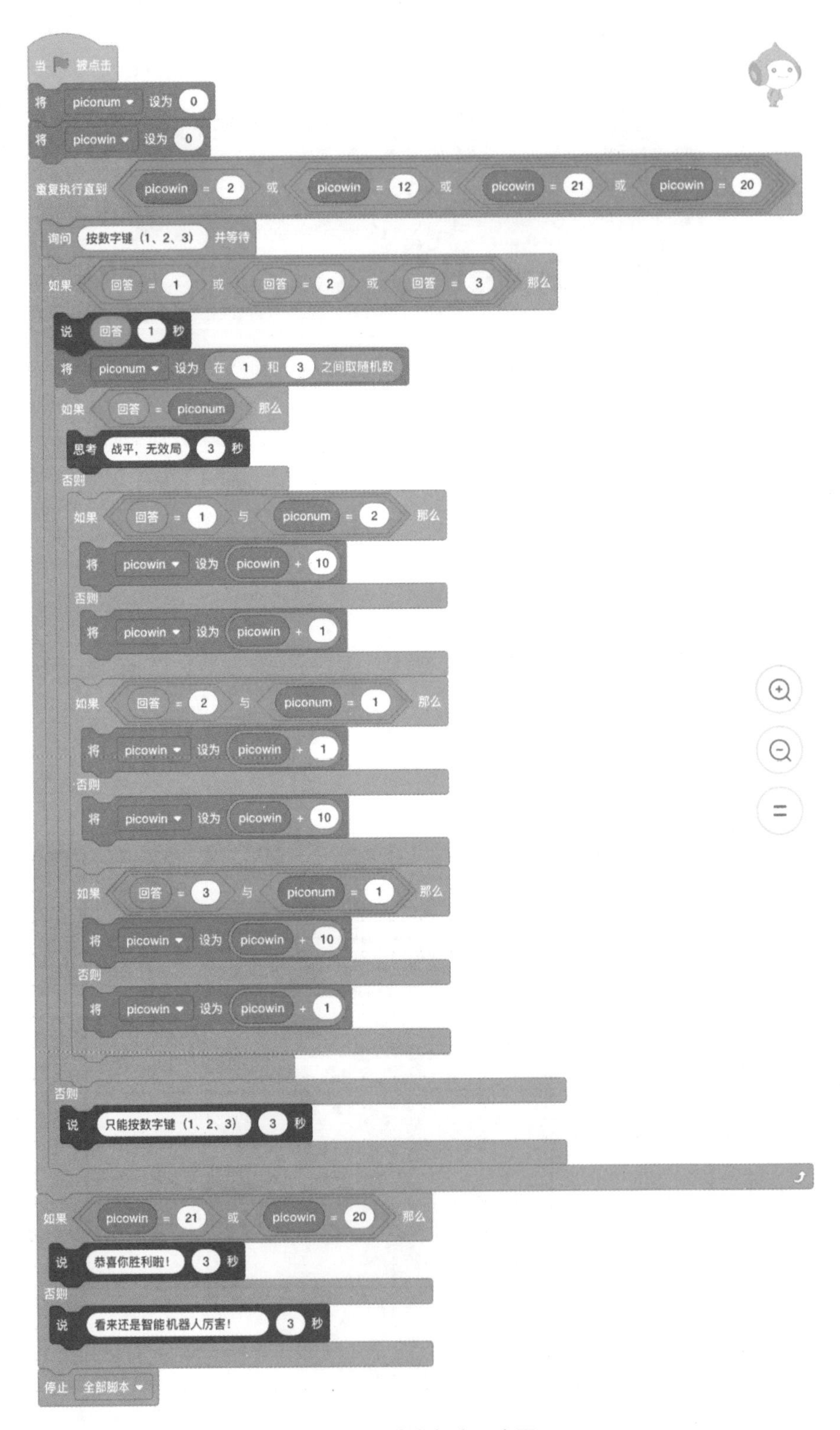

图 9-9　猜拳程序示意图

大声地告诉你：刚才的程序是错误的，你是不是照着抄下来了？

编写程序讲究“条条大路通罗马”，绝对不止老师提供的参考程序这一条途径。最好的学习方法是先画程序流程图，把解决问题的思路搞清楚，然后再根据程序流程图编写程序，最后跟示例程序进行对比，取长补短。尽信书不如无书！

大家知道为什么先以 如果 回答 = piconum 那么 作为判断条件吗？图 9-9 所示的程序又错在哪里呢？

因为如果是平局，则本局无效，就不需要进行下一步的判断，直接开始下一局即可，所以先判断是否平局，能提高程序的运行效率。

上面的程序还是错在“人工智能”环节。如图 9-10 所示，假设用户输入 1，机器人的数字为 2，那么用户获胜，加 10 分。两个判断条件是“与”的关系，两者都成立，整个判断条件才成立。我们下意识地认为当机器人获取的数字为 3 时，程序才会进入“否则”分支体，事实是这样吗？

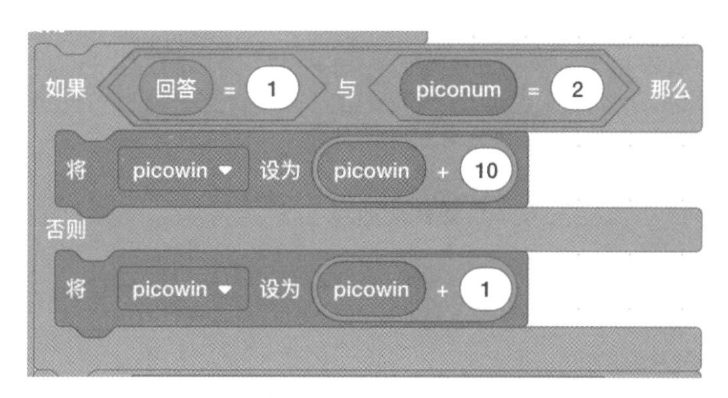

图 9-10 隐藏错误的选择结构

假如用户输入 2，piconum=3，是不是也不满足“回答 =1 与 piconum=2”的判断条件？此时直接执行“否则”分支体，机器人获胜，加 1 分。

综上所述，我们还是败在了逻辑思维不清晰上。在构建判断条件时，总会有一些惯性思维让我们“替”计算机缩小判断条件，其实计算机根本不会“智能思考”。尤其是“否则”分支，更容易忽略一些判断因素，要多加注意。

正确的猜拳程序如图 9-11 所示（参见 9-2-2.sb3 程序）。

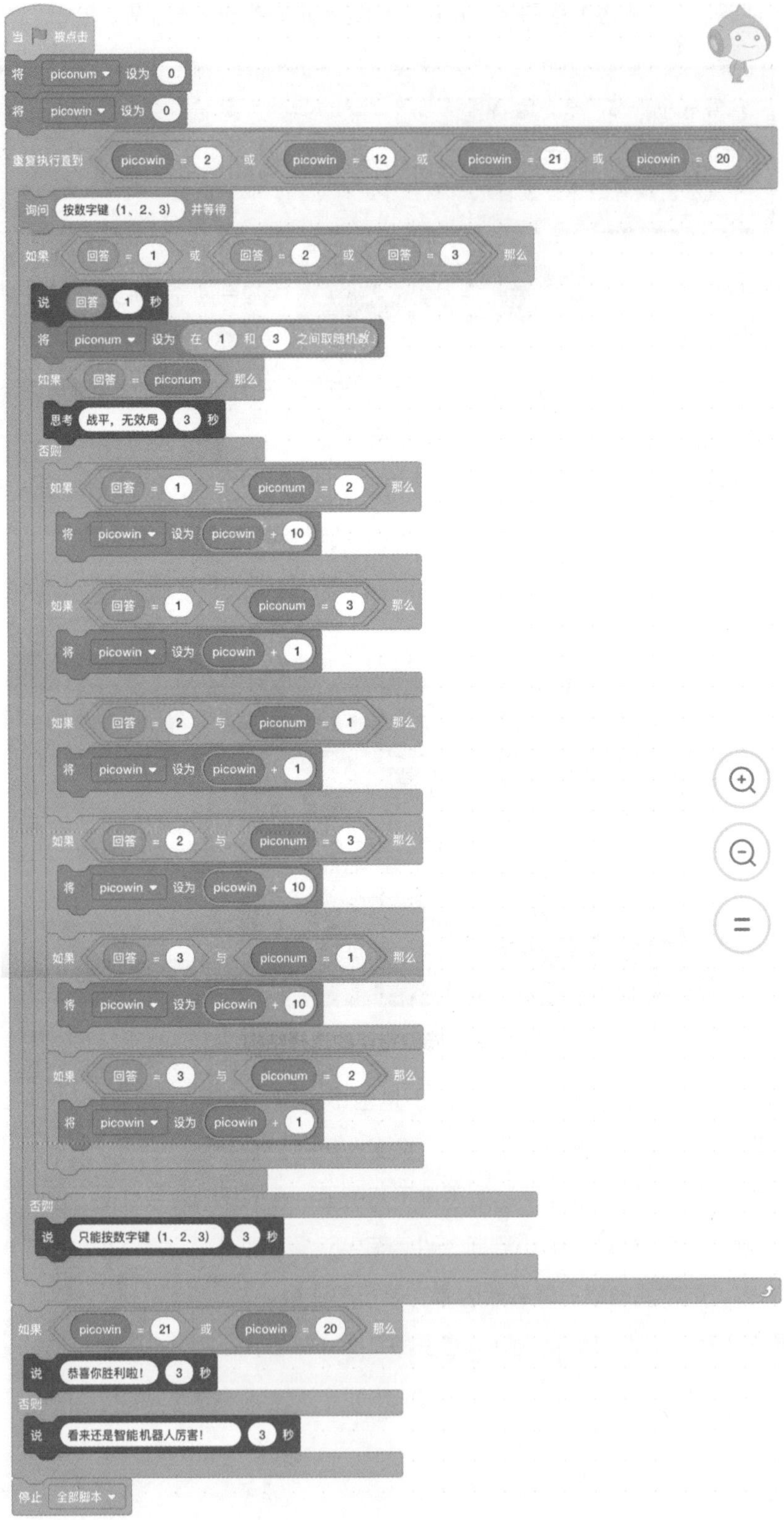

```
当 🏴 被点击
将 piconum ▾ 设为 0
将 picowin ▾ 设为 0
重复执行直到 <<<<picowin = 2> 或 <picowin = 12>> 或 <picowin = 21>> 或 <picowin = 20>>
    询问 按数字键（1、2、3） 并等待
    如果 <<<回答 = 1> 或 <回答 = 2>> 或 <回答 = 3>> 那么
        说 回答 1 秒
        将 piconum ▾ 设为 在 1 和 3 之间取随机数
        如果 <回答 = piconum> 那么
            思考 战平，无效局 3 秒
        否则
            如果 <<回答 = 1> 与 <piconum = 2>> 那么
                将 picowin ▾ 设为 picowin + 10
            如果 <<回答 = 1> 与 <piconum = 3>> 那么
                将 picowin ▾ 设为 picowin + 1
            如果 <<回答 = 2> 与 <piconum = 1>> 那么
                将 picowin ▾ 设为 picowin + 1
            如果 <<回答 = 2> 与 <piconum = 3>> 那么
                将 picowin ▾ 设为 picowin + 10
            如果 <<回答 = 3> 与 <piconum = 1>> 那么
                将 picowin ▾ 设为 picowin + 10
            如果 <<回答 = 3> 与 <piconum = 2>> 那么
                将 picowin ▾ 设为 picowin + 1
    否则
        说 只能按数字键（1、2、3） 3 秒
如果 <<picowin = 21> 或 <picowin = 20>> 那么
    说 恭喜你胜利啦！ 3 秒
否则
    说 看来还是智能机器人厉害！ 3 秒
停止 全部脚本 ▾
```

图 9-11　正确的猜拳程序示意图

我们将内部嵌套的选择结构进行了简化，尽可能地采用单分支体和明确的判断条件，虽然程序长度有所增加，但是排除了错误，而且代码的可读性也提高了。因此，当你觉得判断条件不容易组合时，最好的办法就是拆分细化、逐条梳理。

9.3 射击游戏

下面我们一起用顺序结构和嵌套选择结构制作一个贝果射击的小游戏。这个游戏有一定的难度，不过相信在绘制出正确的程序流程图后，大家一定能胜利完成挑战。

游戏要求：使用方向键控制贝果上下左右移动，按空格键进行射击，按 X 键显示“贝果是战斗机器人”，3 秒后结束程序。其他按键不能控制程序。

为了增加趣味性，在进行射击时做一些特效。首先是贝果变化为子弹，然后子弹从贝果当前位置发射，到达舞台边缘后消失，接着在子弹发射的原始位置重新出现贝果，游戏继续。

分析：使用方向键控制角色的移动已经讲过，就是控制角色在 x 轴、y 轴上的移动，只要改变角色的 x 坐标和 y 坐标即可产生移动。

要根据按下的按键执行操作，首先要侦测哪个按键被按下了，“侦测”模块中的“按下……键?”是适合的积木指令，如图 9-12 所示。点击“空格”旁边的三角符号，可以调出按键列表，从中可以选择要侦测的按键。

图 9-12　适用的侦测积木指令

此侦测积木指令为六边形，不能单独使用，只能作为判断条件嵌入相关控制类积木指令中。

如何实现贝果变身为子弹的效果呢？有两种方式：(1) 准备“子弹”角色，先隐藏贝果，在机器人的位置上显示“子弹”角色；(2) 直接给“贝果”角色添加一个子弹造型，通过切换造型完成变身。两种方式各有利弊，此处将采用后一种方式实现。

我们从造型库中引入 Rocketship-a 造型，然后在“造型”面板对它进行编辑，旋转 90 度形成如图 9-13 所示的造型。

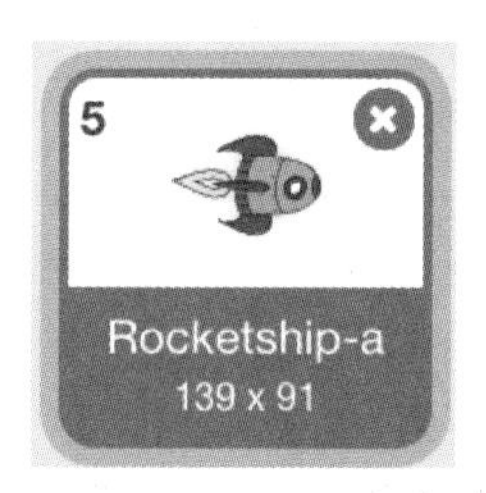

图 9-13　在“贝果”角色中引入子弹造型

子弹发射很容易实现，就是控制角色的 *x* 坐标发生改变，为什么不改变 *y* 坐标呢？自己考虑。

有一个难点，在子弹发射后，角色的 *x* 坐标会发生改变，而题目要求在变身的地方重新显示贝果，因此一定要想办法记录贝果的原始 *x* 坐标，这就需要建立一个变量。（*y* 坐标没有发生变化，所以不需要存储。）

子弹发射到舞台边缘后就“消失”，这一效果可以用“隐藏”积木指令来实现，然后“暗中恢复”角色至贝果造型，将角色的 *x* 坐标设置为前面存储的值，一切就位后，使用“显示”积木指令重新显示“贝果”角色，是不是挺有意思的？

接下来根据上面的分析绘制程序流程图，如图 9-14 所示。

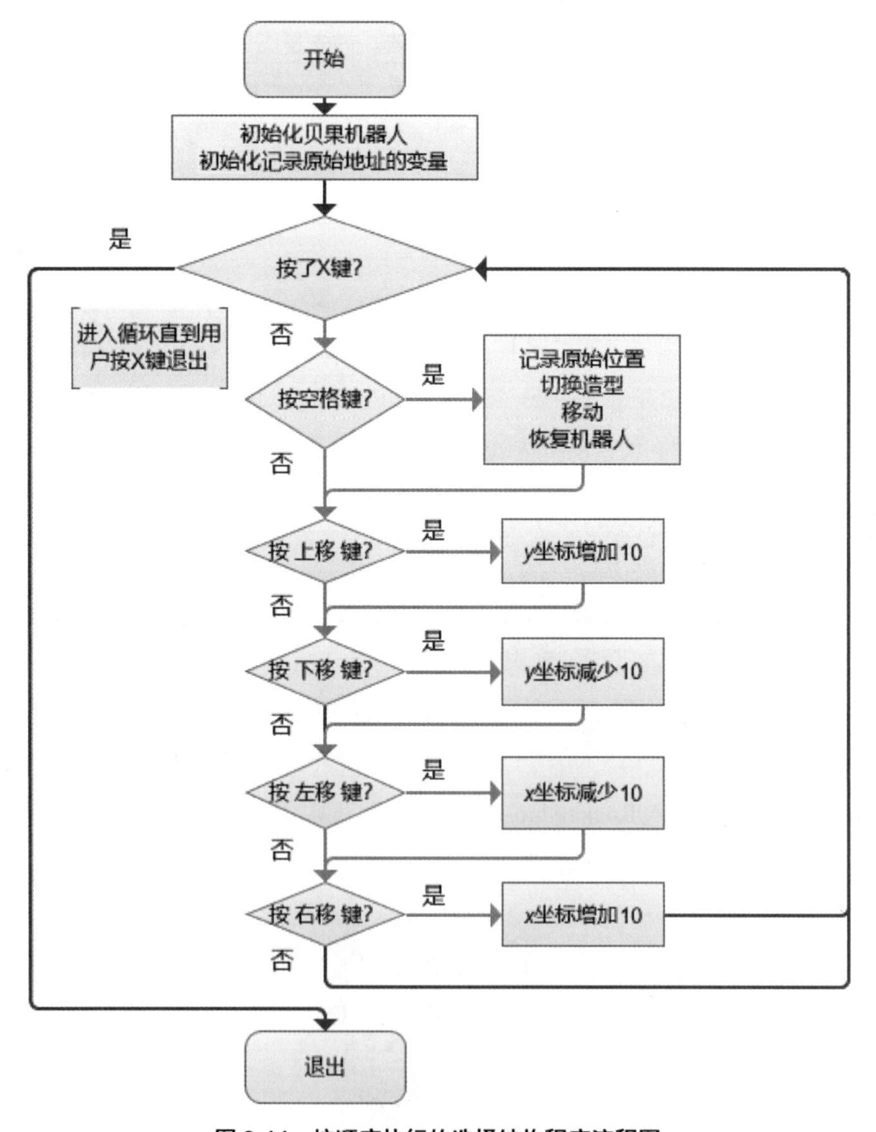

图 9-14　按顺序执行的选择结构程序流程图

这是一个嵌套着循环结构的选择结构，它属于嵌套结构吗？还是属于顺序结构？程序流程图如图 9-15 所示（参见 9-3-1.sb3 程序）。

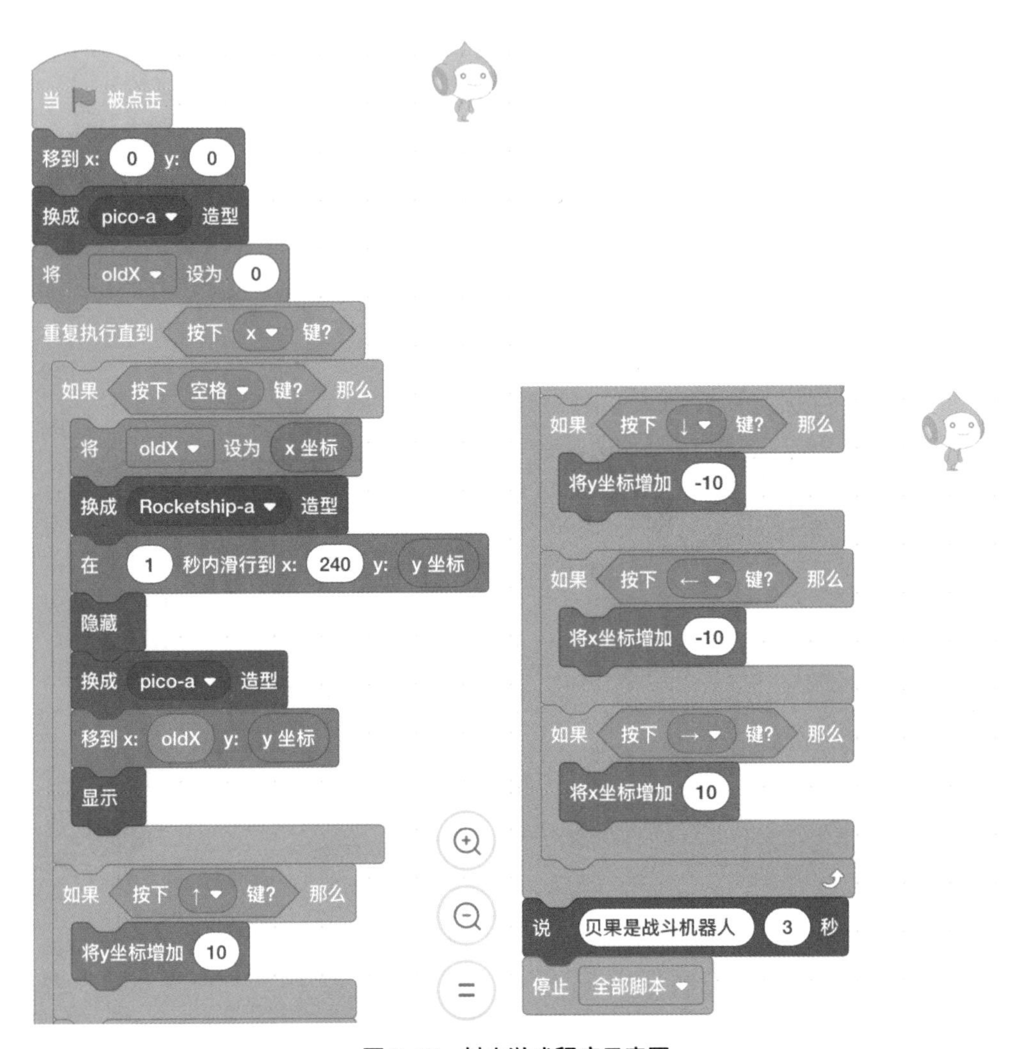

图 9-15　射击游戏程序示意图

前面的程序是将选择结构按照顺序排列构建的，一个选择结构判断结束后继续后面的判断，直到所有的选择结构均被执行。下面将采用嵌套选择结构来实现上面的程序，图 9-16 是嵌套选择结构程序流程图。这两种实现方式的特点请大家自行总结。

（在比较简短、计算量小的程序中，这样的顺序结构还能被接受，如果是复杂的、非常大的程序，类似的结构就会消耗非常多的计算机资源，因为所有选择结构都要执行一遍。）

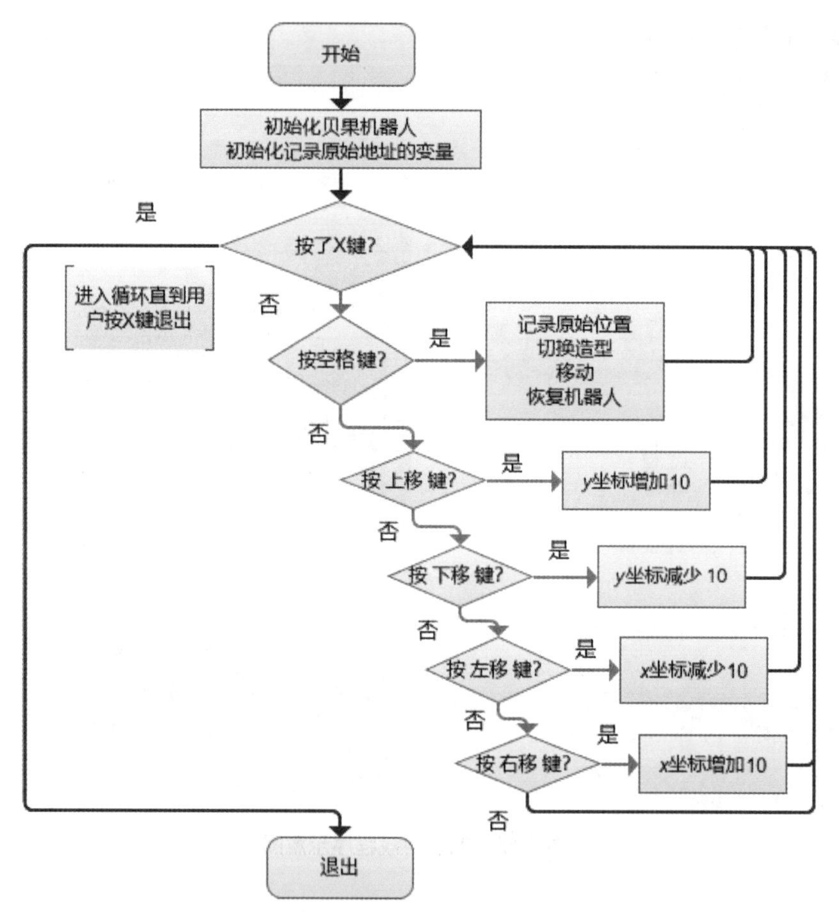

图 9-16　嵌套选择结构程序流程图

采用嵌套选择结构方式构建的射击游戏程序如图 9-17 所示（参见 9-3-2.sb3 程序）。

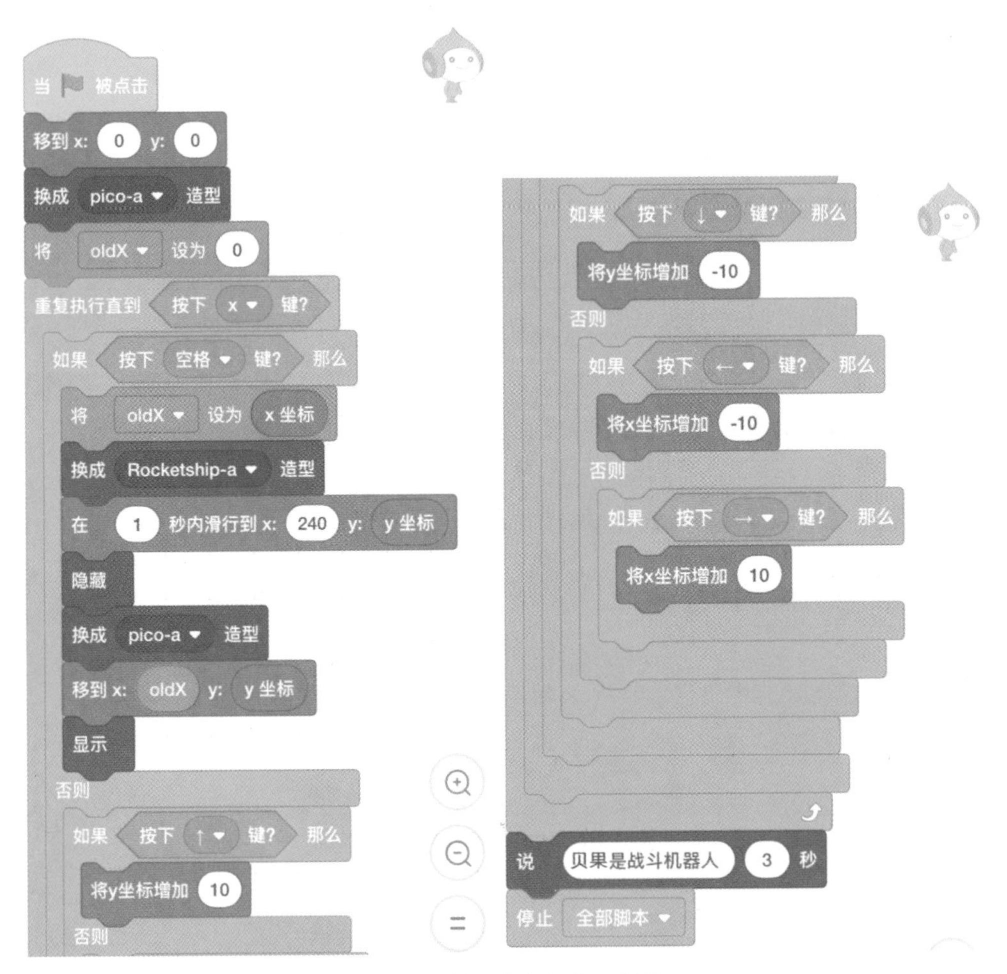

图 9-17　射击游戏程序示意图

还记得在第 6 章中讲解的按键事件吗？如果直接使用按键事件控制贝果的移动呢？对比图 9-18 中的示例程序（参见 9-3-3.sb3 程序），是不是感觉前面写的程序非常“笨拙”？阅读和维护“笨拙”的程序会消耗大量精力，而且它们还可能占用大量 CPU 资源、内存，导致计算机运行缓慢。

图 9-18　按键事件程序示意图

以上我们用 3 种方法实现了一个射击游戏，前面两种方法更符合面向过程的编程模式，最后一种方法符合面向对象的编程模式。

嵌套选择结构的重点在于构建判断条件，多加练习才能提升逻辑思维能力，将复杂的问题简单化，所以课后一定要多做练习。下面请大家完成征兵择优录用的程序。

征兵条件

男飞行员：男生，无疤痕，身高 165~180 厘米，视力 1.5 以上。

坦克兵：男生，疤痕不限，身高 155~175 厘米，视力 1.2 以上。

特种兵：男生，疤痕不限，身高 175~185 厘米，视力 1.0 以上。

女飞行员：女生，无疤痕，身高 160~175 厘米，视力 1.5 以上。

文艺兵：女生，无疤痕，身高 160~175 厘米，视力 1.2 以上。

医护兵：女生，疤痕不限，身高 155~170 厘米，视力 1.0 以上。

预备役：不能被录用为军人的，参加预备役部队。

根据以上征兵条件设计一个程序，逐条输入以下同学的数据，经过程序判断给出该同学的录用结果：

张三封 男 无疤痕 身高173 视力1.2

李魁余 男 有疤痕 身高185 视力1.5

赵轩武 男 无疤痕 身高171 视力1.5

张丽丽 女 无疤痕 身高162 视力1.5

赵美娜 女 无疤痕 身高172 视力1.2

李艺娜 女 有疤痕 身高163 视力1.0

田家旺 男 无疤痕 身高176 视力1.5

请在姓名的后面填写录用结果：

张三封

李魁余

赵轩武

张丽丽

赵美娜

李艺娜

田家旺

第 10 章　循环结构应用

课程目标

学习循环结构，认识循环结构相关的积木指令，学习运算类积木指令，使用运算类积木指令构建判断条件。

循环是指事物周而复始地运动或变化，反复地做某事或者某个动作。在程序的世界中，循环会起到什么作用呢？应用的场景有哪些呢？本章中，我们就一起深入了解循环代码的世界。

10.1　循环结构相关指令

在第 4 章中，我们已经对循环结构有所介绍，下面来回顾一下。

周一要上学，周二要上学，……，周五要上学，这就是学生每天面临的循环事件。

以周为单位，周一到周五每天要去上学，周六和周日可以休息，一周一周地度过，这也是一种循环。

以上循环在默默发生，有时我们可能根本没有关注到。接着我们再来看一个案例：电风扇通电后，打开开关，风扇的扇叶就开始一圈一圈不停地旋转，这就是循环，如图 10-1 所示。电风扇会周而复始地旋转直到被关闭（断电，即循环条件不满足了）。

图 10-1　循环示意图

为了解决某些问题，在编写程序时，会将某些代码设计成反复执行，这种能被反复执行的代码结构称为循环结构。在前面的案例中，我们其实已经用过循环结构。打开 9-1-1.sb3 程序，两个程序片段都用到了“重复执行”积木指令，其中包含控制贝果左右行走的代码。当时并没有讲解“重复执行”积木指令的作用，下面通过实验来了解一下。

练习1：认识“重复执行”积木指令的作用

Step 1 将前面打开的 9-1-1.sb3 程序另存为 10-1-1.sb3，按照如图 10-2 所示的程序流程图改造它，将红色箭头指向的积木指令去掉，即去掉外层的“重复执行”积木指令。

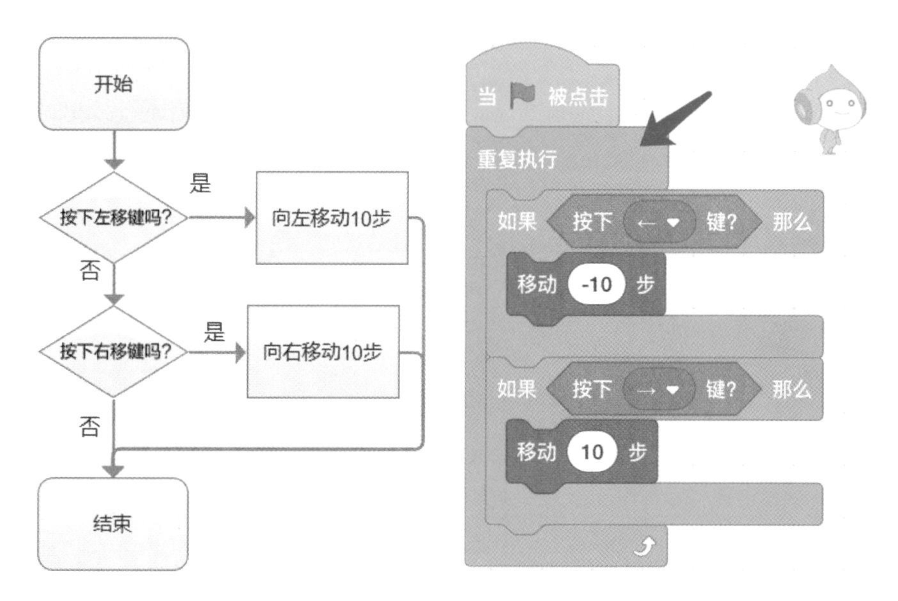

图 10-2 控制贝果左右行走

Step 2 点击绿旗图标开始运行程序，按左移、右移的方向键，查看贝果会怎样运动。测试结果应该是贝果不再受控制，为什么会这样呢？因为去掉“重复执行”积木指令，这个程序就从典型的循环结构变成了顺序结构，只能从上至下运行一次，而且速度极快，我们还没有来得及按键，程序就执行完毕了。

Step 3 重新将“重复执行”积木指令放回原位，程序由顺序结构变为循环结构。重新测试程序，又可以控制贝果了。

因为有了外层的循环结构，而且是不需要任何条件就能循环起来的结构，所以这个循环结构中的积木指令就会周而复始地执行，处于循环结构中的积木指令段称为循环体（类似选择结构的分支，即判断条件和循环结尾之间可被重复执行的积木指令片段）。如图 10-3 所示，箭头指的就是整个循环结构，红色方框中即为循环体。

在循环体被反复执行的过程中，一旦发生触发事件（本例指按下向左、向右的方向键），响应事件就会进行处理，然后继续循环，等待下一次的触发事件，直到用户停止程序。

循环结构中最重要的因素是判断条件。在程序流程图中，判断条件也是采用菱形判断框表示。在判断框内写明判断条件，条件成立将执行循环体，然后回到判断框的入口处进行下一次判断（注意：选择结构是不会回到入口处再进行判断的）；条件不成立将跳出循环，执行循环结构后面的程序指令。

循环结构有两种不同的类型，主要区别在于判断条件在循环结构中所处的位置。如果是先判断后循环，称为“当型循环”，如图 10-4 左图所示，一般描述为“当判断条件成立时，执行循环体”；如果是先循环后判断，称为“直到型循环”，如图 10-4 右图所示，一般描述为“执行循环体，直到条件成立（或者不成立）”。

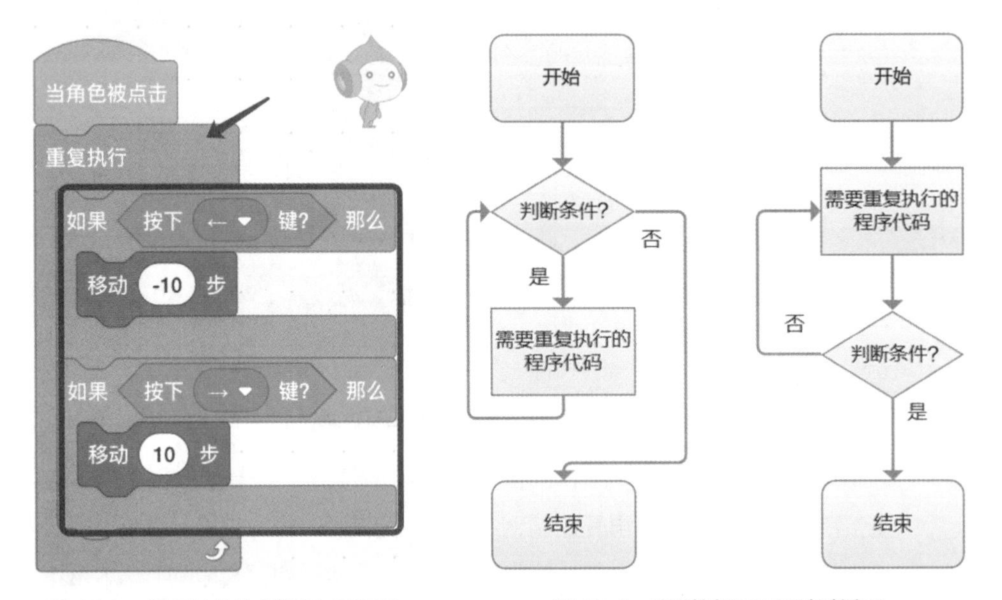

图 10-3　循环结构和循环体示意图　　**图 10-4　当型循环和直到型循环**

当型循环和直到型循环没有本质的区别，原则上可以互相转换。依然以上学为案例，当型循环描述为“当今天是工作日（周一到周五），我们得去上学”，直到型循环描述为“我们得去上学，直到今天不是工作日”。因为 Scratch 软件只提供了当型循环，所以后面不再介绍直到型循环，以免引起混淆。

接下来我们将学习 Scratch 软件中具体的循环结构积木指令，并练习使用它们构建程序。记住，最关键的是锻炼构建判断条件的能力，巧妙使用布尔运算构建组合式判断条件可以有效地减少循环结构的嵌套和循环体数量。

Scratch 软件提供了 3 条循环结构积木指令，它们处于“代码”面板的“控制”模块中。前两条循环结构积木指令非常简单，如图 10-5 所示。

- **重复执行……次**：按照设定的次数进行循环，超过次数就停止循环，跳出循环体继续执行后面的积木指令。大家可以把之前控制贝果走正方形的程序改进一下。

  注意：次数是一个可编辑区域，这就表明不但可以设定数值，而且可以通过填入辅助类的积木指令随需设置。

- **重复执行**：相当于无限次循环。

图 10-5 简单的循环结构积木指令

这两条循环结构积木指令都很简单，无须构建复杂的判断条件，然而它们能起到的作用也是非常有限的，建议大家在构建程序时慎用，尤其是无条件的“重复执行”。有一个术语称为“死循环”，编程最忌讳陷入死循环，一旦陷入，就需要强行终止程序。

真正能在复杂程序中发挥作用的应该是下面这条带有判断条件框的循环结构积木指令，如图 10-6 所示。“重复执行直到……”积木指令将首先对判断条件进行处理，如果判断条件为“假”，则执行循环体，如果判断条件为“真”，则跳出循环结构，执行后面的积木指令。

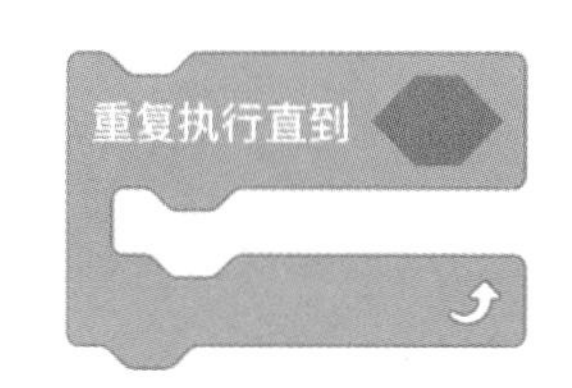

图 10-6 带有判断条件框的积木指令

下面通过几个练习来深入学习此积木指令，先从简单的案例开始，从 1 加到 100 等于 5050，这个大家都算过，那从 1 乘到 20 是多少呢？

练习2：计算从1乘到20的结果

实现思路：设定两个变量，一个（`all`）用来存放乘积，一个（`i`）用来构建判断条件，负责从 1 至 20 进行计数，逐个与前面的乘积进行乘法运算。当计数变量超过 20 时，退出循环，显示最终的结果（参见 10-1-2.sb3 程序）。

程序流程图和程序如图 10-7 所示。

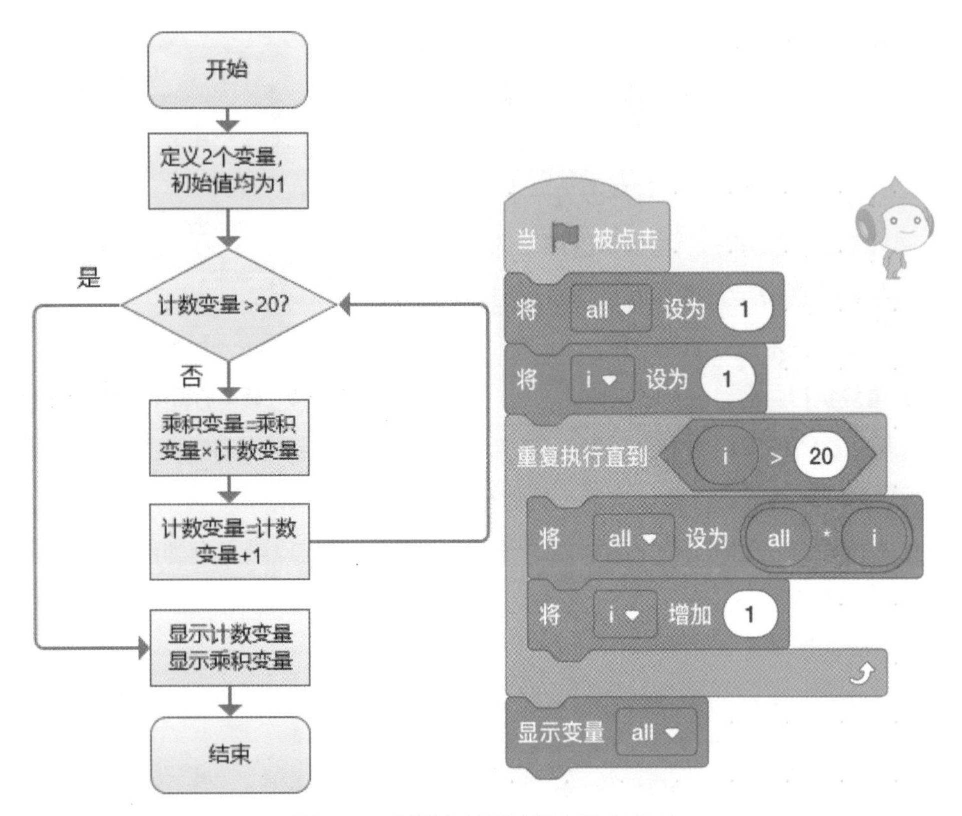

图 10-7　判断条件是计数变量大于 20

思考：为什么两个变量都要设定为 1，而不是 0 呢（0 乘以任何数都等于 0）？

执行结果如图 10-8 所示。

图 10-8　执行结果示意图

为什么计数变量 i 的最终数值是 21 呢？ 21 有没有被计算在乘积内呢？

当 i=19 时，判断条件“i>20”为“假”，执行循环体，19 被用于计算乘积，然后计数变量执行加 1，现在为 20。

当 i=20 时，判断条件“i>20”依然为“假”，执行循环体，20 被用于计算乘积，然后计数变量执行加 1，现在为 21。

当 i=21 时，判断条件“i>20”为“真”，跳出循环结构，21 不会被用于计算乘积。

为了验证上面的解释，将判断条件从 `i>20` 更改为 `i=20`，执行结果会怎样呢？修改 10-1-2.sb3 程序，如图 10-9 所示，计算结果见右图。

图 10-9　修改程序的计算结果

可以计算一下，两种循环得出的结果是不是差 20 倍，也就是说第 2 种循环结构在计数变量等于 20 时没有被计算到乘积中。

都说“条条大路通罗马”，如果不用带有判断条件框的循环结构积木指令，改用“重复执行……次”循环指令能实现上面的程序吗？请大家画出程序流程图，并在 Scratch 软件中实现，如图 10-10 所示。

图 10-10　程序示意图

改用“重复执行……次”循环指令去实现，设定循环为 20 次，得出的结果与判断条件设为 i>20 时是相同的，说明循环体一共被执行了 20 次，i=20 时被计算到乘积中，i=21 时超过了循环次数，所以 21 没有被累乘。

因为上面的案例是由计数变量控制循环的，所以还可以推算出相对确定的循环次数，改用“重复执行……次”循环指令也能够实现同样的效果。如果是不能直接确定次数的循环，那么“重复执行……次”积木指令显然无计可施。因此，带有判断条件框的循环结构积木指令才是构建循环程序的“核武器”。

经过第 8 章的学习之后，我们已经掌握了关系运算和布尔运算。接下来，我们要学习运算类积木指令的剩余内容，包括四则运算、函数运算、字符串操作等。这些内容放在这里学习是因为判断条件需要考虑更多有关动态变化的问题，会涉及更多数学方面的计算。

10.2　运算类指令

我们已经学习了 Scratch 软件中的很多运算类积木指令，包括关系运算方面的和布尔运算方面的指令，剩余的都比较简单，本节就把它们“全部拿下”。在学习之前，建议大家先尝试自学，有什么疑问再来看此节的讲解。

四则运算类积木指令：用于完成加、减、乘、除四则运算的积木指令，如图 10-11 所示。

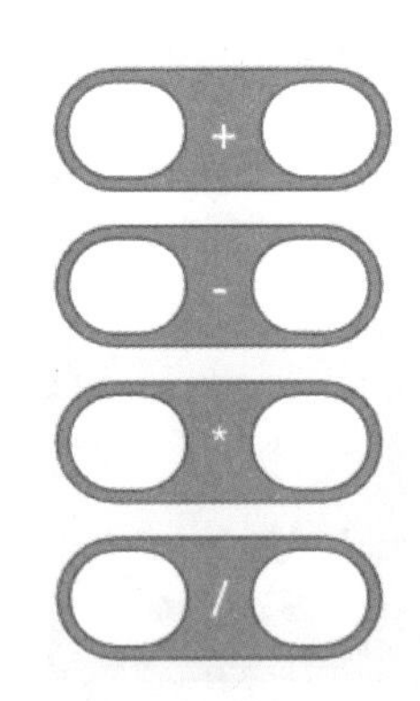

图 10-11　四则运算类积木指令

在积木指令的空白框中可以输入计算用的数值或变量，还可以把运算类积木指令（或者其他辅助类积木指令）作为一个计算项填入另一个运算类积木指令，如图 10-12 所示。

注意：四则运算的法则是先乘除，后加减。按照上述法则，图 10-12 中的表达式应该等于 7，但实际的运算结果为 10。可以这样理解，填入的运算类积木指令相当于放在括号中，因此优先级要高于其他四则运算。在这类叠放的结构中，上层运算的优先级高于下层，同级别的也是先算括号内的，再算乘除，最后是加减运算。

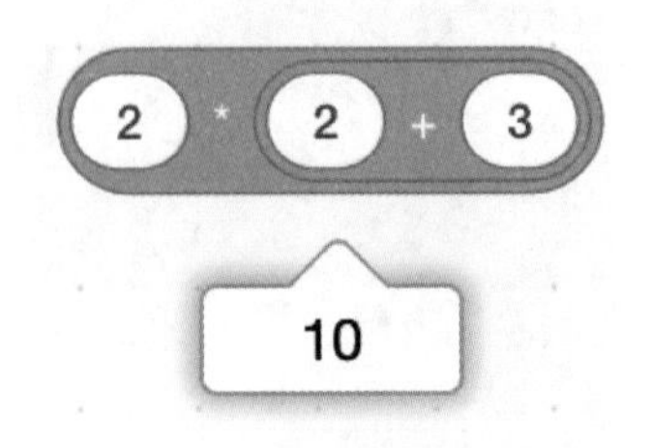

图 10-12　运算层级示意图

四则运算一般是对具体的数字进行运算，但有时这种设定好的数值缺少灵活性。要增加程序的灵活性，就可以使用生成随机数的积木指令，如图 10-13 所示。

用户既可以在空白框中直接设定数值范围，也可以采用变量进行设定。当然，也可以填入前面的四则运算指令。

图 10-13　产生随机数积木指令

想一想，随机数可以用来干什么？如果创作一个奥特曼大战小怪兽的游戏，谁也不喜欢奥特曼总是追着一个小怪兽打，我们可以准备多个小怪兽，然后随机抽取上场挨打的小怪兽，这多有意思啊！

10.4 节将带领大家做一个射击类小游戏，贝果在发现蟑螂外星人后要果断拔枪射击。如果蟑螂外星人每次都出现在同一个地方，这样的游戏谁也不喜欢玩，所以可以用随机数控制蟑螂外星人出现的地点。

10.5 节将带领大家做一个背单词的程序，抽取单词就利用了随机数。

在运算类积木指令中还有两条与数学有关的运算指令，如图 10-14 所示，分别是“求余数”和“四舍五入”，学过数学的大都明白，请大家自行练习吧！

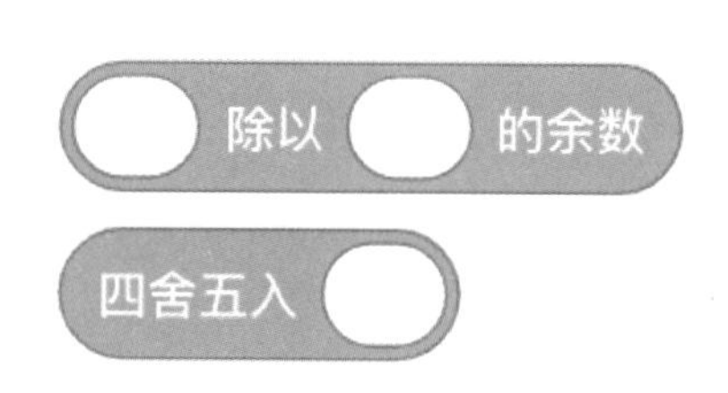

图 10-14　求余和四舍五入积木指令

Scratch 软件还提供了强大的函数运算功能，浓缩在一条积木指令中，如图 10-15 所示，点开以后会发现里面别有洞天。

在构建复杂的运算和判断条件时，尤其是编写游戏程序时会用到这些函数类积木指令。有些函数类积木指令相对难学，有精力的同学可以查阅有关资料自学。下面只讲述一些简单、常用的函数积木指令。

图 10-15　函数运算类积木指令

- 绝对值：正数和 0 的绝对值是它本身，负数的绝对值是它的相反数。总之，一个数的绝对值是非负数。
- 向下取整、向上取整：如果数值为整数，则返回整数本身；如果数值不为整数，将对小数点后面的数字进行操作，例如数值为 4.1，向上取整得到 5，向下取整得到 4。

❑ 平方根：又叫二次方根，表示为 $\pm\sqrt{\ }$，属于非负数的平方根称为算术平方根。一个正数有两个平方根，它们互为相反数；0 只有一个平方根，就是 0 本身；负数不能求平方根。

除了大家熟悉的加、减、乘、除、求余数等数学运算积木指令外，Scratch 软件还提供了操作字符串的相关积木指令，如图 10-16 所示。下面简单了解一下字符串的概念以及这些积木指令的基本用法。

图 10-16　字符串操作类积木指令

字符串由数字、字母、下划线组成，在编程中会经常用到，尤其是在显示一些提示信息时。

字符串可以含有数字，比如“A1B2”，但此处“1”和“2”的性质已经变了，它们已经由数字转换为字符。随着这种转换，两者将不能再进行加法运算，只能进行连接操作。

示例：执行 (1 + 2) 3，得到的结果是 3；执行 (连接 1 和 2) 12，得到的就是“12”，此处的“12”是字符串，不是数值 12。

测试：(1 + 连接 1 和 2) 的答案是什么呢？（答案是 13。你可能会疑惑，为什么连接后得到的字符串“12”可以和 1 相加呢？这是因为 Scratch 软件将字符串“12”自动转换为了数字 12，我们将这种改变字符类型的过程称为类型转换。）

测试：(1 + 连接 A 和 B) 的答案应该是什么呢？（答案是 1。连接后得到字符串“AB”，但是此字符串不能自动转换为数字型，所以不能相加。）

原则上要尽量避免将数字型数字和字符型数字进行四则运算。虽然可以自动转换，但是会存在隐患。另外，对类型要求严格的高级语言并不支持这种用法，会直接报错。

执行 (apple 的第 5 个字符) e，按照设定的数字在字符串中提取字符，如果数字超过字符串的长度，则返回空字符。

执行 (apple 的字符数) 5，返回字符串的长度值。

执行 

，将判断字符串中是否包含设定好的某字符串，如果包含则返回真，不包含则返回假，所以该积木指令为六边形，表示可以用作判断条件。

至此，运算类积木指令讲解完毕。这些积木指令貌似简单，组合起来就会威力无穷，尤其在构建判断条件时。记住，只有善于组合才能构建出逻辑缜密、没有缺陷的判断条件。好了，可以休息一下了，接下来将通过 3 个案例带领大家巩固所学的知识。

10.3 基地巡防

本节中，我们将编写程序控制贝果对基地进行巡防。贝果将从舞台中央（*x* 坐标为 0，*y* 坐标为 0）出发走出一个五角星的形状，并且一边巡防一边演奏音乐。巡防完成后，贝果会回到舞台指定位置（*x* 坐标为 –100，*y* 坐标为 0）（参见 10-3-1 文件夹中的 10-3-1.sb3 程序和素材文件）。

分析：五角星有 5 条边和 5 个角，因此可以用循环来实现上述功能，选择什么样的循环积木指令可自行决定，回忆一下我们之前是如何绘制四边形的。如果使用变量控制循环次数，需要在开始循环前对变量进行设定。

题目要求从舞台中央出发，因此出发前需要初始化贝果到指定位置，需要有积木指令进行设置。为了保障五角星规整，出发前可以设定贝果面向 90 度，确保走出的第一条路径是水平线条。以上种种设定行为都需要在程序开始处搞定，这些设定行为一般称为程序的初始化过程。

至于演奏音乐，可以在“贝果”角色中增加音乐素材，然后在贝果出发前播放，注意要选择合适的播放音乐积木指令。有关声音素材文件已经提供，如何调入和播放参见 7.2 节。为了看出贝果的移动轨迹，我们可以让贝果在移动过程中绘制出它的移动路径，路径的绘制要用到画笔中的“落笔”积木指令，而且在使用前也要进行初始化设置。

程序中最为关键的是，贝果每走出一定距离，就需要转一个角度。经过计算，五角星的内角为 36 度，请大家推导一下，贝果在每个角上应该转动 36 度吗？计算角度的数学公式是什么？此处最为锻炼逻辑思维！

下面开始绘制程序流程图，如图 10-17 所示。

根据程序流程图编写程序，如图 10-18 所示。程序的主体采用单层循环结构，建议大家使用带有六边形判断条件框的循环结构积木指令。程序运行结果如图 10-19 所示。

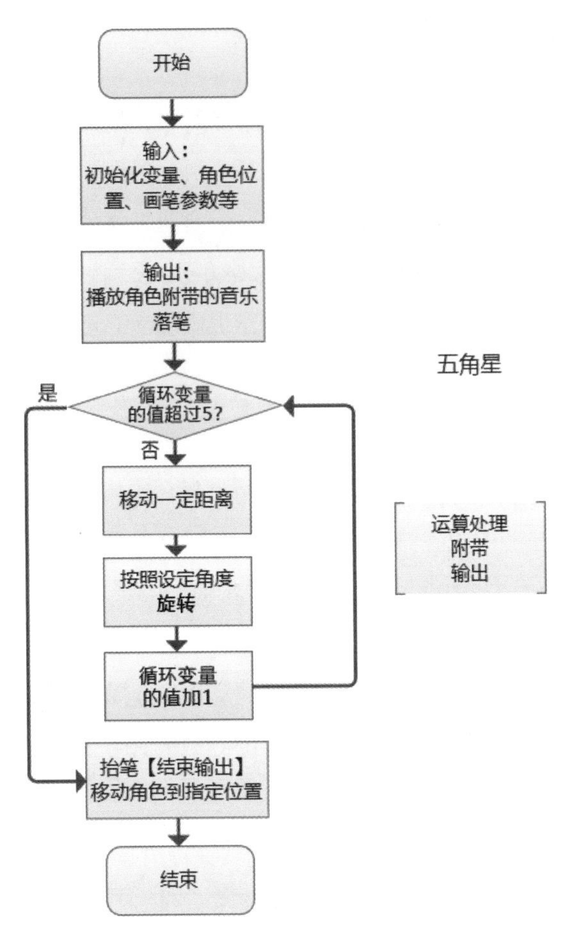

图 10-17　程序流程图

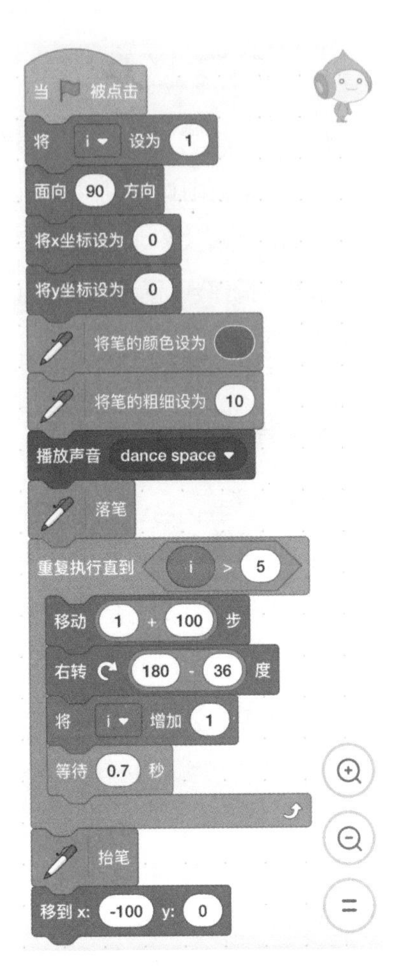

图 10-18　程序示意图

图 10-19　程序运行效果图

运行程序时，别忘记打开计算机的音箱，否则可能听不到声音。贝果会在音乐中一步一顿地绘制出五角星，是不是比前面制作的那些无声程序要有趣得多？这样有声有色的程序一般称为多媒体程序。试想一下，一部精彩的游戏如果没有声音，那是多么遗憾的一件事情。有兴趣的同学可以找一些大型的、经典的游戏，如《魔兽争霸》《部落冲突》等，听听游戏中的背景音乐。

如果你觉得贝果的巡视范围太小了，尝试完成图 10-20 所示的效果。提示一下：(1) 要注意调整贝果的出发点；(2) 调整移动的距离。（参见 10-3-1 文件夹中的 10-3-2.sb3 文件，10-3-1.wav 为程序中用到的音乐素材文件。）

图 10-20　扩大巡视的基地

10.4　基地守卫战

在上一节中，我们为贝果编写了巡防基地的程序，这一节来为贝果编写一个赶走蟑螂外星人的程序（参见 10-4-1.sb3 程序）。

游戏背景：在科幻电影《黑衣人》中，蟑螂外星人非法来到地球干坏事，最后得到了应有的惩罚。现在，蟑螂外星人虽然不敢来地球，但它不死心，又想去基地搞破坏，于是保卫基地的任务落在贝果身上。贝果需要在巡防基地的时候时刻警惕，一旦发现蟑螂外星人，就快速移动过去，变身为子弹把它赶走，游戏场景如图 10-21 所示。

图 10-21　游戏场景示意图

游戏设计：在游戏开始时，贝果处于基地的中心，蟑螂外星人从舞台上方出现，并向基地爬行。场景中的环形山表示基地的围墙，我们要控制贝果在蟑螂外星人的两只触角接触到基地（贝果所站的浅色地面）之前，移动到蟑螂外星人的正下方，变身为子弹赶走它。

当然，蟑螂外星人不会总在固定位置出现，它会随机出现在天空的某个位置，然后开始向基地爬行。

贝果发现蟑螂外星人后，要第一时间移动到蟑螂外星人对面的位置上，瞄准蟑螂外星人，然后变身成为子弹发射出去。如果赶在蟑螂外星人触角接触到基地之前，子弹就触碰到蟑螂外星人身上的橘色，就表示击中蟑螂外星人，贝果守卫基地成功。

分析：这个程序最关键的是判断贝果和蟑螂外星人谁先取得成功。两个角色相向而行，蟑螂外星人移动得慢，出发早；贝果移动得快，出发晚。两个角色的移动并不适合用带有时间的滑行积木指令来实现，如图 10-22 所示。

图 10-22　时间滑行积木指令

首先，基地边界是弧形的，所以蟑螂外星人每次从舞台上方爬行到基地的距离可能不一样。由于爬行速度是相同的，所以肯定不能固定时间。

其次，贝果出发的时间不能确定，这要看操作者的反应速度和操作速度。出发时间的不确定导致蟑螂外星人与贝果之间距离的不确定。因为子弹的飞行速度是一样的，所以每次触碰到蟑螂外星人的时间是不同的，因此不能用图 10-22 所示的积木指令。

既然不能设定蟑螂外星人在指定时间内移动到固定位置，也不能固定它的移动距离，我们就得使用循环结构，不停地判断蟑螂外星人是否接触到了基地。

下面来分析一下两个角色成功执行任务的条件。

首先来看蟑螂外星人，它要向基地前进，只要触角接触到基地的地面，就可以宣告成功，为此判断条件可以使用 碰到颜色 ? 积木指令。注意基地地面的颜色一定要独一无二，避免蟑螂外星人在爬行的路上受到干扰，假报成功。贝果面向蟑螂外星人发射子弹，所以子弹必须碰到蟑螂外星人才算成功。如果依然使用上面的积木指令，就要在蟑螂外星人身上选择一个颜色，同样这个颜色最好在场景中也是独一无二的，本例选择的是蟑螂外星人身上的橘色，即使用 碰到颜色 ? 积木指令。

只要有一个角色取得成功，失败的角色就要停止运动并消失。因此两个角色的程序一定是相互关联制约的，互相控制着对方是否还能继续运动，即继续执行循环结构。我们用一个变量标记是否攻击成功，这个攻击标记应该具备 3 种状态：第一种状态表示可以互相攻击状态，即两个角色在此状态下都可以正常运动；第二种状态表示贝果攻击成功，这种状态控制蟑螂外星人停止运动且消失，显示贝果成功信息；第三种状态表示蟑螂外星人攻击成功，这种状态控制贝果停止运动且消失，显示蟑螂外星人成功信息。

屏幕上显示相应的成功信息，2 秒后游戏进入下一轮，按 Q 键退出游戏。

整个程序要以贝果为重点，因为它是游戏者控制的角色，游戏者可以通过向左、向右的方向键控制它左右移动。在按下空格键时，贝果要变身为子弹发射出去，所以在没有变身为子弹发射之前，贝果要接受左右按键的控制，一旦变身为子弹，就要进入循环结构向上运动，不再受方向键的控制，向蟑螂外星人飞去。

根据以上分析，分别绘制两个角色的程序流程图。首先提供的是蟑螂外星人的程序流程图，如图 10-23 所示，其中，判断条件框上有两条流程线进入的，表示这是一个循环结构，只有一条流程线进入的表示这是一个选择结构，这就是二者在流程图上的区别，千万不要混淆。

阅读蟑螂外星人的程序流程图，运动由一个循环结构控制，一旦跳出循环，连续 3 个选择结构判断当前游戏的状态，做出相应的响应。

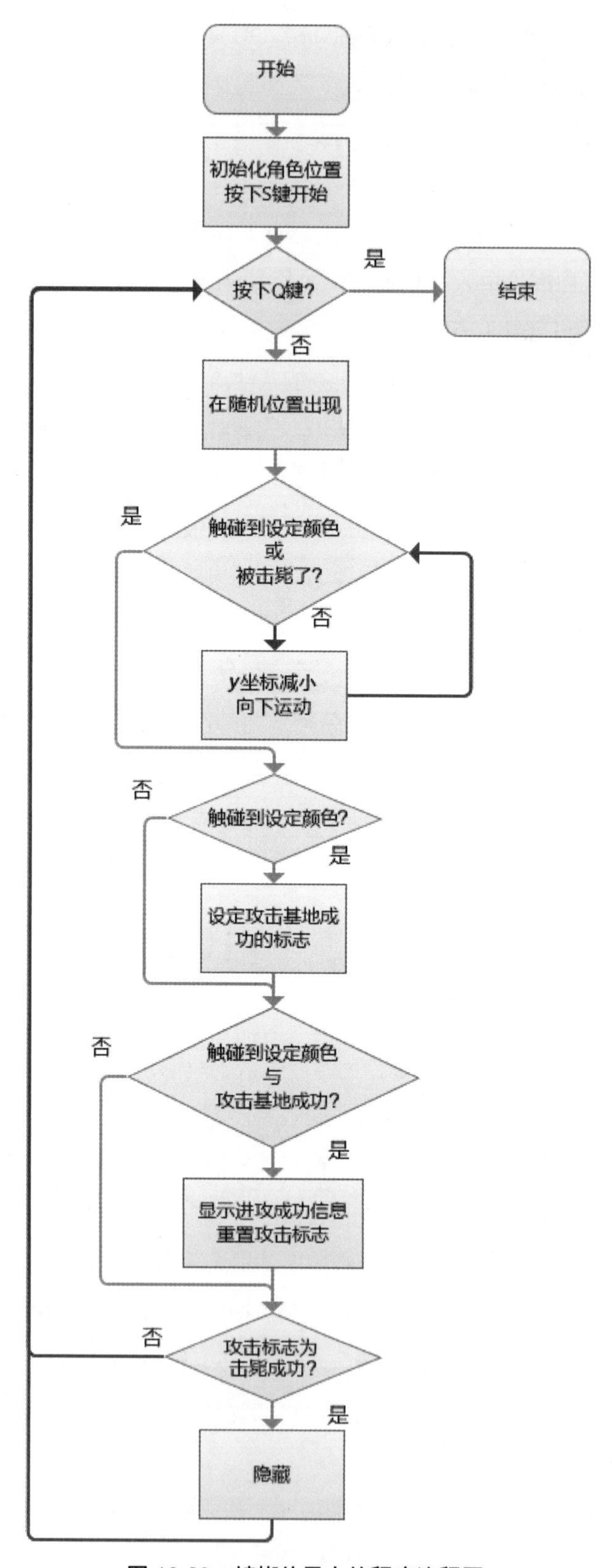

图 10-23　蟑螂外星人的程序流程图

接下来绘制贝果的控制程序流程图，这个难度比较大，前面已经有分析，大家可以对照程序流程图理解一下前面的分析。贝果的控制程序流程图将分成两部分，如图 10-24 所示，右图是左图中堆叠程序片段的细化。

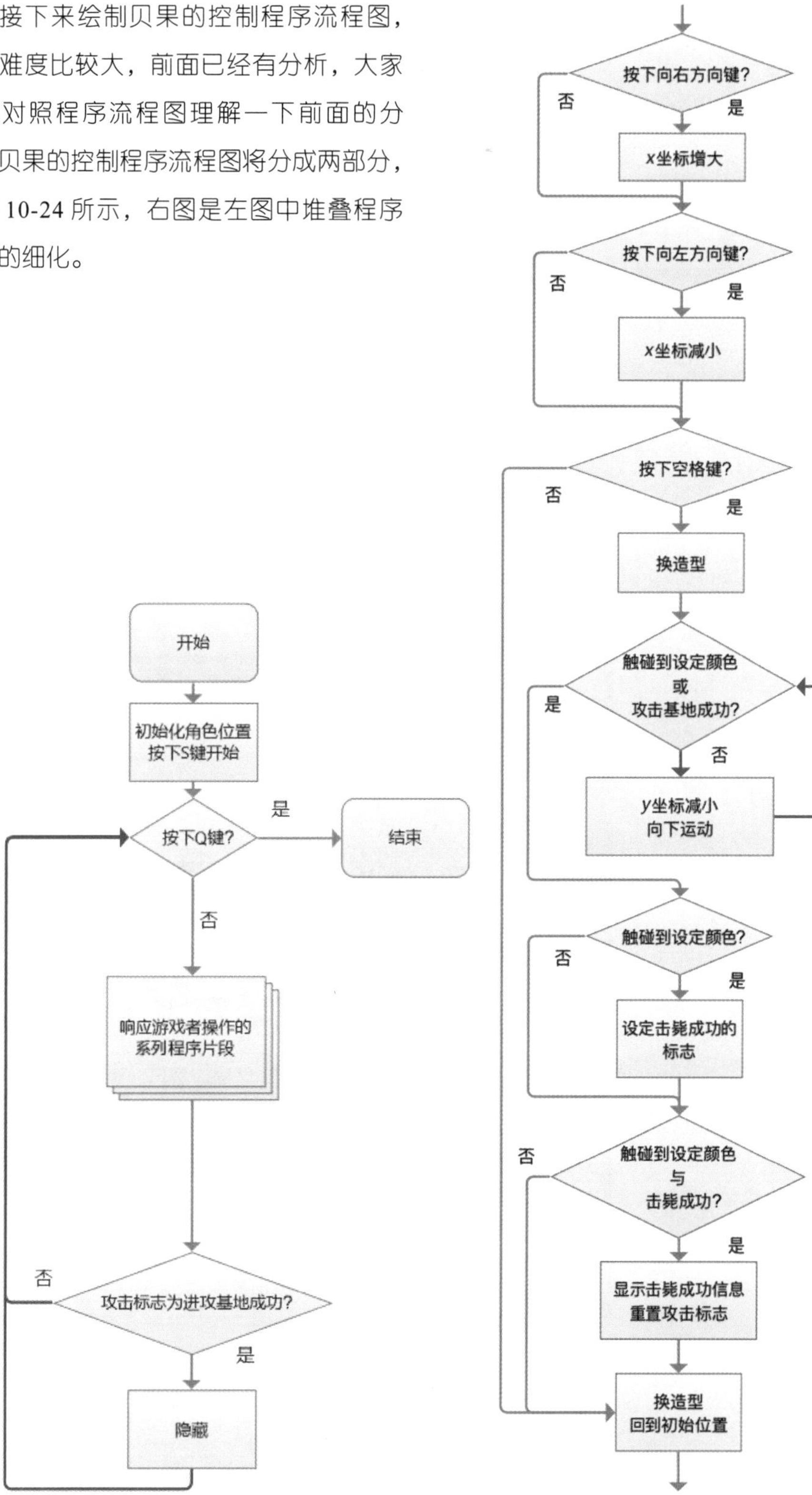

图 10-24　贝果的控制程序流程图

蟑螂外星人的程序不难编写，建议大家还是先自行编写、测试和改进，最后再与提供的示例程序进行对比，如图 10-25 所示。我给出的程序也不一定对，照抄别人的程序是永远不可能成为“编程大侠”的。

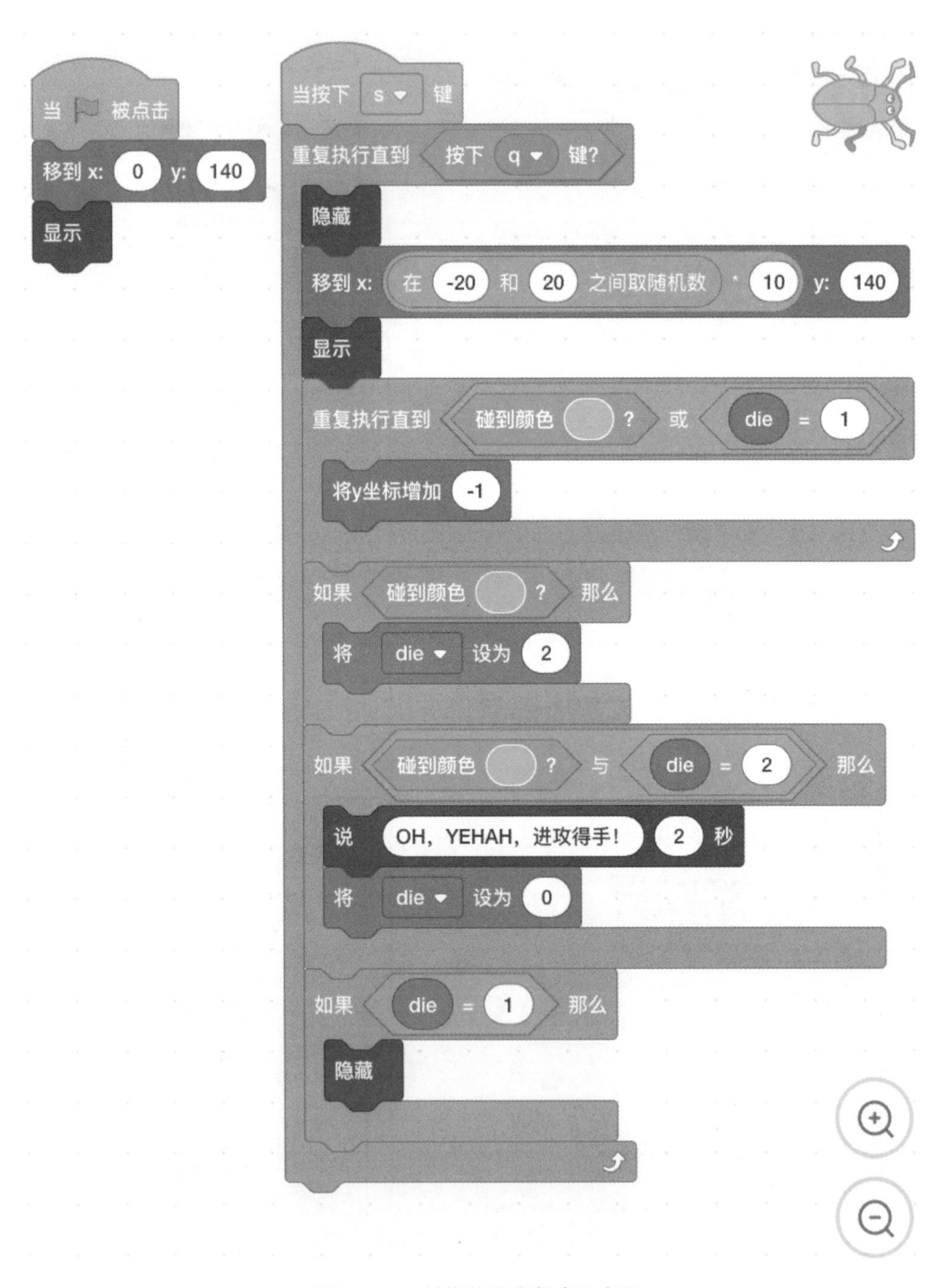

图 10-25　蟑螂外星人程序示意图

在“角色”面板中选择贝果，开始为贝果编写程序，如图 10-26 所示。

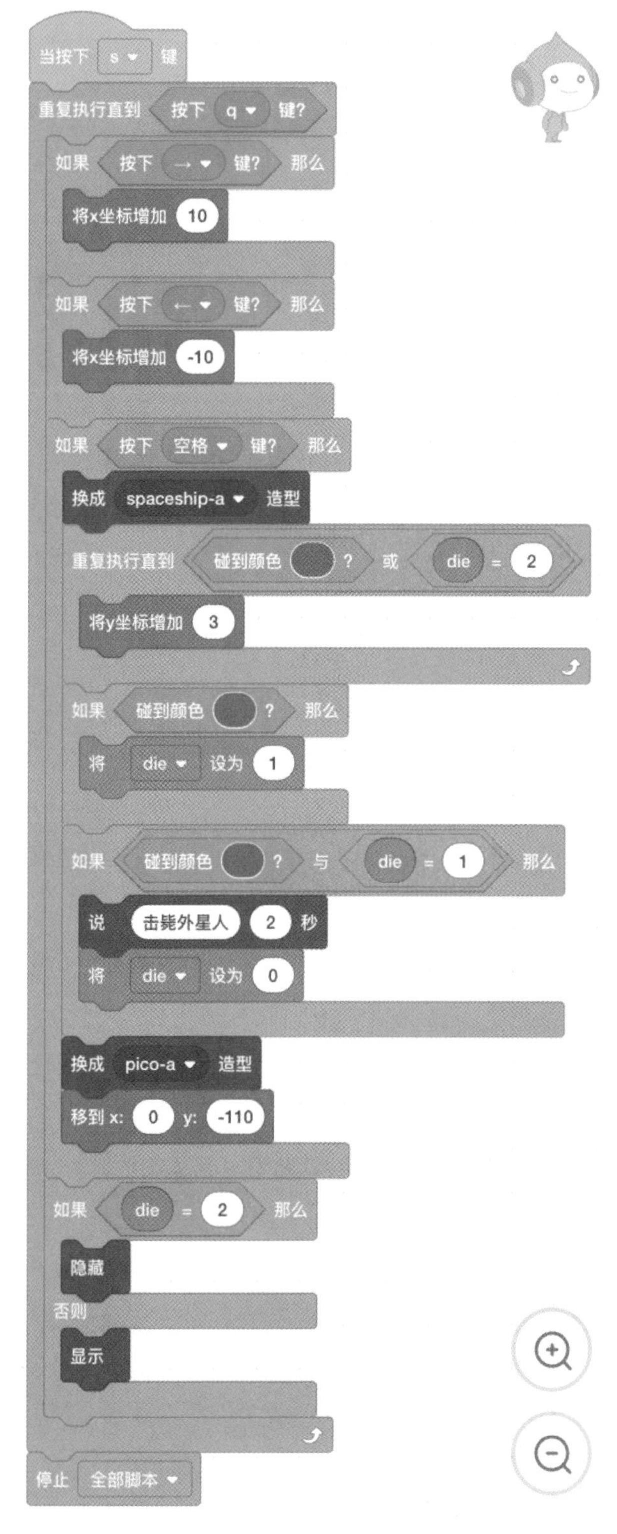

图 10-26　贝果的控制程序示意图

编写完记得先保存，然后进行测试。希望大家都能完成这个射击类的小游戏。如果有精力，建议为其增加计分功能。本例中，贝果的运动速度是蟑螂外星人的 3 倍，分析一下是哪条积木指令设定的，可以尝试修改运动速度来调整游戏难度。另外，还可以尝试这样去修改，在不同位置一次性出现 3 个蟑螂外星人，增加游戏的难度。

作业：这个射击小游戏有一点瑕疵，也可以说是一个小 Bug，请大家找出来并尝试解决掉。

10.5　背单词程序

本节将挑战完成一个背单词的程序。程序将从单词表中随机抽取一个单词，显示 2 秒后隐藏，大家需要输入所记忆的单词，如果输入正确，总分加 5 分，如果输入错误，则总分不能累加。如果总分达到 25 分，即正确记忆 5 个单词，则完成背单词任务，程序结束（参见 10-5-1.sb3 程序）。

新知识：列表概念

列表是一种由数据项构成的有限序列，即按照一定的线性顺序排列而成的数据项集合，在这种数据结构上进行的基本操作包括对数据项的查找、插入、替换和删除。

列表的两种主要表现形式是数组和链表，栈和队列是两种特殊的列表，有关知识可以查阅计算机算法的参考书。

在 Scratch 软件中，列表也是一个很重要的数据结构，我们可以把一组数据逐条放在其中。这些数据按照放置的顺序将具有自己的顺序号，通过这些顺序号就可以调用相应的数据信息了。可以把列表想象成超市里的储物柜，每个储物柜都可以放东西，有自己的序号。

本例将采用列表存放 6 个单词（也可以存放更多，增加每天记忆单词的数量），并按照添加顺序分别赋予它们 1~6 的序号（单词超过 6 个，序号也会随之增加），如图 10-27 所示。我们将通过随机数从里面随机抽取单词，因此有的单词可能会被重复抽取。

图 10-27　存有 6 个单词的列表

Get新技能：创建列表

Step 1 在“代码”面板的“变量”模块中，点击“建立一个列表”，Scratch 软件将弹出“新建列表”对话框。在填写新的列表名时，建议遵循见名知义的命名原则，本例起名为“单词表”，就是让人知道这是一个存放单词的列表。选择“适用于所有角色”（共享给所有角色使用，否则就只有当前选中的角色可以使用我们新建的列表），点击“确定”按钮进行创建，如图 10-28 所示。

Step 2 新的列表创建完成后，“变量”模块中将出现配套的 12 个新积木指令，如图 10-29 所示。

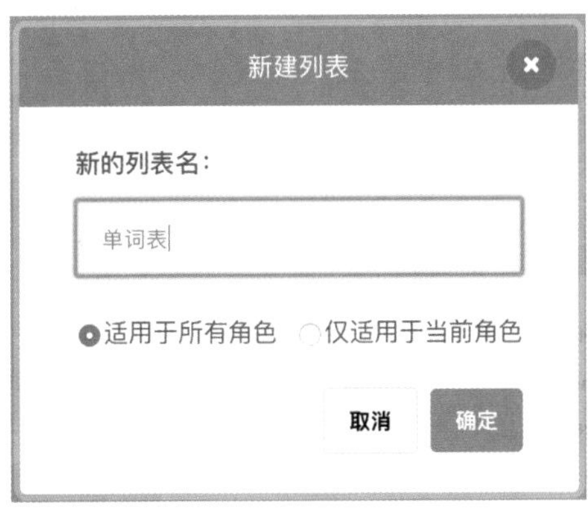

图 10-28　创建“单词表”列表

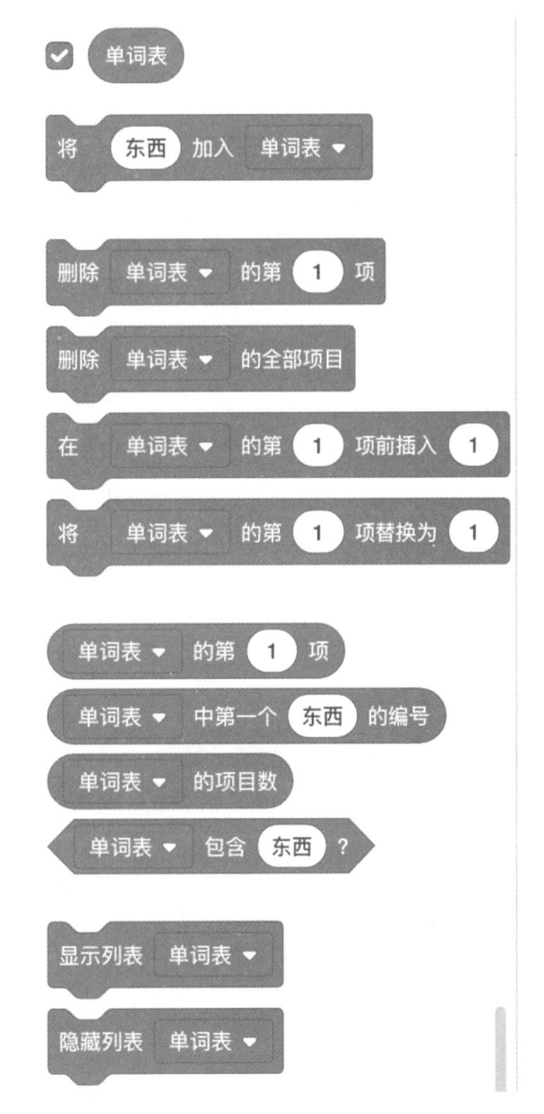

图 10-29　配套的列表类积木指令

- **单词表**：用户创建的列表名称，下面几项介绍其他积木指令时，用“列表”表示名称。
- **将……加入列表**：将数据添加到列表（比如这里的单词表）中。在白色的输入框中输入数据，用鼠标点击该条积木指令，即可在列表中添加一项。注意，这在“代码”面板即可执行，并不需要把积木指令拖入编程区域。
- **删除列表的第……项**：将指定序号的数据删除。设定序号，点击执行积木指令即可执行，无须拖入程序面板。
- **删除列表的全部项目**：清空列表中的内容。这是一个危险的操作，很有可能导致前面输入的数据信息荡然无存。
- **在列表的第……项前插入……**：将数据项插入指定序号位置，原序号的数据项将依次向后调整。
- **将列表的第……项替换为……**：用当前数据项替换列表中被指定序号的数据项。

以上 5 条积木指令（不包括“单词表”积木指令）都属于执行类积木指令，可用于构建程序的主体。

- **列表的第……项**：在列表中获取指定序号的数据信息，此处序号可以采用变量进行确定。
- **列表中第一个……的编号**：获取列表中与设定的数据信息相同的第一个数据项的序号。
- **列表的项目数**：返回列表中数据项的数量，可以用此数值构建循环。

以上 3 条积木指令均为辅助类积木指令，它们获取的数据可以用于编辑列表。

- **列表包含……？**：查询列表中数据内容是否包含设定的信息，返回布尔值，包含则为真，不包含则为假，六边形积木指令可用于直接构建判断条件。
- **显示列表**：在舞台中显示指定列表。
- **隐藏列表**：将指定列表隐藏。

Step 3 使用 将 东西 加入 单词表 ▾ 积木指令将需要记忆的单词逐个添加到单词表中。每次在输入框中输入一个单词，用鼠标点击一下积木指令即可执行，共需要加入 6 个单词。

Step 4 用鼠标点击隐藏列表和显示列表积木指令，注意观察舞台上列表的显示状态。想一想，这个功能可以用来干什么？

单词表已经创建好了，下面整理一下编写程序的思路，这就要靠大家的逻辑思维能力了。

程序思路：从单词表中取一个单词，记忆，然后继续取词记忆，这是一个典型的循环过程，所以程序主体一定是循环结构。那用什么来构建判断条件呢？这是程序的难点。

想一下，用列表中的单词数是否合适？从第 1 个循环到第 6 个，但这样就不能随机抽取单词了，而且如果前面 5 个都对了，那么程序就可以结束了，第 6 个单词就不能背到了。

这里隐含另一个可以控制循环的因素，就是“总分”，如果总分达不到 25 分，就继续循环，直到总分等于 25。使用总分作为判断条件，就可以不受列表中单词序列的限制，解决随机取词的问题了。

根据上面的思路，我们需要用一个变量统计得分，并构建判断条件。如何判定是否得分呢？很简单，如果输入的单词与从列表中随机取到的单词相同，就能得分，否则不能得分。因此，我们还需要两个变量，一个用来存储从单词表中随机抽取的单词，另一个用来存储用户输入的单词。总结下来就是需要设定 3 个变量。

至于如何随机地从列表中取单词，如何在舞台上将单词显示 2 秒，以及如何接收用户输入的单词，请自行思考和选择积木指令。程序流程图如图 10-30 所示。

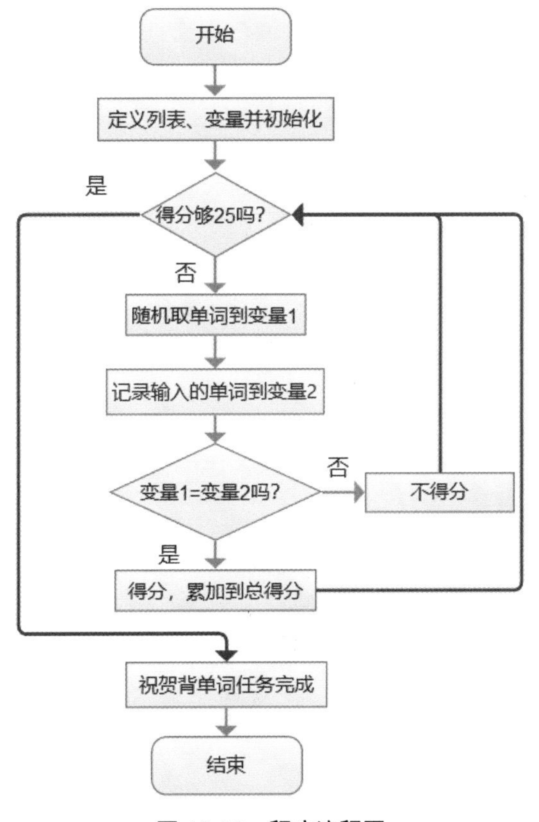

图 10-30 程序流程图

根据程序流程图编写的程序如图 10-31 所示，程序的执行效果如图 10-32 所示。建议读者先自行编写，毕竟编程也是熟能生巧的。

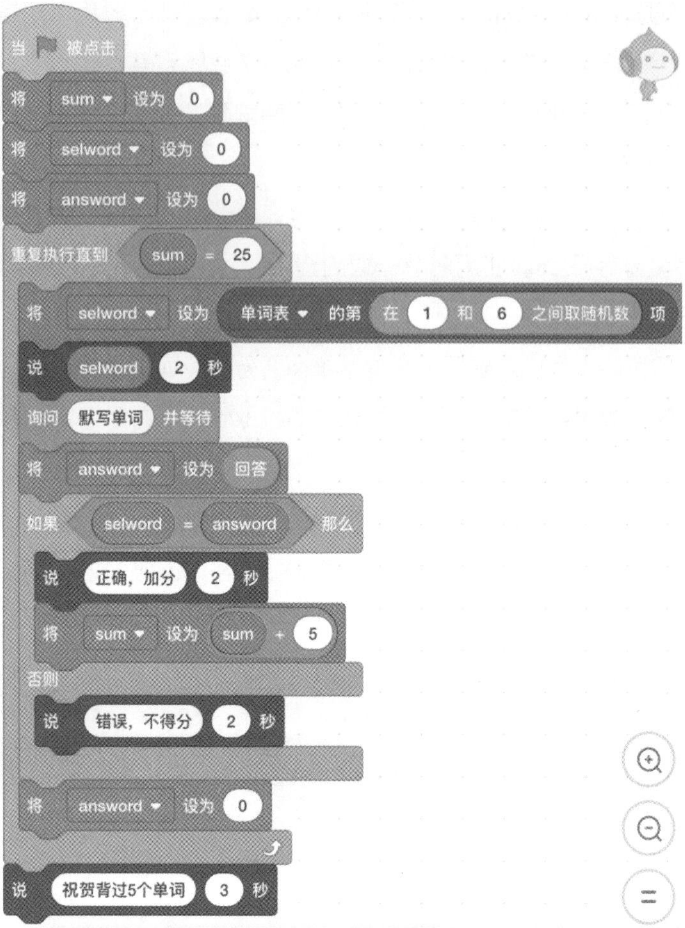

当 被点击
将 sum 设为 0
将 selword 设为 0
将 answord 设为 0
重复执行直到 sum = 25
将 selword 设为 单词表 的第 在 1 和 6 之间取随机数 项
说 selword 2 秒
询问 默写单词 并等待
将 answord 设为 回答
如果 selword = answord 那么
说 正确，加分 2 秒
将 sum 设为 sum + 5
否则
说 错误，不得分 2 秒
将 answord 设为 0
说 祝贺背过5个单词 3 秒

图 10-31　程序示意图

单词表
1 apple
2 banana
3 orange
4 pear
5 watermelon
6 Tomatoes
长度6
selword orange
sum 0
answord 0
默写单词

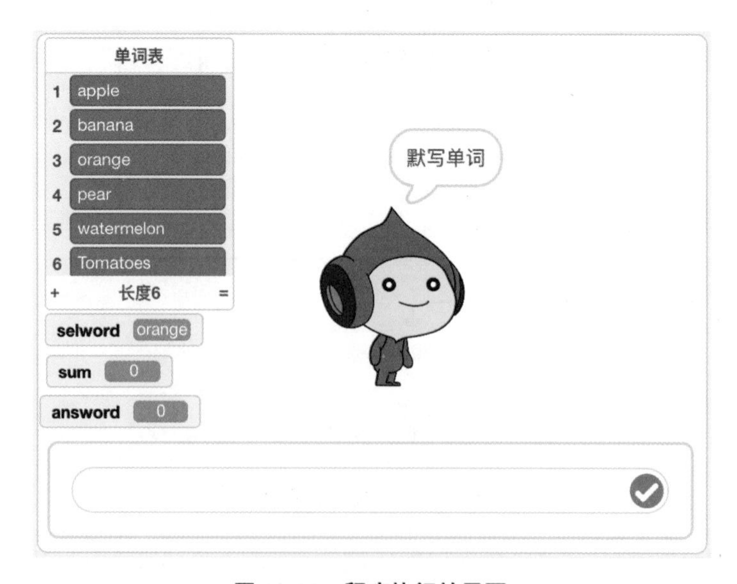

图 10-32　程序执行效果图

好吧，就让严格的贝果来带领大家背单词吧！最后，别忘了把列表隐藏掉。

本章主要学习和实践了单层循环结构，另外还使用列表编写了一个背单词程序。我们学习编程的目的是什么？目的是解决学习和生活中遇到的问题，提高生活质量。学习到这里，程序的 3 种基本结构，以及 Scratch 软件的重要内容就已经学习 90% 了，完全可以去创作一些有难度、有实用价值的程序了。在下一章中，我们将学习构建嵌套循环结构的程序，难度更大，但是效果更神奇。

第 11 章 嵌套循环结构应用

课程目标

学习嵌套循环结构的原则，了解嵌套循环结构的应用场景。学习分解问题的思路，提炼解决问题的方法。

选择结构能嵌套使用，同样循环结构也可以嵌套使用，而且选择结构和循环结构还可以相互嵌套。本章将重点练习循环结构的嵌套，也是比较烧脑的一章，要做好准备迎接挑战。

11.1 嵌套循环结构的应用和原则

一个循环结构的循环体中包含另一个独立且完整的循环结构，称为嵌套循环结构。如果一个循环结构不是独立且完整地处于另一个循环结构的循环体中，那么这两个循环结构就形成了顺序结构，或者就是一种错误的嵌套。

下面我们通过案例来认识一下嵌套循环结构。

这里我们依然选择大家熟知的生活场景来举例。在乒乓球团体赛中，一般上场 5 名队员，每名队员打 7 局，7 局 4 胜制，获胜的队员为本队争得 1 分，先获得 3 分的队伍获胜。这个比赛的赛制可以用嵌套循环结构表现出来，请看比赛流程图，如图 11-1 所示。

从比赛流程图中可以清楚地看到两层循环，内层循环是某个队员的比赛循环，从第 1 局到第 7 局；外层循环是参赛队员的循环，从 1 号队员到 5 号队员。其中，内层循环的判断条件是当前参赛队员是否已经赢得 4 局，如果没有达到，则开始下一局；如果达到了，则本队得分加 1 分。然后进入大循环，判断本队得分是否够 3 分，如果没有，则下一名队员上场，开始新的小循环；如果达到 3 分，则退出大循环，直接显示本队胜利，队伍进入下一轮，本轮比赛结束。

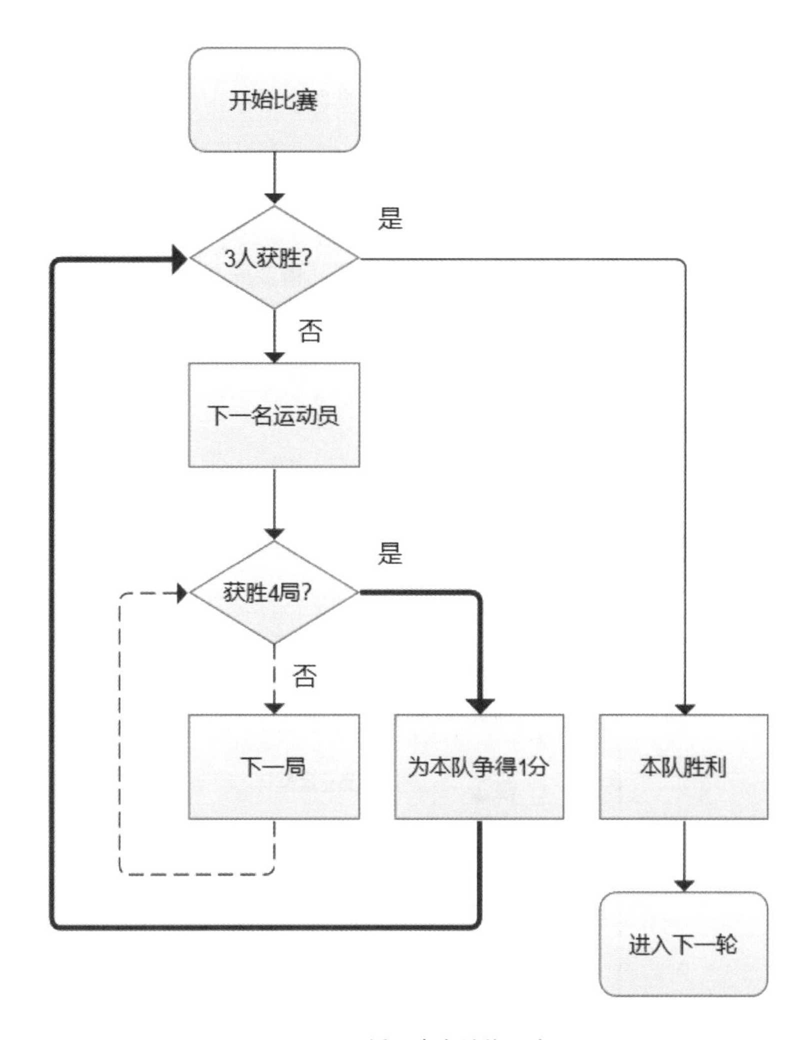

图 11-1　双循环嵌套结构示意图

图 11-1 从表面上看没有什么问题，逻辑也讲得通。1 名队员获胜 4 局给本队争得 1 分，本队队员获得 3 分则本队胜利进入下一轮。但是仔细想想，里面的逻辑是有问题的，大家从对手的角度考虑一下，看一看能否找出里面的逻辑问题。

思考：如果上场的队员已经累计输了 4 局，难道要不停地进入下一局，直到获胜 4 局？如果这个队伍 2∶3 败北，按照外层循环，不够 3 分，难道要派第 6 名运动员上场？所以，上面循环结构的问题就出在判断条件不够全面和严谨。

我们这才“牛刀小试”了一个两层循环嵌套结构，就存在了逻辑判断的瑕疵，如果是更多层的循环嵌套结构，岂不是会出现更多问题？因此，编写程序之前一定要全面考虑问题，充分厘清逻辑关系。

如何才能透彻地分析问题，形成严密的逻辑思维呢？绘制程序流程图可以有效地减少隐患。除了养成绘制程序流程图的好习惯外，掌握以下原则也能够有效减少循环结构中的错误，充分发挥循环结构的运算优势。

原则一：不能交叉循环，必须层次分明

嵌套的循环结构应该层次分明，外层循环的循环体要完整地“包裹”内层循环，内层循环结构不能超出外层循环结构。此原则也适用于选择结构的嵌套，以及选择结构和循环结构之间的混合嵌套。

正确的嵌套循环结构如图 11-2 所示。

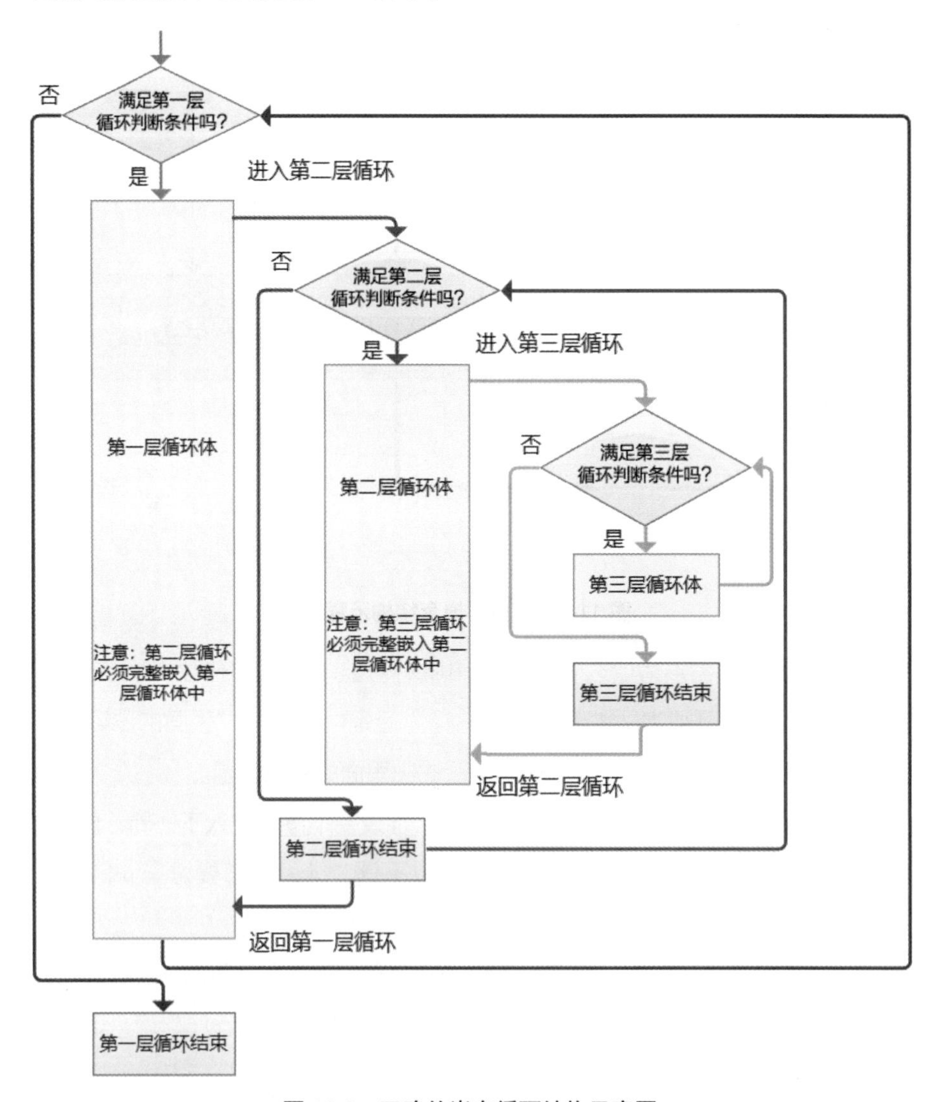

图 11-2　正确的嵌套循环结构示意图

错误的嵌套循环结构如图 11-3 所示。

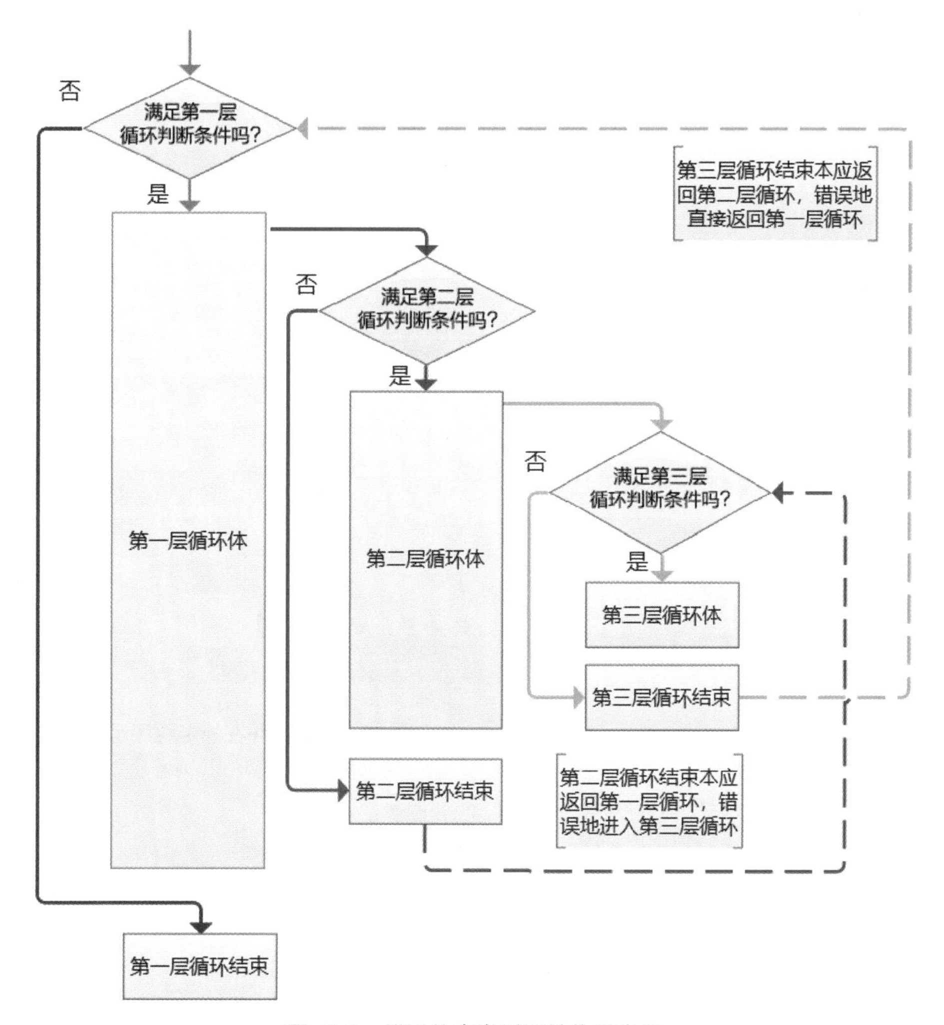

图 11-3　错误的嵌套循环结构示意图

层次混乱的嵌套循环结构肯定会导致程序错误，避免出现混乱的最好解决办法依然是先绘制程序流程图，将内外层循环结构层次梳理清楚。

原则二：短循环在外层，长循环在内层

在构建嵌套循环结构时，尽量将最短的循环（判断条件简单、易计算）放在最外层，最长的循环（判断条件复杂、难计算）放在最内层。

由外层循环进入内层循环是要重新初始化循环计数器的，包括保存外层循环计数器和加载内层循环计数器，退出内层的时候再恢复外层循环计数器。把长循环放在里面可以显著减小这些操作的数量。看下面两个循环结构。

结构 1：长循环在外层，如图 11-4 所示。

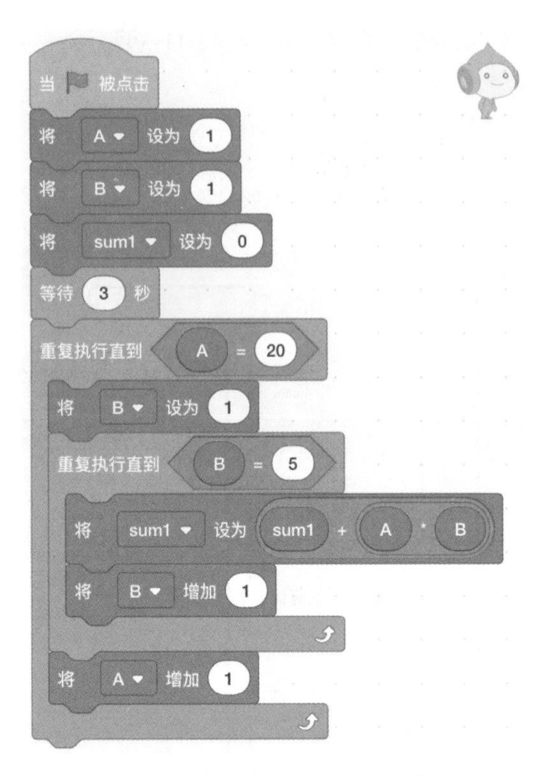

图 11-4 长循环在外层程序示意图

结构 2：短循环在外层，如图 11-5 所示。

对于结构 1 来说，内层循环体每执行 4 次（思考为什么是 4 次?），就需要跳到外层循环去判断一次，共需要跳出 19 次；对于结构 2 来说，程序要执行 19 次再跳到外层，只需要跳出 4 次。很明显，结构 1 的跳出次数大于结构 2 需要的跳出次数，虽然执行结果是一样的，但是结构 1 会消耗更多的计算机资源（参见 11-1-1.sb3 程序）。

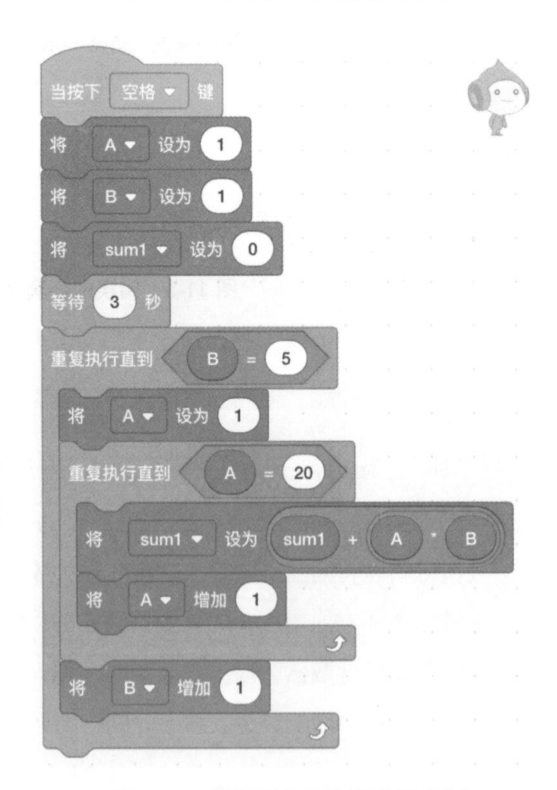

图 11-5 短循环在外层程序示意图

练习1：使用嵌套循环结构绘制有趣的图形

本例将通过两层嵌套循环结构控制贝果走出一个有趣的轨迹（参见 11-1-2.sb3 程序）。为了展示行走的轨迹，把贝果设置成画笔，这样随着贝果的移动即可绘制出轨迹。最终绘制出的图形如图 11-6 所示。

图 11-6　绘制的图形

真正的画笔是可以通过相关积木指令进行设置的，如设置画笔粗细、颜色等。必须执行“落笔”积木指令，否则 Scratch 软件不会以当前选择的角色为画笔进行绘制；绘制任务完成后，务必执行“抬笔”积木指令，否则只要角色运动，就会产生痕迹。

本例中的两层嵌套循环结构将通过两个变量进行控制，调整 i 变量和 ii 变量的数值，或者调整计算公式，就可以绘制出不同的图形，程序如图 11-7 所示。

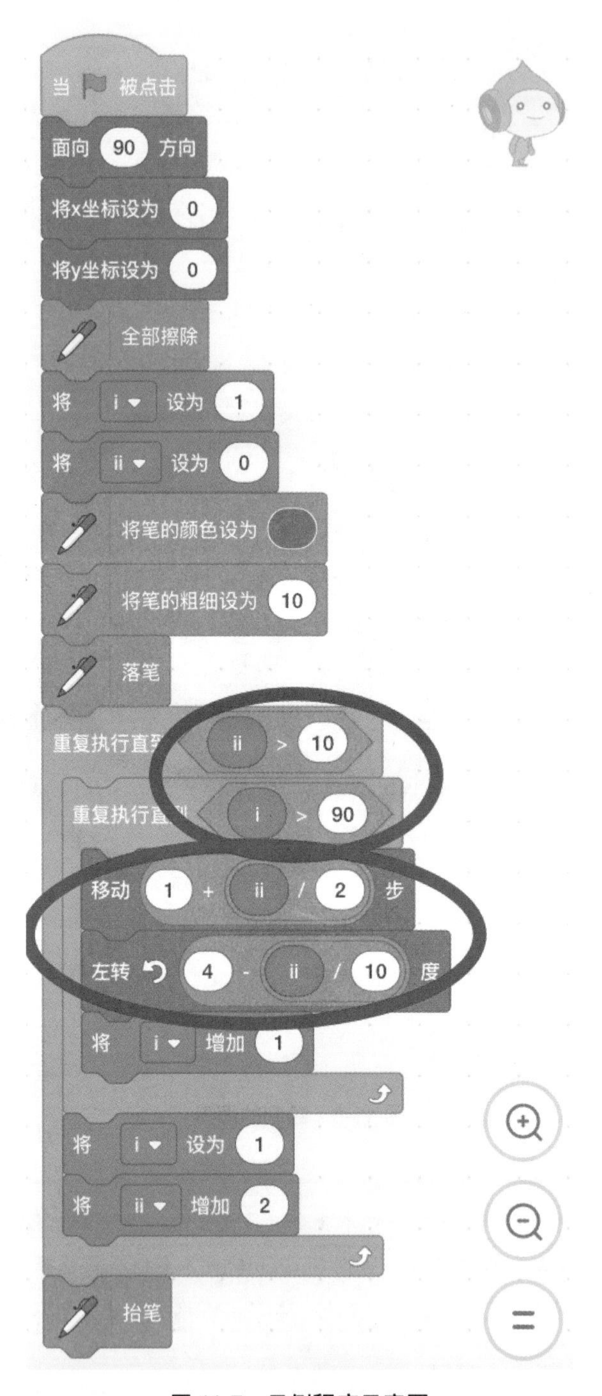

图 11-7　示例程序示意图

为什么这个程序没有提前绘制程序流程图呢？因为这个程序是我无意之间调试出来的，尤其是图 11-7 中第二个红圈中的计算公式，其实没有根据什么算法去编写，只是想通过变量对移动和转角的幅度进行细微调整，产生圆滑的图形。大家可以尝试修改公式，观察一下增大移动和转角的幅度，绘制出的图形有什么变化。

11.2 绘制三角形图案

本节将要完成一个可以绘制出如图 11-8 所示的三角形图案的程序，这个三角形图案由圆点组成，圆点直径为 25，圆点间隔为 5，最顶端的圆点的 x 坐标为 0，y 坐标为 0。第 1 行绘制 1 个圆点，第 2 行绘制 2 个圆点，每增加 1 行增加 1 个圆点，共绘制 5 行。这里将使用嵌套循环结构，同时还要进行相应的计算，以确定每一个圆点在舞台上的位置（参见 11-2-1.sb3 程序）。

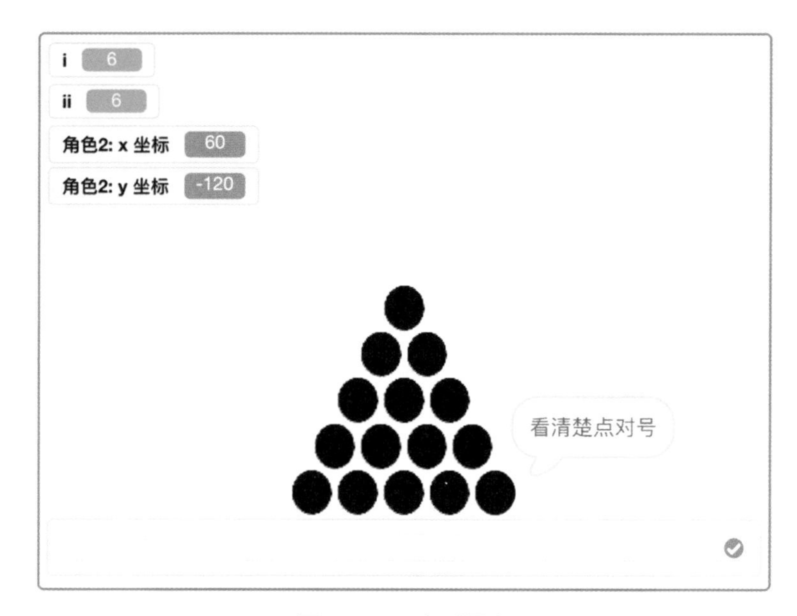

图 11-8 三角形图案

舞台效果实现技术分析："图章" 积木指令的使用。

怎么实现在舞台上绘制圆点的效果呢？回忆一下，在 7.4 节中我们控制贝果走正方形的时候，为了表现贝果在预定位置上转身，采用了 "图章" 积木指令在预定位置上留下了贝果的身影，然后控制贝果继续运动。

本例中的舞台效果是否也可以用图章实现呢？答案是肯定的。可以考虑创建一个 "圆点" 角色，然后通过程序控制圆点在舞台上运动，在到达舞台既定位置时，采用 "图章" 积木指令复制出 "圆点" 角色的替身图像，然后控制 "圆点" 角色继续运动，走完我们设定的位置，并在每一个位置上都留下替身图像，形成图 11-8 所示的三角形图案。

"图章" 积木指令存在于 "代码" 面板的 "画笔" 模块。由于现在 "画笔" 模块已经收到扩展模块中，所以每次使用时需要另行调用出来，这在第 7 章中已经说过，此处不再赘述。下面通过练习来复习一下 "图章" 积木指令，要想用 "障眼法" 创作出神奇的舞台效果，必须学会此条积木指令。

练习2：猜猜我在哪

游戏场景：点击贝果，舞台上就会出现 3 个一模一样的贝果，如果用户按下空格键，贝果就会让大家猜它隐藏在哪个位置，答对、答错都会给出信息。再次点击贝果开始新的一轮游戏（参见 11-2-2.sb3 程序）。

要在舞台上出现 3 个一模一样的贝果，需要使用“图章”积木指令去创建。“图章”积木指令将以当前选择的角色为模板，在舞台上复制出一个一模一样的图像，注意复制出的图像不是角色，因此不能移动，也不能“附着”程序，而且可以通过“全部擦除”积木指令将复制出的图像清除，从而只在舞台上保留真实的角色。

为了随机隐藏贝果，我们需要用到“运算”模块中的“在……和……之间取随机数”积木指令，然后将产生的随机数保存在一个变量中，并根据随机数将已经隐藏起来的“贝果”角色移动到相应位置。

提问和回答需要用到“侦测”模块中的“询问……并等待”积木指令，回答的内容将直接存储在“回答”积木指令中，其实可以理解为 Scratch 软件帮用户创建好的一个变量。

将存储随机数的变量和回答内容进行比较，然后给出对错信息。

以上就是程序的思路，程序流程图如图 11-9 所示。

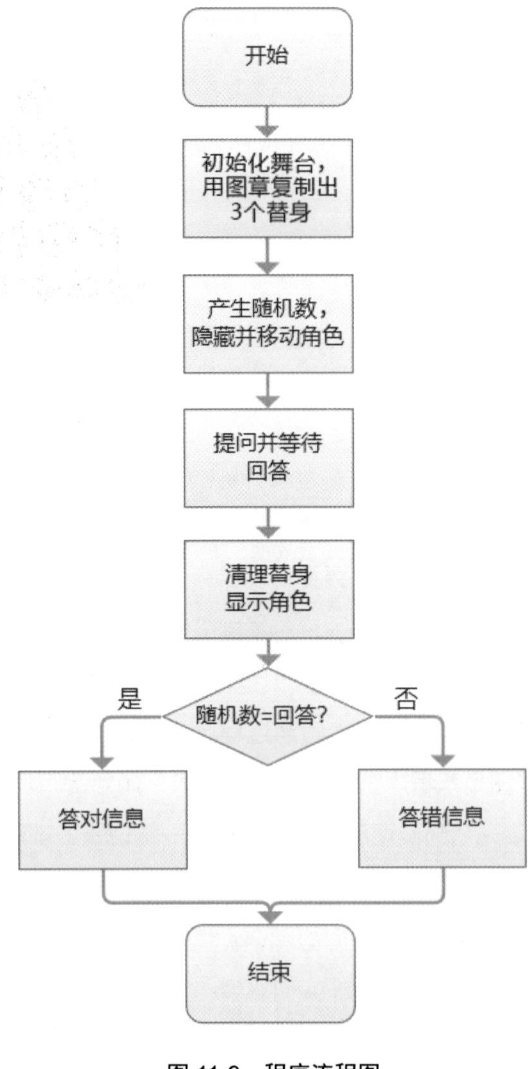

图 11-9　程序流程图

根据游戏场景的设定以及程序流程图所做的规划，将围绕贝果编写两个程序：一个程序以贝果被点击为事件，执行舞台初始化等操作；另一个程序以按下空格键为事件，执行隐藏角色、判断随机数与回答信息是否相等、显示提示信息等任务，这是本例的主程序。

贝果被点击的程序如图 11-10 所示。

既然是初始化舞台的程序，就要对舞台进行清理，“全部擦除”积木指令将“毫不留情”地清除舞台上所有使用“图章”积木指令复制出的图像。其他的积木指令将在指定位置上产生替身图像，最后将贝果放到舞台既定位置，等待游戏正式开始。

其实“全部擦除”积木指令不仅这点本领，它也会将使用“落笔”积木指令绘制出的图像一并清除，所以一定要慎用“全部擦除”积木指令。

主程序如图 11-11 所示。

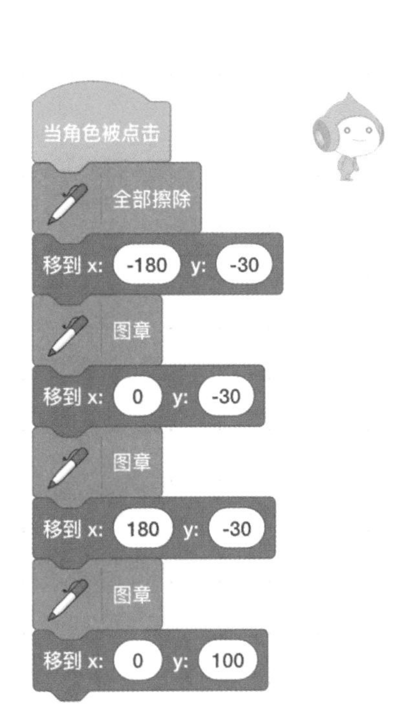

图 11-10　初始化舞台的程序

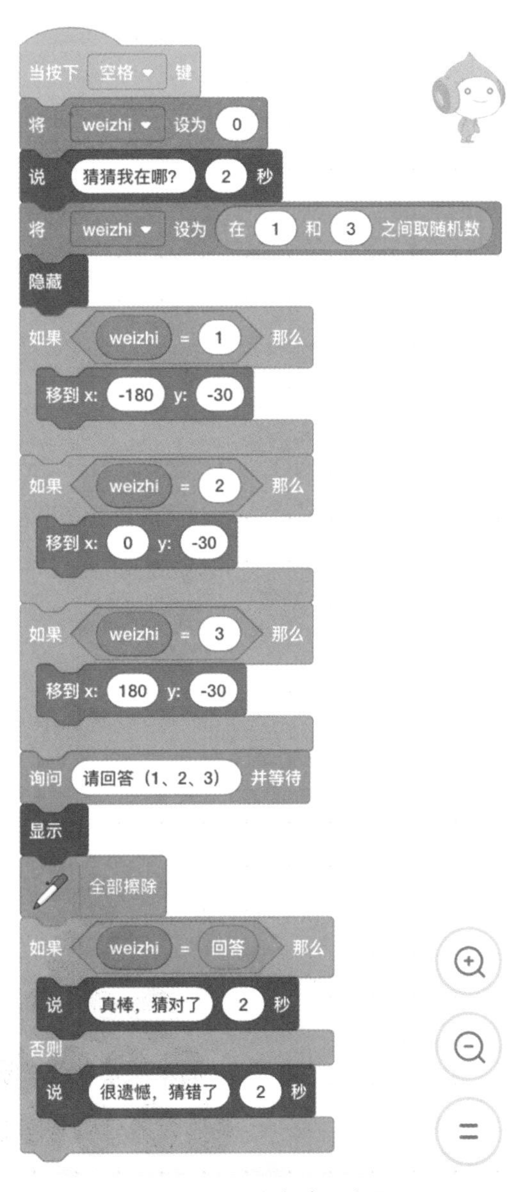

图 11-11　主程序示意图

在编写主程序之前，为了存储产生的随机数，必须先创建一个变量。根据产生的随机数，将贝果隐藏到相应位置的替身图像处，发出询问并等待游戏者的回答。

游戏者回答后，先显示贝果，然后擦除替身图像，对比存储在变量中的随机数与回答的信息，相同则显示猜对信息，不同则显示猜错信息。

隐藏的角色执行“说”“思考”等外观类积木指令时，是看不到相应信息显示的，所以必须先执行“显示”积木指令。

思考：本例并没有用到循环结构，游戏是不是执行一遍就结束了呢？（只要有触发事件，就会执行对应的响应事件，所以游戏不会只执行一遍。）

在分析绘制三角形图案的程序之前，建议大家自行分析给出的三角形图案，你能否绘制出程序流程图并编写好程序呢？还是有一定难度的，挑战一下！

舞台效果分析：控制“圆点”角色从舞台的 (0, 0) 坐标位置开始移动，每移动到一个计算出的目标点，就使用“图章”积木指令生成一个图像，直至完成整个三角形图案的绘制。

然后我们来思考，应该怎样设置“圆点”角色运动的计算公式呢？

下面分析这个三角形的特点，寻找里面的规律。从第 1 行到第 5 行含有一个行数的循环结构，第 1 行画 1 个圆点，第 2 行画 2 个圆点，……，第 5 行画 5 个圆点，每增加 1 行增加 1 个圆点，因此还有一个列数的循环结构。然后我们会发现一个隐含的规律：行数 = 列数。因此可以用行数变量同时控制列数循环，超过行数就跳出列数的循环，这样就形成行数循环结构中嵌套列数循环结构。

假设圆点的直径为 25 像素，圆点间距离为 5 像素，那么两行圆点的圆心距离为 30 像素，如图 11-12 所示。沿 y 轴向下就是负数，所以第 1 行圆心的 y 坐标为 0，第 2 行圆心的 y 坐标为 –30，第 3 行圆心的 y 坐标为 –60，……，第 5 行圆心的 y 坐标为 –120。提炼里面的数学规律：y 坐标 = [行数 ×(–30)] + 30。

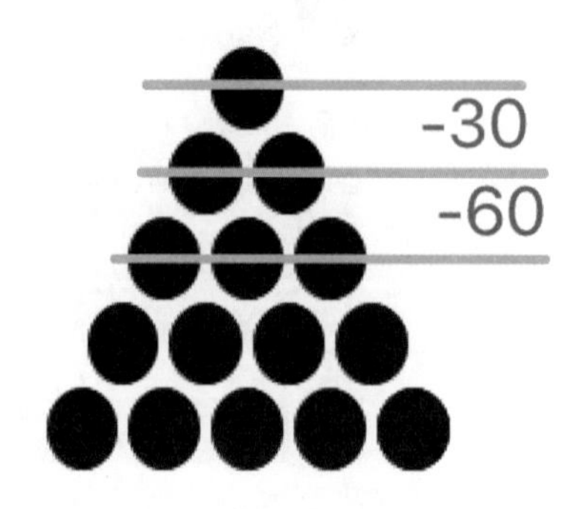

图 11-12　行与行之间相差 30 像素

为什么加 30 呢？因为第 1 行是从 0 开始的，而不是 –30，所以整体都要上移 30 像素。那么，演化算法就是 y 坐标 = (行数 –1) × (–30)。大家演算一下是不是能得出上面的 y 坐标。

每列圆点的 x 坐标的算法要复杂了。第 1 行、第 3 行、第 5 行中间圆点的 x 坐标应该是一样的，都为 0。同一行左侧圆点的 x 坐标应该是负值，右侧圆点的 x 坐标应该是正值，这里面有一个从负值到正值的变化，要找出变化的规律，提炼出数学公式，形成计算机能执行的算法。

下一行最左侧的圆点比上一行最左侧的圆点向 x 轴负方向移动半个圆点，也就是 (25 + 5) ÷ 2 = 15 像素，如图 11-13 所示。所以从第 2 行开始，每行向 x 轴负方向调整的数值应该是 15 的累加，即 0、–15、–30、–45、–60，将其跟控制行循环的变量联系起来，每行最左侧圆点的 x 坐标为 (行数 – 1) × (–15)，(行数 – 1) 的作用是第 1 行不需要左移。

图 11-13　从第 2 列开始，最左侧圆点均向负方向偏移 15 像素

定准了每行最左边的圆点的 x 坐标，后续的圆点就容易确定了，两列圆点中心点的距离为 30 像素，因此累加 30 即可。第 2 列圆点的 x 坐标 = [最左侧圆点的 x 坐标] + 1 × 30，第 3 列圆点的 x 坐标 = [最左侧圆点的 x 坐标] + 2 × 30，那第 1 列圆点的 x 坐标可不可以写成：[最左侧圆点的 x 坐标] + 0 × 30？

注意上述公式中标红的数字，第 2 列对应的数字是 1，第 3 列对应的数字是 2，以此类推，这个数字总是等于列数 –1。

这样就可以与控制列循环的变量联系起来，圆点的 x 坐标 = (行数 – 1) × (–15) + (列数 – 1) × 30。

经过分析，圆点的坐标值得出了两个计算公式。公式的推导过程在编程界称为数学建模。经过数学建模得出的数学公式可以广义地称为算法，算法是一个程序的核心，算法正确才能尽量保证程序不出现“雪崩式”错误。其实人工智能的背后也是算法，只不过用到的算法的复杂程度超过一般人的想象。

好了，整理一下公式：

$$x\text{坐标} = (\text{行数} - 1) \times (-15) + (\text{列数} - 1) \times 30$$

$$y\text{坐标} = (\text{行数} - 1) \times (-30)$$

下面开始绘制程序流程图，然后通过实际的程序验证一下，程序流程图如图 11-14 所示。

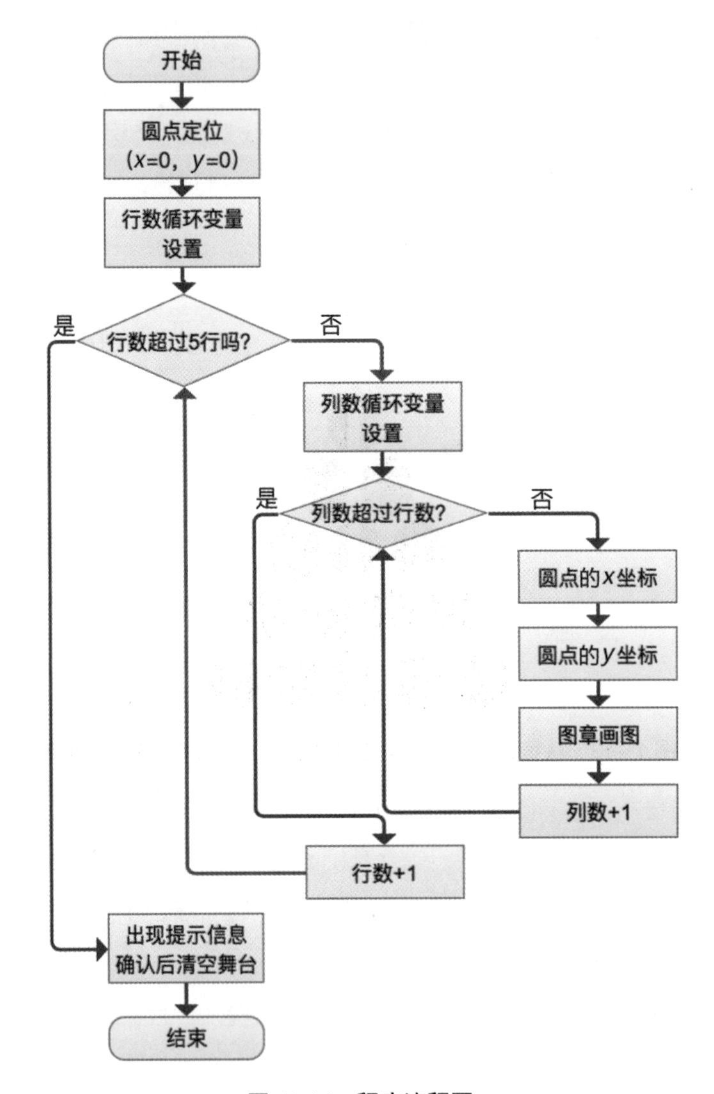

图 11-14　程序流程图

程序示意图如图 11-15 所示（参见 11-2-3.sb3 程序）。

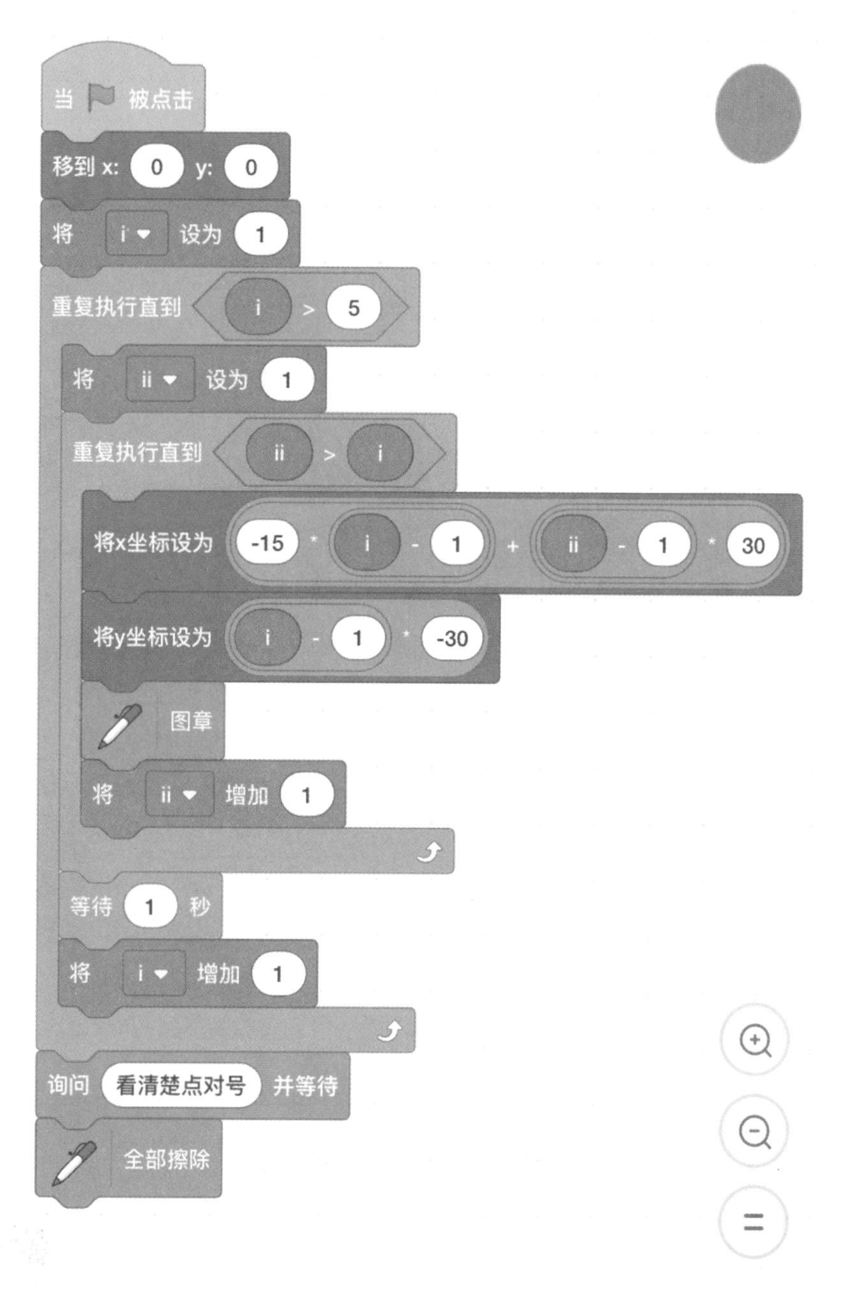

图 11-15　程序示意图

除了上面的程序示例外，我还提供了另外一个实现算法并给出了程序，详见 11-2-3.sb3 程序，这是以点击事件为开头的程序。两者的运行效果是一样的，不同的是 *x* 坐标的计算方法，程序如图 11-16 所示。请大家自行分析这个算法的实现方式。提供这个案例就是想告诉大家，同一个结果可以有多种实现方法，只要我们保持清晰的逻辑思维，总能找到解决办法。

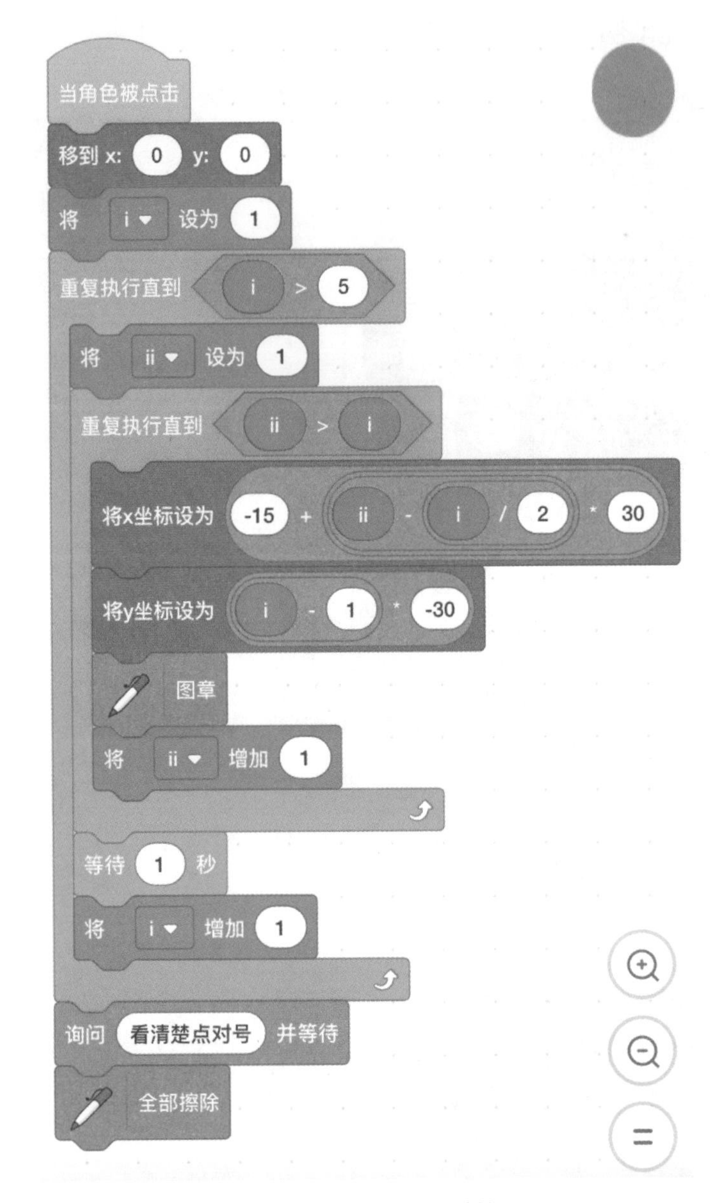

图 11-16　*x* 坐标的另一种算法

请完成图 11-17 所示的图案绘制挑战，采用上面的方式分析 *x* 坐标的变化规律、*y* 坐标的变化规律，以及行、列循环结构的规律，最后提炼出算法。

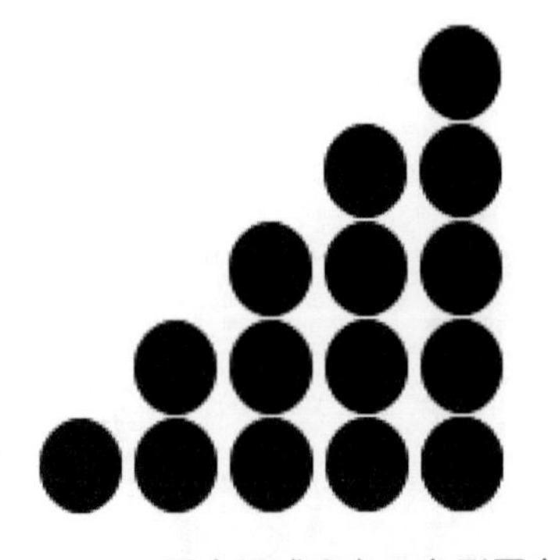

图 11-17　圆点组成直角三角形图案

x 坐标的算法提示如下：

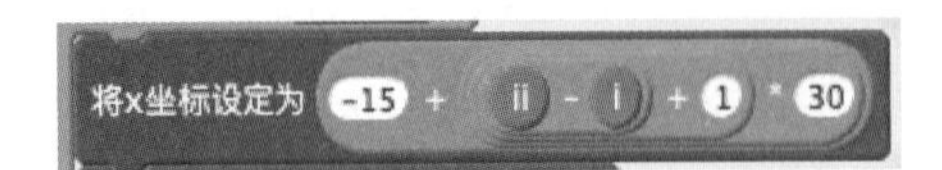

11.3 绘制蜗牛图形

本节中，我们要实现一个能够控制贝果绘制蜗牛图形的程序，绘制出的蜗牛图形如图 11-18 所示。图形的初始位置为 x 坐标为 0，y 坐标为 0，面向 90 度正方向。

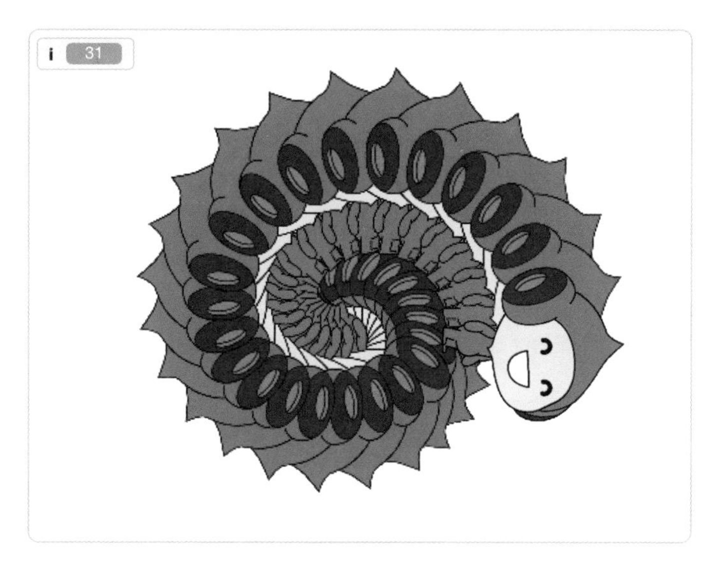

图 11-18 蜗牛图形示意图

蜗牛图形其实就是一种螺旋线，即以一个固定点开始向外旋转环绕而形成的曲线。数学中有各式各样的曲线，螺旋线是曲线中比较有意思的一种。

接下来，我们用一种简化的方式来实现蜗牛图形，主要练习一下提炼规律、调整参数、分析问题和解决问题的技能。仔细看图 11-19，注意红色箭头指向的这些线段，找出里面的规律。

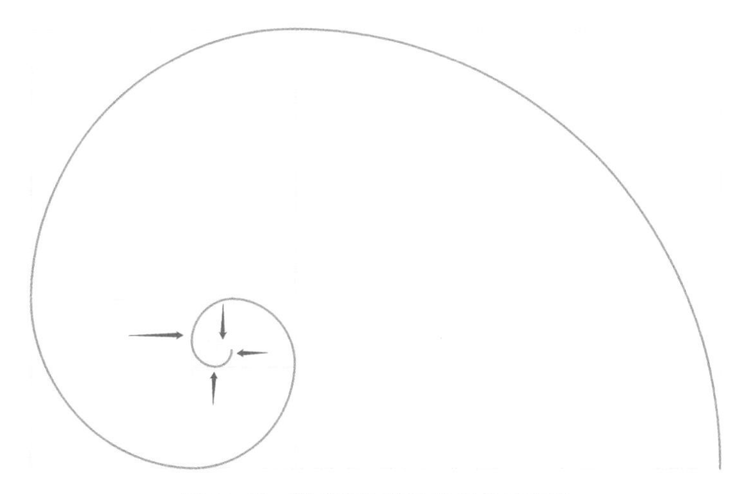

图 11-19 螺旋线和旋转半径的示意图

分析：红色箭头所指向的线段沿顺时针方向每旋转 90 度就会增长一定长度。

仔细分析这个长度的变化，也是有规律可循的。假设开始的第 1 段圆弧半径为 1 个长度单位，旋转 90 度的同时增长一定长度（这个增长的长度应该小于 1 个长度单位，大家思考一下为什么），此时形成第 2 段圆弧半径，然后再旋转 90 度，形成第 3 段圆弧半径，第 3 段圆弧半径 = 第 2 段半径 + 第 1 段半径，以此类推第 4 段 = 第 3 段 + 第 2 段，第 5 段 = 第 4 段 + 第 3 段，第 6 段 = 第 5 段 + 第 4 段，大家对照图 11-19 推演一下，看一看是不是这样的规律。

现在能够整理出的规律有两点：(1) 旋转角度以 90 度为 1 个单位；(2) 旋转半径为第 n–1 段半径与第 n–1–1 段半径的和。根据以上两点，可以绘制出如图 11-20 所示的程序流程图。

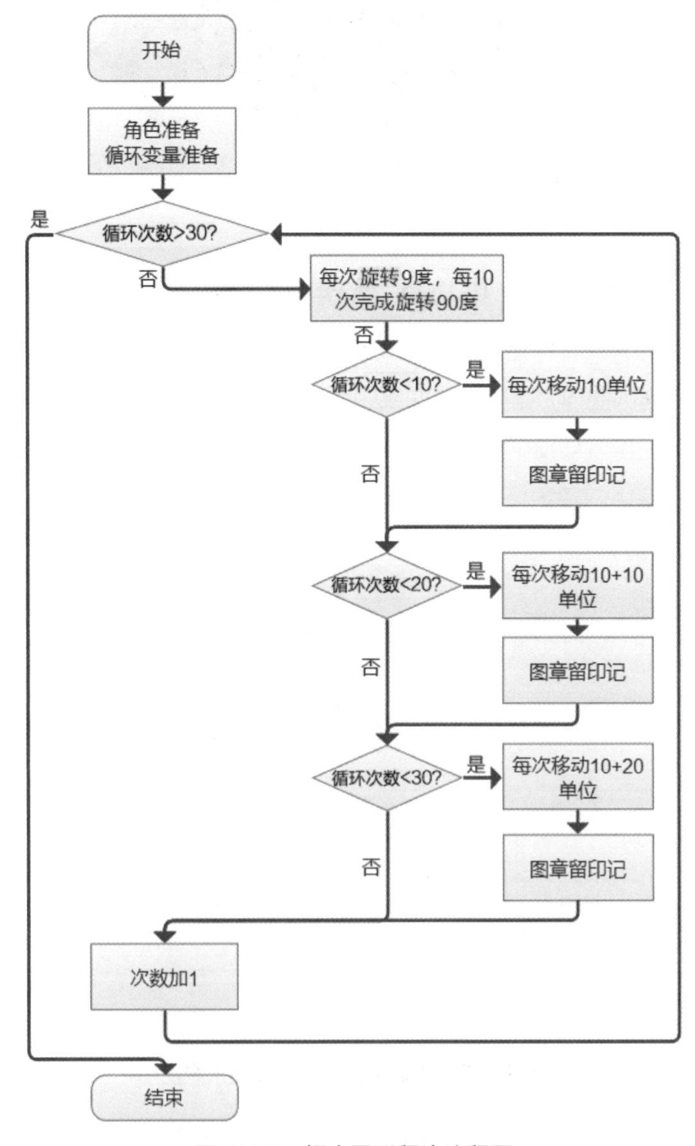

图 11-20　蜗牛图形程序流程图

通过程序流程图可以看出，程序采用的是循环结构中的嵌套选择结构。我们将 30 次循环分成了 3 段，每段 10 次，完成 90 度的旋转，即每次完成 9 度转向。在每次转向后移动一定距离，每 10 次按照总结的规律增加移动距离，这样形成一种扩大的画面。

按照程序流程图在 Scratch 软件的程序面板中构建程序，如图 11-21 所示。

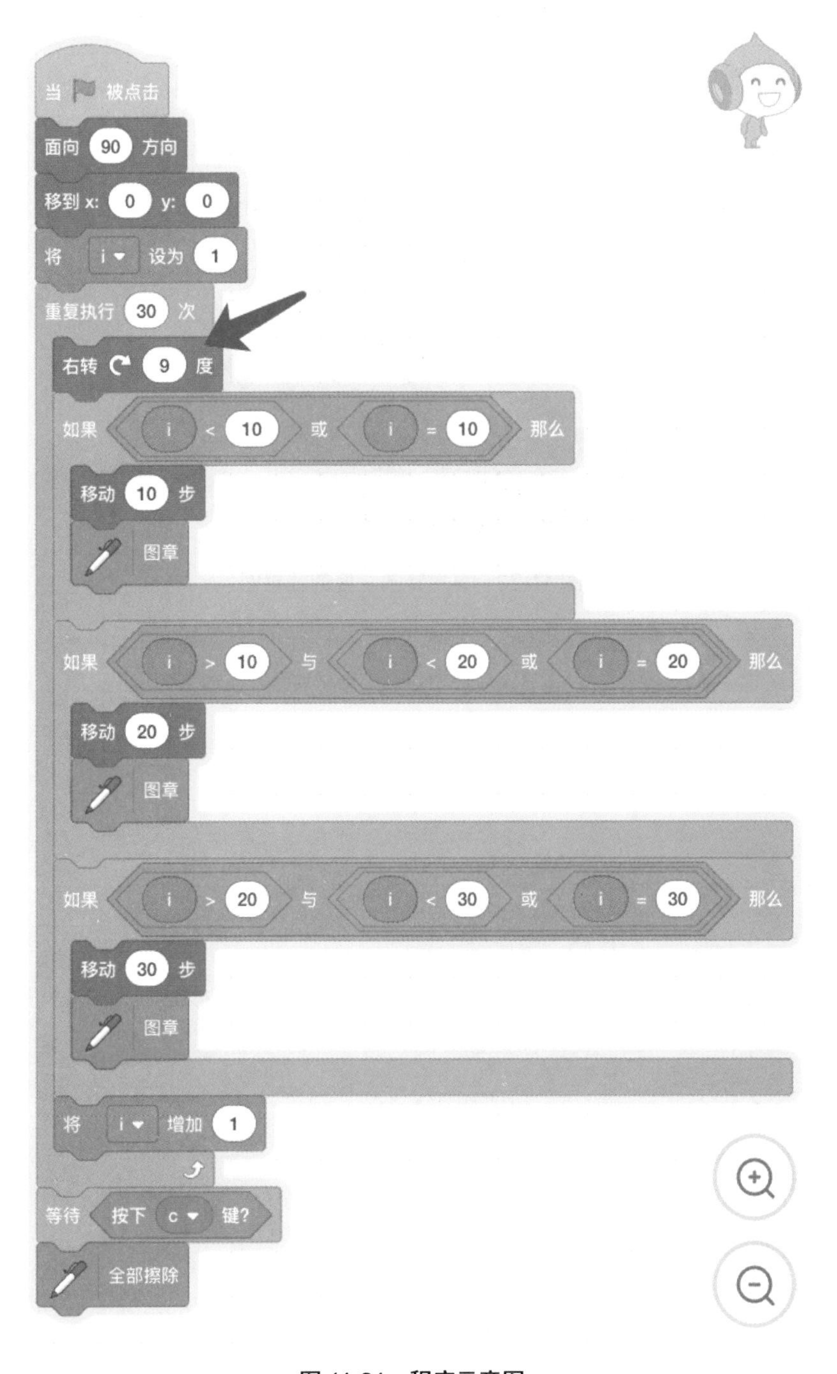

图 11-21　程序示意图

测试上述程序，效果如图 11-22 所示。基本达到了向外扩大的画面效果，但是感觉旋转的程度不够，没有形成螺旋线。所以，尝试调整“右转……度”积木指令中的参数，每次增加 2 度，看一看效果。

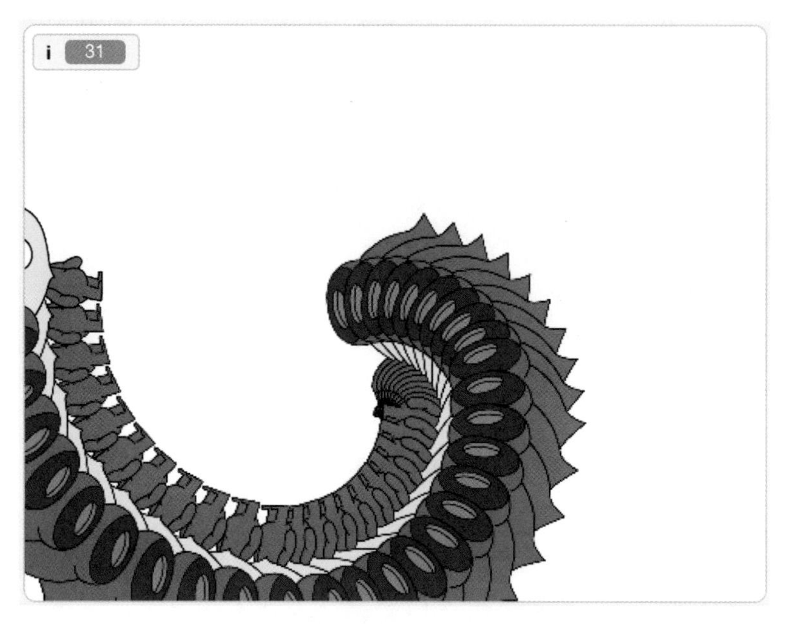

图 11-22　每次转向 9 度的效果图

经过多次调整，发现右转角度设为 15 度时效果最接近。有的同学会提出疑问，认为程序不应该这样调整，没有理论根据。其实，有时程序是对的，但是运行效果不佳，此时就需要考虑调整参数，这在业界叫“调参”。尤其在人工智能领域，调参是一个重要的工作。

很多同学有过这样的经历，控制机器人巡线或者识别颜色时，在实验室状态下完成得非常准确，可是一到赛场，就发现机器人莫名其妙失控了。是程序错了吗？如果是程序错了，为什么在实验室状态下是正确的呢？

在实验室中调试机器人时光线充足，机器人的传感器能很好地采集信息。到了赛场，光线变化了，甚至有时会出现现场人员遮挡住光线的情况。光线比较暗，颜色中的灰度值就会发生变化，传感器采集的颜色数值发生偏差，此时如果再沿用光线充足情况下的参数值，就会出现识别错误，机器人跑偏失去控制。我还曾遇到过这样的问题，现场光线充足，也没有闲杂人等遮挡住光线，可是比赛地图上喷有胶，反光特别强烈，特别影响巡线传感器采集信息。

这时试图去修改程序的思路是不对的，因为程序经过检验，其逻辑思维是正确的，问题出在参数设置上。现场如果没有一些测量工具，可以尝试设置一个基准数值，逐步增加数值进行测试，然后再从基准数值逐步减少数值进行测试。

最终的程序如图 11-23 所示（参见 11-3-1.sb3 程序），大家注意判断结构中的判断条件是如何组合的。还记得“与”和“或”分别是怎样的关系吗？这种判断条件的组合使用在程序中是经常遇到的，一定得掌握好逻辑关系和逻辑运算知识。

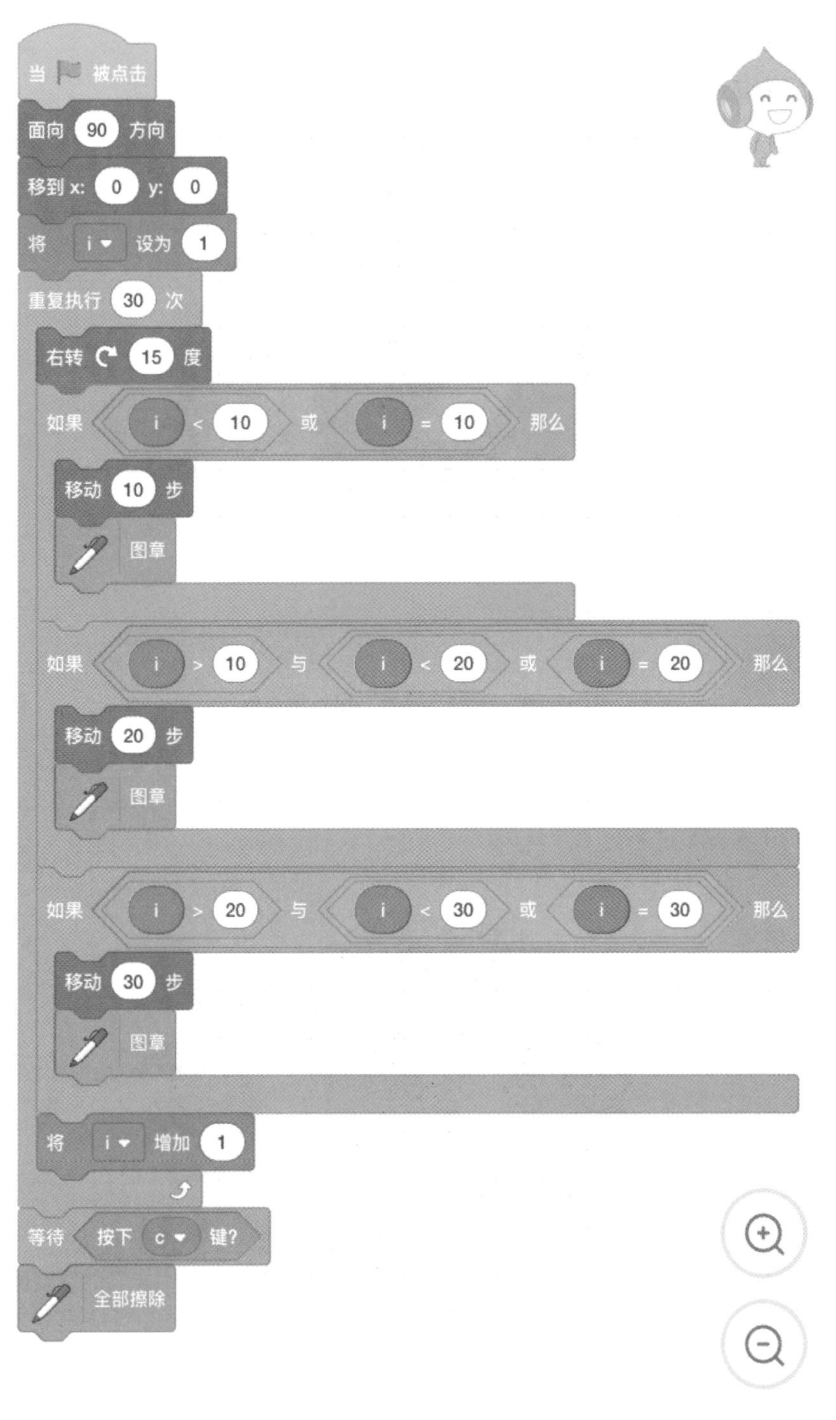

图 11-23　程序示意图

除了调参外，大家也可以尝试用不同的角色来执行同一个程序，在相同参数的情况下看一看运行效果，如图 11-24 所示。不同的角色由于大小不同、颜色不同，也会形成特色鲜明甚至意想不到的图案，这种更换角色的测试从某种角度上也可以认为是调参（参见 11-3-2.sb3 程序）。

图 11-24　换为“苹果”角色执行程序

大家可以尝试通过调整角色和程序完成图 11-25 所示的效果（参见 11-3-3.sb3 程序）。

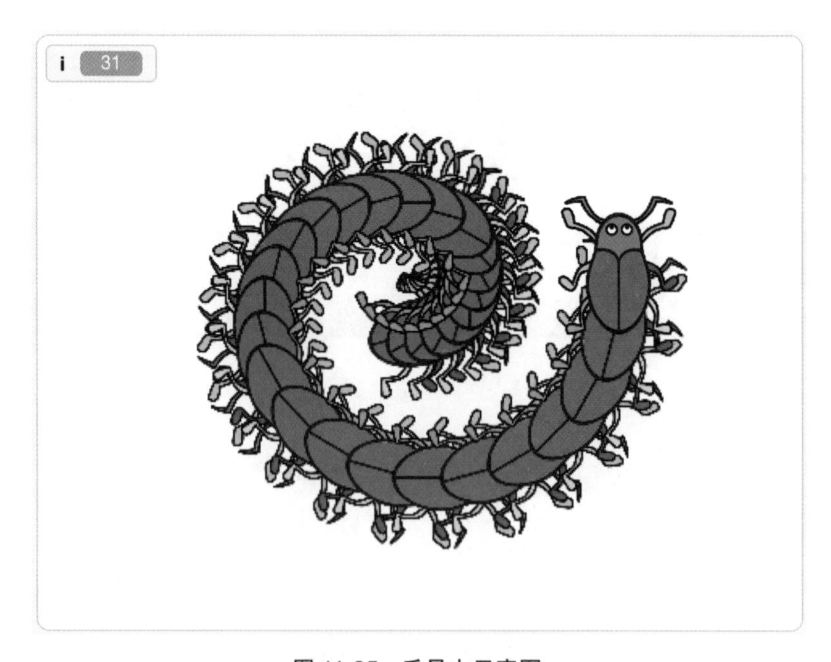

图 11-25　千足虫示意图

第12章　化繁为简地构建程序

课程目标

了解构建程序的3个模块——输入、运算处理和输出，学习将程序拆解为这3个模块，学习自定义事件和自制积木等高级功能，练习将一体式的复杂程序拆解成分体式的简单程序。

通过前面的案例，读者应该会有一些感受，如果练习的程序比较短小，还可以直接从3种基本结构的层面构思和编写程序；一旦程序比较庞大，再从3种基本结构的层面去构思就显得有些力不从心了。本章将带领大家学习拆解程序，化繁为简地构建程序。

12.1　构建程序的3个模块

编程的3种基本结构一直是编程书重点讲解的内容，可是为什么很多人学了3种基本结构依然无法正确编写复杂的程序呢？

如果让大家用木头、砖瓦和水泥去修建一个狗窝，估计没有人觉得困难，有墙、有屋顶、有门就可以了。但即使是最简单的狗窝，不同的人修得也不一样，有人造得简陋，有人造得规整，如图12-1所示。

图12-1　使用同样的材料修建的不同的狗窝

这说明什么呢？

第一，狗窝的造型还是很简单的，所以即使不做设计方案，也能根据头脑中的造型直接用基本材料搭建出来。同理，在编写很简单的程序时，可以根据头脑中的思路直接用 3 种基本结构实现。

第二，不论多么简单的狗窝，如果能提前设计一个方案，那么按照图纸进行施工就可以把狗窝修得相对规整、漂亮一些，所以即使是编写很简单的程序，提前绘制程序流程图也能够帮助大家把程序写得严谨。

第三，在提到房屋时，人脑海中首先想到的可能并不是木头、砖瓦和水泥，而是房屋的分解模块：墙壁、屋顶和门窗。人们会自然而然地将房屋细分成不同的模块，再将细分模块分解为基本材料，这是基于经验的一种细分能力。

由于初学者编程经验不足，头脑中还没有形成合理的拆分思维，因此很难在程序构思阶段将程序分解成相应的功能模块。相反，初学者可能会被头脑中已经形成的简单编程经验所影响，以为可以用 3 种基本结构直接构建程序，结果想了半天，越想越混乱，最后都搅成一锅粥了，当然无法形成有效的解决思路。

所以，成为编程高手不仅要学会 3 种基本结构，更为关键的是要学会将大程序分解为小程序，甚至再分解，最后使用 3 种基本结构实现经过细分的模块。

那么我们应该怎样去分解程序呢？一个程序初步能分成几个功能模块呢？下面通过分析之前的一些案例来学习。

首先分析使用单循环实现从 1 乘到 20 的程序（参见 10-1-2.sb3 程序），程序和运行结果如图 12-2 所示。

图 12-2 程序和运行结果示意图

这个程序从颜色上大致可以分成如图 12-3 所示的 3 段。

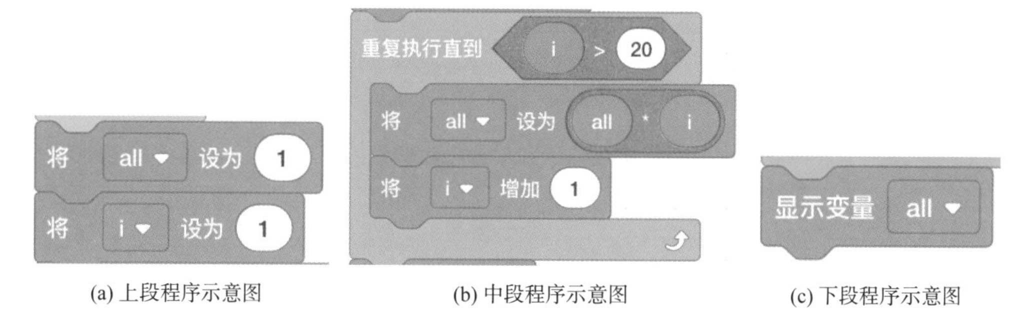

(a) 上段程序示意图　(b) 中段程序示意图　(c) 下段程序示意图

图 12-3　程序分段图

下面来做几个试验，尝试调整图 12-3a 中数字输入框中的数值，得到的执行结果如图 12-4 至图 12-6 所示。

图 12-4　修改 all 数值后的结果示意图

图 12-5　修改 i 数值后的结果示意图

图 12-6　同时修改两个初始值后的结果示意图

总结：每次修改都会产生不同的运算结果。也就是说，在程序中段不被修改的情况下，随着提供给程序中段的数据信息的不同，产生的运算结果也会不同。

调整数值的行为是一种输入行为，（想一想，这些数字是不是通过键盘输入的？）简单理解就是把数据信息通过一定设备（如键盘）和方式提供给程序，供程序进行处理。

接下来，再做一个试验。先将上段程序的数值恢复为原始设置，然后剥离下段程序，即剥离 显示变量 all 积木指令。同时，取消勾选 all 变量积木指令前的复选框，如图 12-7 所示。

再次执行程序，查看舞台中的信息，如图 12-8 所示。

图 12-7　取消勾选 **all** 变量　　　　图 12-8　舞台上不再显示运行结果

总结：之前显示 all 数值的信息框没有啦（图 12-8 中箭头所指的位置），所以程序执行后并不能看到结果。看不到结果，这样的程序还有什么用？

“显示变量”积木指令所做的事情称为输出，简单理解就是把数据信息通过一定方式显示在计算机屏幕上，供用户阅读。

最后来做最重要的试验——修改中段程序。在试验前，将之前剥离的“显示变量”积木指令恢复到原位，否则无法获知程序的运行结果。保持 all 和 i 的输入数值均为 1，修改中段程序中 i 的增加数值，得到的执行结果如图 12-9 至图 12-11 所示。

图 12-9　**i** 的值每次增加 3 的累乘结果

图 12-10　i 的值每次增加 5 的累乘结果

图 12-11　i 的值每次增加 10 的累乘结果

总结：在输入保持不变的情况下，i 的增加数值变化会使程序的运行结果发生很大的变化。而 all 变量的输出信息框再次出现在舞台上，“忠诚”地执行显示结果的任务。

中段程序是整个程序的核心，负责对输入的数据进行“加工”，对“加工”方法稍加调整就会影响输出结果，一般这种“加工”在计算机领域称为“运算”或“处理”，也可统称为“运算处理”。

通过分析从 1 乘到 20 的程序，可以认识到这个程序就是由 3 个模块组成：输入、运算处理和输出。

在输入变化的情况下，保持运算处理不变，可导致输出变化。

在输入不变的情况下，修改运算处理方法，可导致输出变化。

在输入不变、运算处理不变的情况下，取消输出，运算结果应该无变化，但我们无法获悉运算结果。

下面再从 3 个模块的角度重新认识前面编写的背单词程序。图 12-12 为背单词程序示意图（参见 10-5-1.sb3 程序）。

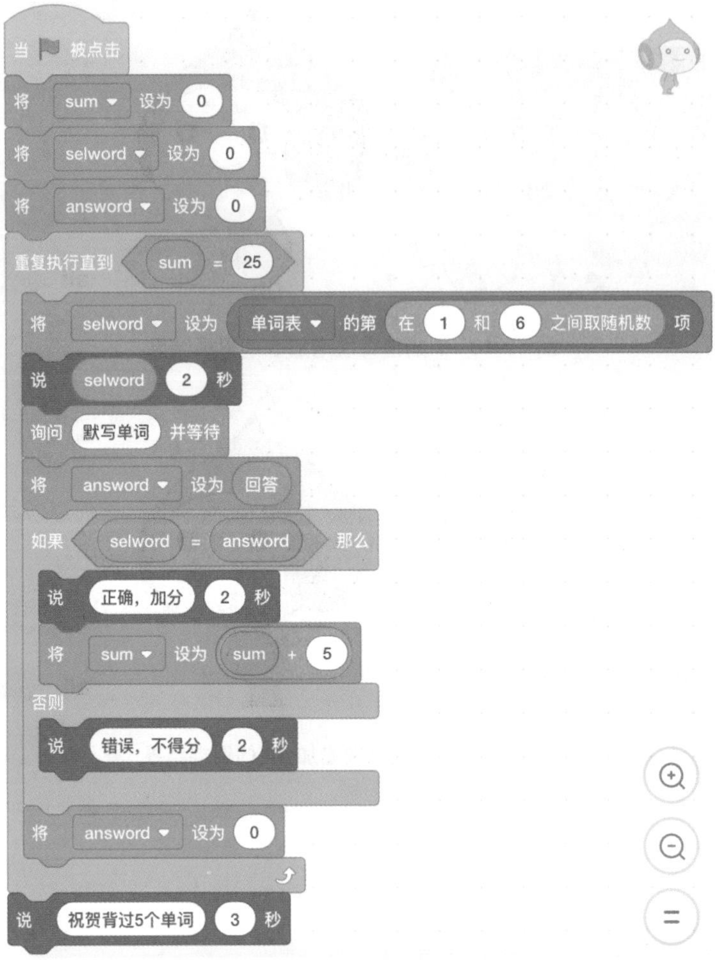

图 12-12　背单词程序示意图

请大家按照颜色块的提示，尝试对程序进行切分，看一看是否符合 3 个模块的构建？分析一下，哪些积木指令片段属于输入模块？哪些积木指令片段属于输出模块？哪些积木指令片段完成了运算处理功能？在运算处理模块中可不可以“嵌套”输入和输出模块呢？

带着以上的问题，我们开始对程序进行分析，并根据这 3 个模块进行切分。

1. 输入模块

- **当绿旗被点击**：用鼠标点击舞台界面上的绿旗图标，这一动作称为“事件”，就是“通知”Scratch 软件发生了事情，通知行为是将数据信息提供给程序，因此属于输入模块。

  我们在使用 Windows 系统时，经常会用鼠标进行单击、双击、右击等操作，这些都属于输入行为，因此鼠标被定义为计算机的输入设备。

除了点击事件，还有很多行为称为事件。用户甚至还可以自定义事件，后面会有详细的介绍。

图 12-13　提供数据信息属于输入模块

- **将……设为……**：如图 12-13 所示，要设定数据信息，就需要选中白色的输入框，然后通过键盘敲入字符，所以利用键盘给程序提供字符也是一种输入行为。输入的数据信息供程序进行运算，因此数据信息的改变将影响程序的运算处理结果，提供错误的数据信息将导致程序出现错误结果，甚至崩溃。

数据信息流向计算机或者机器人的主控中心即为输入，输入的数据信息将被用于运算处理。

要给计算机或者机器人的主控中心提供数据信息，就要编写解决输入问题的程序片段。程序的输入模块将“承载”用户通过计算机输入设备（包括鼠标、键盘、传感器、摄像头等）提供的数据信息，然后将这些数据信息提供给计算机或者机器人的主控中心（程序运算处理片段）进行运算处理。

需要说明的是，数据信息一定要在执行运算处理的程序片段前提供。输入的信息包括但不限于数字、字符、电压值、旋转角度、音量、亮度、颜色值、图片，甚至可以是人脸信息、指纹信息、肢体动作信息、脑电波等。

2. 运算处理模块

输入数据信息后，程序将执行如图 12-14 所示的运算处理片段。

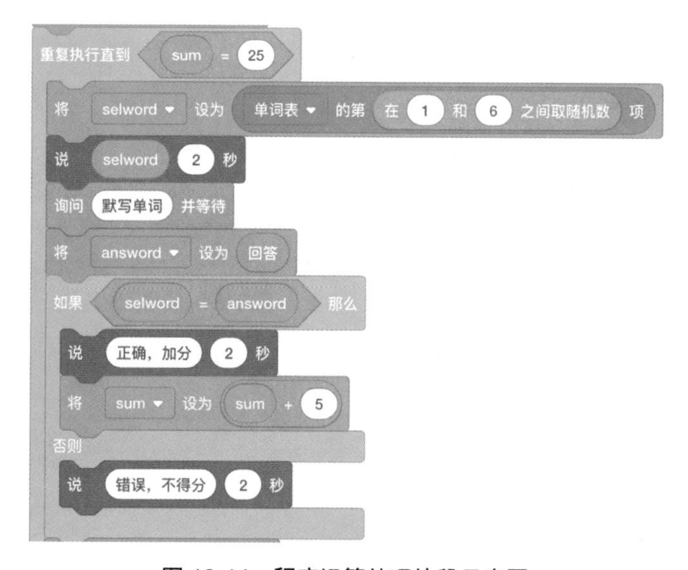

图 12-14　程序运算处理片段示意图

- **重复执行直到……**：需要在白色输入框中输入数字，用以跟用户获得的累加积分进行对比运算，若用户的累加积分达到要求，则退出循环，否则继续背单词，积累得分。
- **将……设为……**：从单词表中随机读取一个词，并将这个词“提供”给变量 selword。既然是提供给程序进行运算，那么也算是输入行为，只不过这个输入行为由程序自动执行。此处如果无法取到词，会导致程序对比处理失败。
- **说……秒**：将前面读取（输入）的单词在屏幕上显示 2 秒后清除，即将数据信息输出到屏幕上，所以这是典型的输出行为。秒数只是控制显示时长的一个数值，并不会改变输出的本质。如果前面没有读到单词，此处想输出也没有内容可以输出。
- **询问……并等待**：首先在屏幕上显示“默写单词”的信息，这是一个典型的输出行为；然后等待用户在文本输入框中敲入所记忆的单词，这是一个典型的输入行为，如图 12-15 所示。

图 12-15　上方输出信息，下方输入信息

- **将……设为回答**：前面用户输入的单词信息默认存储在一个叫“回答”的变量中，这是 Scratch 软件自己提供的。本句指令可以将“回答”中的数据信息“传递”给变量 answord，这也是一种输入行为。如果 answord 没有接收到传递的信息，那么它就无法完成下面与变量 selword 的对比任务。

现在 selword 变量（里面存储着最初读取的单词）和 answord 变量（里面存

储着用户输入的信息）中的数据信息均已备齐，程序开始对二者进行对比：如果相同，表示记忆和输入的信息正确，则用户获得 5 分；如果不相同，表示记忆和输入的信息错误，用户不能得分，如图 12-16 所示。

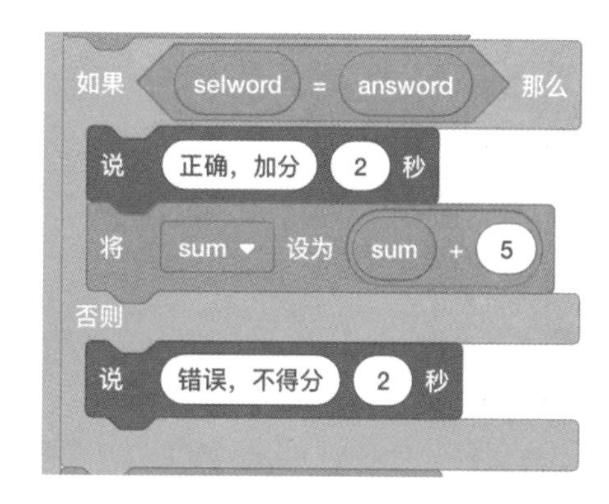

图 12-16　通过比较确定是否得分

- **如果……那么……否则……**：运算处理程序片段中使用的选择结构，完成两个变量所存储信息的对比工作。此选择结构嵌套在循环结构中，二者均为程序运算处理片段的组成部分。
- **说……秒**：在舞台上显示信息，典型的输出行为。
- **将……设为……**：每答对一次，sum 变量中存储的总分增加 5 分，并且这个变量作为判断条件控制循环：若其值达到设定值，则跳出循环，执行后续指令；若未达到，则继续循环。

通过分析这一段运算处理程序，可以看到最核心的处理就是对比两个变量，根据对比的结果确定加分与否。程序片段中的所有输入行为和输出行为都是为运算处理服务的，相对而言，输入要比输出重要一些，因为输入信息的错误将直接误导运算处理程序。

而运算处理是程序的核心，输入的数据信息将被传送到运算处理程序片段中进行处理。进行运算处理时，一般不需要人工参与和干涉，但是为了最大限度地发挥计算机的优势，运算处理程序的编写非常讲究技巧，主要表现在构建数据结构和算法，这也是编程的难点和精华所在。在人工智能、大数据、云计算的背后，其实就是复杂的数据结构和算法。

运算处理不仅包括四则运算、函数运算、逻辑运算等，还包括对文字、字符、图片等信息的处理。人工智能、机器人应用、大数据都离不开对数据信息的运算处理。

3. 输出模块

最后一条积木指令是不是已经很熟悉了？不啰唆了，图 12-17 就是典型的输出。

图 12-17　输出祝贺信息

除了在计算机屏幕上显示信息或状态属于输出，使用运算结果控制机器人做动作也属于输出。因此，把三维软件设计的物体通过 3D 打印机打印出来属于输出，把声音传给音箱播放也是输出。输出就要有输出设备，上面所提到的显示器、3D 打印机、音箱都属于输出设备。机器人则相对复杂一些，从表面上看是钢爪抓取、车轮转动、履带滚动，其实钢爪、车轮、履带进行的都是从属运动，真正起作用的是背后的电机或舵机（图 12-18 中钢爪后方的黑色物体）。当电机或舵机工作异常时，钢爪等部件也就失效了，所以准确地说，机器人身上的电机或舵机才是输出设备。还有机器人身上的音箱，没有它，就听不到机器人唱歌、说话。

图 12-18　舵机是输出设备

当需要把运算后的结果（数据信息）以一定形式展现出来时，就要在程序的适当位置提供输出，输出结果可能是图形、数字、字符、通电时长等。在不同的输出设备上，这些结果会展现出不同的形态，输出到显示器上的可能是数字、图形，输出到机器人上的可能是驱动舵机旋转一定的角度，输出到 3D 打印机上的则是产生一个 3D 物体。

房屋构建有 3 个模块——墙壁、屋顶和门窗，程序构建同样有 3 个模块——输入、运算处理和输出，在这 3 个模块内部，包含顺序结构、选择结构和循环结构。

构建程序的 3 个模块也不一定全部出现在程序中。例如，最经典的 C 语言程序：

```
printf("hello, world!");
```

该程序只有输出，即在屏幕上显示文字“hello, world !”。同样，用指令控制机器人移动时，也可能只涉及输出，不需要输入和运算。这种特别简单的程序一般没有什么逻辑，也没有什么用途，用不着“烧脑”地去编写。真正有实用价值的、稍微复杂点的程序都需要具备 3 个模块：输入、运算处理和输出。

通过对本节的学习，我希望大家能够在头脑中形成这样的认知：不论构建什么程序，首先要根据问题分析出解决问题需要用到的运算处理方法（如背单词程序中需要进行对比处理），这是最关键、最核心的；然后向前推导需要提供哪些数据信息，这些数据信息通过什么方式输入（如通过单词表提供标准单词，通过用户输入产生对比单词）；最后对运算处理的结果进行输出，输出方式多种多样，如屏幕显示、喇叭鸣响、灯泡闪烁、机器人运动等。

在掌握了程序的这 3 个模块后，就可以开始逐步构建更复杂的程序了。我们要学会对庞大、复杂的问题进行梳理和切分，将大问题切分成小问题，然后逐个解决小问题，最终组合起来解决大问题。类似组装汽车，先做好发动机、车架、外壳等零部件，最后组装成汽车。

这一章最重要的知识都在本节，希望大家能用本节所学的 3 个模块构建方法逐个对前面所做的程序进行分析，这是一项很重要的学习任务。为了保障学习效果，下面几节安排的学习内容非常简单，我们可以把它们当作学习资料，在用到的时候翻查。

12.2 自定义事件

我们在前面的课程中已经接触了很多事件，它们都是 Scratch 软件提供的标准事件。除此以外，Scratch 软件还提供了一个更灵活的、可以供用户自定义的事件积木指令，此事件积木指令必须配合两条广播积木指令使用，如图 12-19 所示。下面就来学习一下自定义事件。

图 12-19 广播消息积木指令

首先还是通过改造一个案例来学习有关广播消息和接收自定义消息的积木指令。

Get新技能：广播消息

Step 1 打开 6-3-1.sb3 程序，把它另存为 12-2-1.sb3 程序。下面我们把两个角色所附带的程序改写，让“贝果”角色和 Nano 角色联动起来，一起进行造型的变化。

Step 2 修改贝果的造型切换程序，在下面增加一条“广播……”积木指令，点开“消息 1”下拉列表框，单击“新消息”，在弹出的对话框中把新消息命名为“一起变”，如图 12-20 所示。

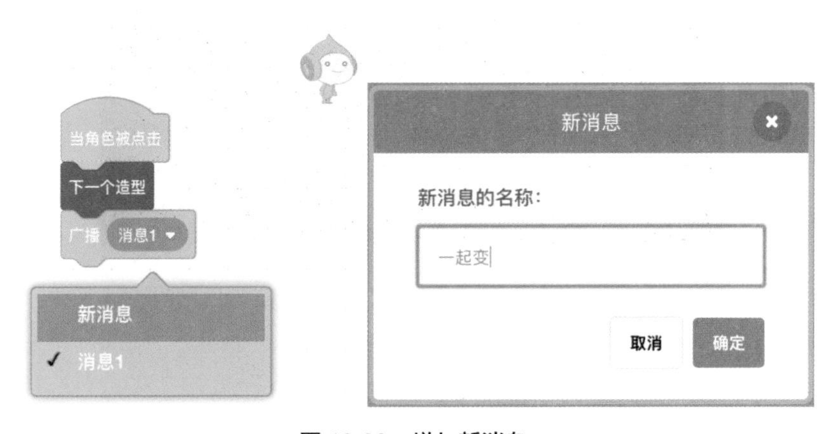

图 12-20 增加新消息

Step 3 选中 Nano 角色后，在脚本区域修改它的造型切换程序，将原事件改成“当接收到……”积木指令，如图 12-21 所示。

Step 4 在舞台上点击贝果，可以看到，在贝果切换造型的同时，Nano 也在跟着变化。

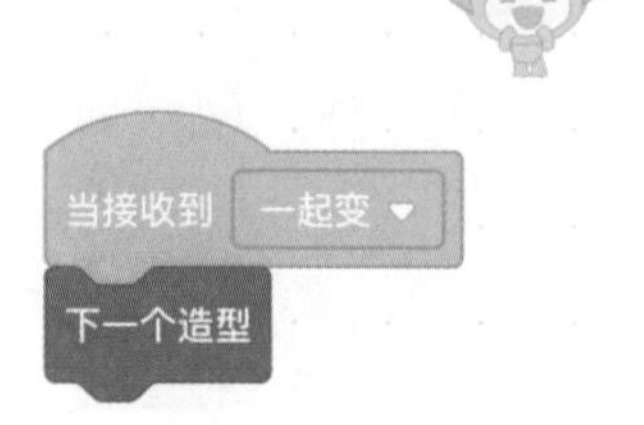

图 12-21 接收新消息

产生这样的效果是因为在贝果造型变化的程序上增加了“广播……”积木指令，所以贝果广播消息“一起变”时，所有将“一起变”作为响应事件的程序都会做出响应，执行“一起变”响应事件中的程序。

大家可以做更多的测试，增添几个新的舞台背景，为舞台编写一个程序响应消息，看一看能否一起联动。

“广播……”积木指令作用于作品中的所有角色，发出消息后，程序即刻继续向下运行；“广播……并等待”积木指令也作用于作品中的所有角色，但它会等待接收该消息的角色执行完相应的程序后才继续向下运行。

这两条积木指令具有细微的差别，它们有不一样的应用场景。如果要完成一个载歌载舞的场景，一个角色唱歌一个角色伴舞，那么显然不能用具有等待功能的消息积木指令，两个角色必须联动起来；如果是下棋的场景，那么肯定是一个角色下完另一个角色才能下，需要具有等待功能的积木指令。

广播消息和接收消息在不同的角色之间架起了通信的桥梁，可以更灵活地控制程序。下面来编写一个打老鼠的游戏，它将会用到多个自定义事件，游戏效果如图 12-22 所示（参见 12-2-2.sb3 程序）。

图 12-22 打老鼠游戏效果示意图

打老鼠游戏：游戏开始后，老鼠会随机出现在 6 个洞穴中的一个，显示 1 秒后消失，然后随机出现在下一个洞穴。

使用鼠标控制贝果快速移动以追踪老鼠，当贝果触碰到老鼠的时候，显示“抓到老鼠得 1 分”，显示时间为 1 秒，1 秒后打老鼠游戏继续，游戏将累计总分。

分析：舞台上有 6 个洞穴，可以给 6 个洞穴编上号码，采用随机数的方式选择老鼠要现身的洞穴。需要测定 6 个洞穴的 ***x*** 坐标和 ***y*** 坐标，以控制老鼠出现在准确位置上。

依靠键盘很难灵活地控制贝果在舞台上快速走动，所以需要贝果跟着鼠标指针到处移动，即控制贝果跑到鼠标指针所在的舞台坐标处。这又是一种障眼法，好像是用鼠标控制着贝果移动，其实是贝果追着鼠标指针移动。

如何判断贝果有没有打到老鼠呢？这里采用“代码”面板“侦测”模块中的 颜色 碰到 ? 积木指令，该积木指令用于判断第 1 种颜色是否碰到了第 2 种颜色，其中第 1 种颜色需要在角色上选择，第 2 种颜色需要在其他角色或者舞台背景上选择。

在本例中，贝果具有独特的橘色，因此将橘色选择为第 1 种颜色（用鼠标点击积木指令的颜色方框，再点击贝果身上的橘色部分即可选定颜色）。老鼠常见的颜色为灰黑色，但舞台背景中灰黑色也占了很大的面积，因此如果设定为碰到灰黑色，肯定会出现问题。为此，我们将舞台背景的灰黑色部分编辑成纯黑色，将老鼠的肚子部位编辑为红色。于是我们选择红色作为第 2 种颜色，这就确保了判断结果的准确性。

1. 对程序进行初始化的内容，如设置变量、舞台背景等，最好放置在舞台背景对象的程序中，并以点击绿旗为触发事件。原则上，舞台背景对象的程序要比角色的程序先“执行”，因此舞台适合执行初始化设置程序。
2. 针对角色进行初始化的内容，如设置角色的大小、位置、造型等，建议放入角色的“当绿旗被点击”事件程序中，确保程序启动时，角色按照设定出现在正确的位置。
3. 角色与角色之间的联动尽量采用自定义消息的方式进行，消息名称的定义要参照见名知义的原则。
4. 原则上，每一个独立消息触发后完成的功能不宜过多，用不同子程序实现程序的各个细分功能是一个良好的编程习惯，有利于提高代码的可读性，易于排除程序中的错误。
5. 按功能细分程序更大的益处是，如果需要调整功能，仅需要修改相对应的代码段，不需要对整个程序进行“伤筋动骨”式修改，降低了发生错误的概率。这种编程习惯也是面向对象编程所提倡的。

其程序流程图如图 12-23 所示。

按照上面所讲的规则，组织和编写打老鼠的游戏，注意按照功能细分程序。

首先来看舞台背景所具备的程序，如图 12-24 所示。

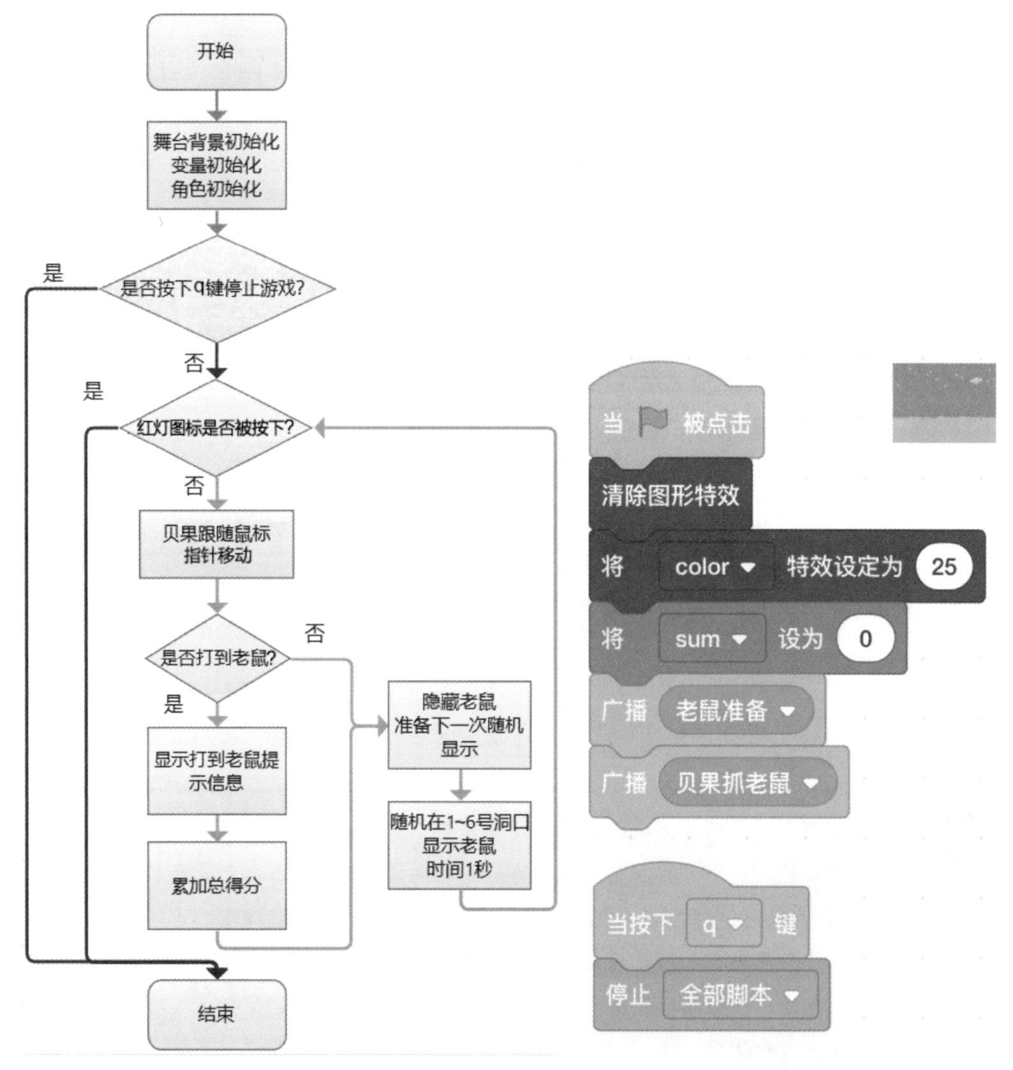

图 12-23　打老鼠游戏的程序流程图

图 12-24　舞台背景的程序

在舞台背景的“当绿旗被点击”事件程序中进行初始化设置，如将背景颜色设定为 25， sum 变量初始化为 0。最重要的是两条广播积木指令，一条是通知老鼠做好准备，游戏要开始了，另一条是通知贝果可以开始抓老鼠了，这两条积木指令都将触发事件。

“当按下 q 键”事件作为独立的程序，用于停止整个游戏的执行，它是全局有效的，因此放在舞台背景上，而不是放在某个角色上。尽管放在角色上也可以起到同样的效果，但是这不符合编写程序的规则，影响全局的设置尽量放在与全局有关的对象上。

下面来看贝果附带的程序，如图 12-25 所示。

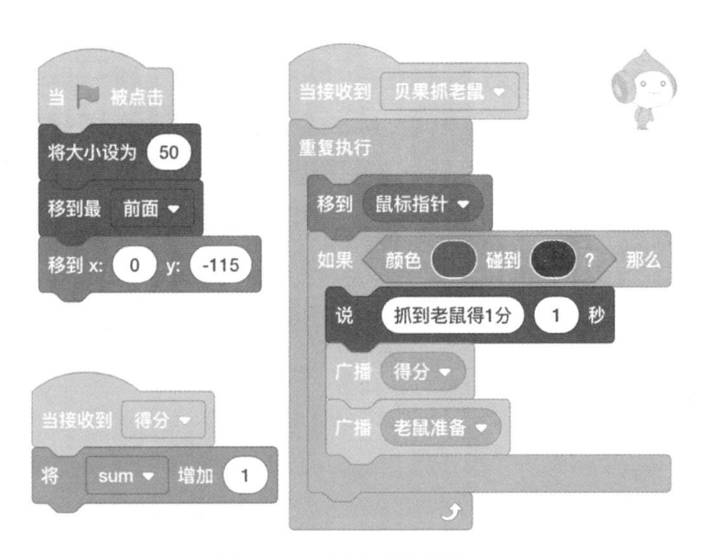

图 12-25 贝果附带的程序

“当绿旗被点击”事件程序中为什么有一条“移到最前面”积木指令呢？因为在“角色”面板中，“贝果”角色排序在前，“老鼠”角色排序在后，所以老鼠在舞台上会出现在贝果的上面，这样就不是贝果打老鼠，而是老鼠打贝果了。因此，为了使游戏效果更逼真，我们调整了它们的层级，让贝果处于上层。

“贝果抓老鼠”是一个自定义的消息事件，由舞台背景的初始化程序触发。触发该事件后，程序进入循环结构中，即贝果随鼠标指针而动。如果贝果所具有的橘色碰到老鼠所具有的红色，表示打到老鼠。

一旦打到老鼠，除了显示提示信息外，还将广播两条消息：一条为“得分”，这显然是为了触发得分事件；另一条为“老鼠准备”，为了触发“老鼠准备”事件，让被抓到的老鼠重新隐藏，准备再次显示。（想一想这条积木指令有存在的必要吗？为什么？）

“得分”程序就是按照功能细分原则划分出的独立程序。虽然只有一条积木指令，完全可以放入“贝果抓老鼠”程序的选择结构中，但是此处还是把它细分出来。这样做一是为了把“打老鼠”功能和“累计得分”功能相互分离，让它们各司其职；二是为“累计得分”功能的进一步扩充提供了便利，可以在不影响其他程序的情况下独立修改。

最后来分析“老鼠”角色附带的程序，如图 12-26 所示。

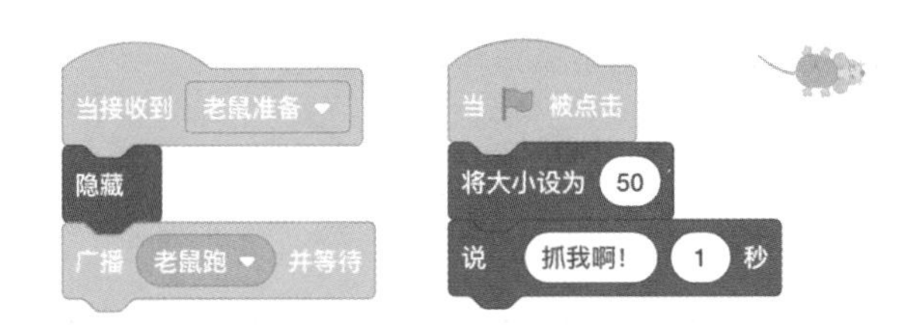

图 12-26 “老鼠”角色附带的程序示意图

按照规则，“老鼠”角色的初始化程序放在“当绿旗被点击”事件程序中，那么为什么不把“隐藏”积木指令放入该事件程序中呢？首先老鼠开始的时候并不需要隐藏；其次“当绿旗被点击”事件中的程序只会在启动时执行一次，而老鼠需要反复隐藏和显示，所以将其放在“老鼠准备”事件中（这就是存在的必要性），每一次被触发时隐藏老鼠，然后再由“老鼠准备”程序去触发“老鼠跑”事件。

“老鼠跑”程序采用随机数确定老鼠出现的洞口，洞口的坐标是固定的。老鼠出现 1 秒后，广播“老鼠准备”消息，触发“老鼠准备”事件重新隐藏老鼠，为下一次显示做准备，如图 12-27 所示。

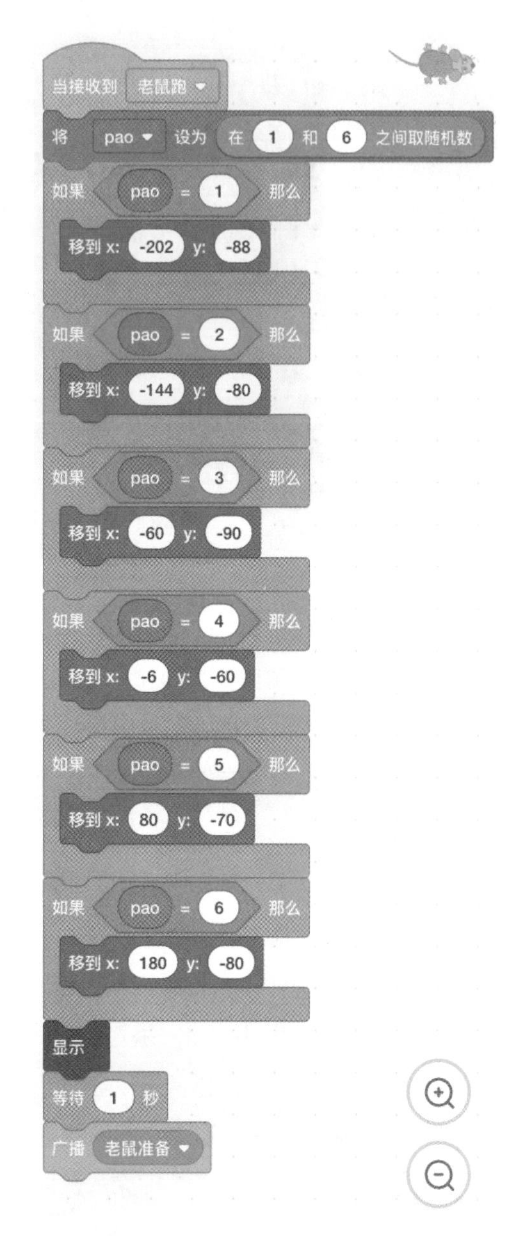

图 12-27　“老鼠跑”程序示意图

在打老鼠的游戏中，我们使用了与广播和接收有关的积木指令，通过定义多个事件，有效地按照功能细分了程序，这样的程序构建模式符合面向对象编程的规则，业界称这种规则为“松耦合”。松耦合的程序可以有效降低程序的复杂度，便于阅读和进一步修改程序。

既然提到了修改，我希望大家为此程序增加一个游戏时间功能：游戏每次执行的时间为 1 分钟，比一比在 1 分钟内谁打的老鼠最多。另外，可以提升一下游戏的严谨性，让老鼠不能出现在上次出现的洞口处，以防“自投罗网白送分”，想一想改哪个程序合适？（在贝果抓老鼠的程序中，那条“广播老鼠准备”积木指令是不是最佳的选择呢？）

12.3　自制积木

Scratch 软件提供的内置积木指令已经足够强大，可以满足绝大多数同学的创作需求。但是 Scratch 软件在“代码”面板的最下面还提供了一个“自制积木”模块，大家可以在这里创建自己想要的积木指令。

首先，通过一个案例来认识自制积木。打开 10.4 节编写的 10-4-1.sb3 程序，将其另存为 12-3-1.sb3 程序。在这个程序中，贝果附着的控制程序非常长，我们将通过“自制积木”功能对其进行改写。

Get新技能：创建自制积木

Step 1 选择“角色”面板中的“贝果”角色，分析它的控制程序。如图 12-28 所示，左边的程序段是用来控制贝果移动的，右边的程序段是用来控制发射和展示游戏结果的。之所以要改写这两段程序，是因为它们完成的都是单一功能，切分出来基本不会对其他程序段造成影响。

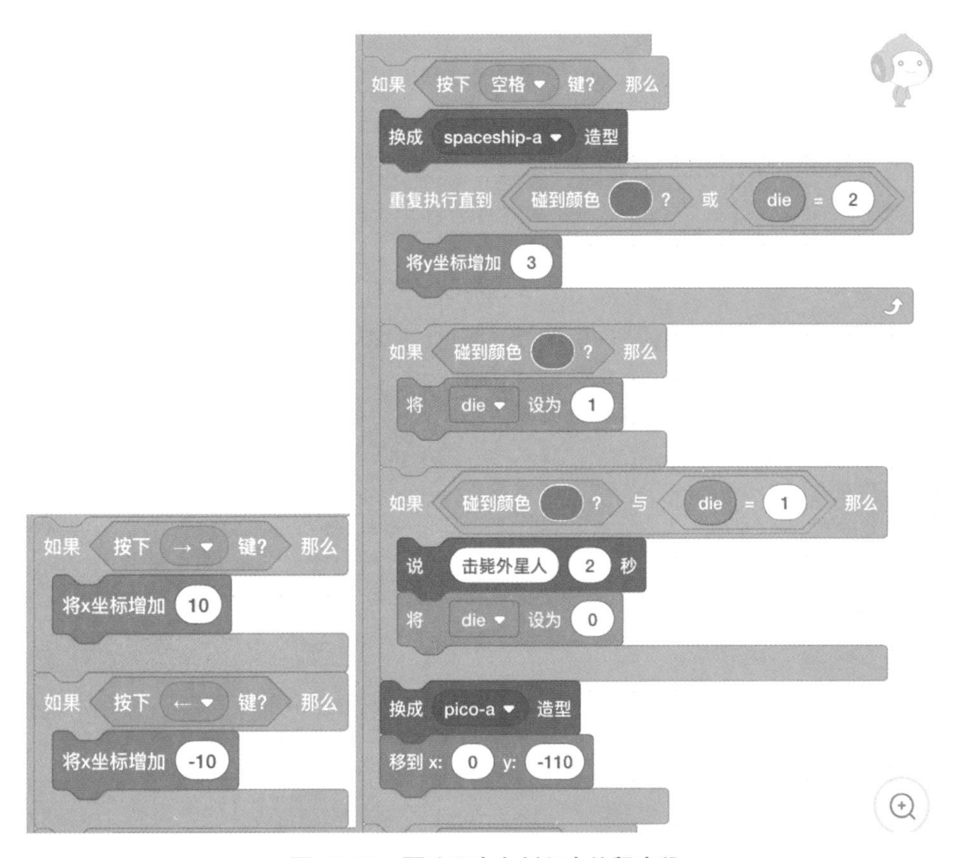

图 12-28 要改写为自制积木的程序段

Step 2 在“自制积木”模块中点击“制作新的积木”，在出现的对话框中设定积木名称为“贝果移动”，表示这是一个控制贝果移动的积木指令，然后点击“完成”按钮即可，如图 12-29 所示。

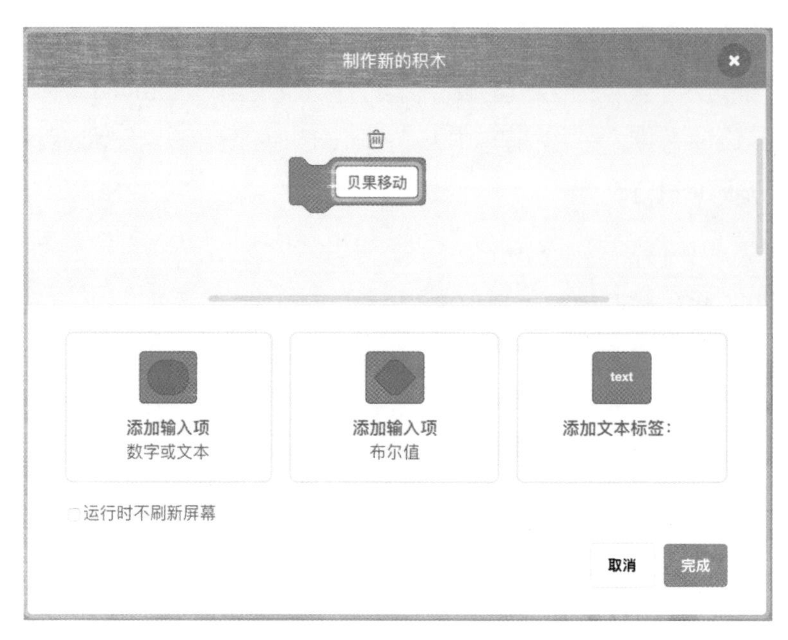

图 12-29 “制作新的积木”对话框

注意:“运行时不刷新屏幕”复选框就是说不刷新舞台，用于让自制积木中的代码在执行时暂停刷新舞台，在整个自制积木执行完毕后再刷新屏幕，将最终的运行效果呈现在用户眼前。

因为刷新舞台会消耗计算机资源，需要一定的时间，所以使用“运行时不刷新屏幕”功能可以加快程序的执行，缩短运行时间。但是这样一来，用户无法通过舞台及时看到运行效果。如果要追求舞台效果，就不勾选此项，因为消耗的那点计算机资源是可以忽略的。

Step 3 成功创建自制积木指令后，“代码”面板的“自制积木”模块中会出现一个 贝果移动 积木指令，同时在程序面板中出现一个全新的积木指令，如图 12-30 所示。这个积木指令也只有一个向下的凸起，说明它必须放在其他积木指令的上面，但它又不是事件，显示的是“定义”，说明其功能就是设定一个新的积木指令。

图 12-30 “定义贝果移动”积木指令

自制积木必须先定义再使用。绝大多数编程语言在使用自定义的内容之前，比如变量、自制积木等，都需要提前定义，否则就会出现错误。

Step 4　将控制贝果左右移动的程序段从原来的程序中剥离出来放置到“定义贝果移动”积木指令下面，如图 12-31 所示。

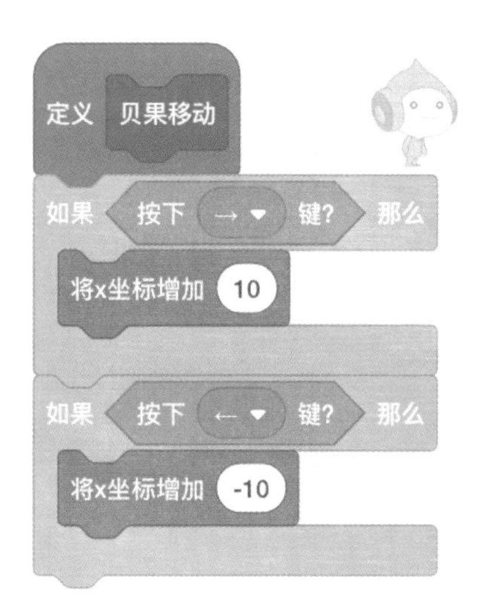

图 12-31　控制贝果移动的程序段

Step 5　现在，贝果控制程序中已经没有控制它移动的积木指令了，我们应该如何通过自制积木控制它呢？这时就需要将“自制积木”模块中的 贝果移动 积木指令填入程序中，放置在被剥离的程序段处，如图 12-32 所示。

图 12-32　使用自制积木指令构建程序示意图

Step 6　将程序保存为 12-3-2.sb3 后进行测试，如果以上操作没有错误，那么程序依然可以正常运行。前面讲到，自制积木必须先定义再使用，当我们把自制积木填入程序时，业界有一个通用描述，称为“调用”，即程序运行到自制积木指令处时，调用“定义……”积木指令中的代码，执行后再回到调用程序处继续向下运行。

Step 7　参照上面的过程，将贝果控制程序中控制发射和展示游戏结果的程序段也自制成积木，名称为“贝果射击”，修改后的程序如图 12-33 所示（参考 12-3-3.sb3 程序）。

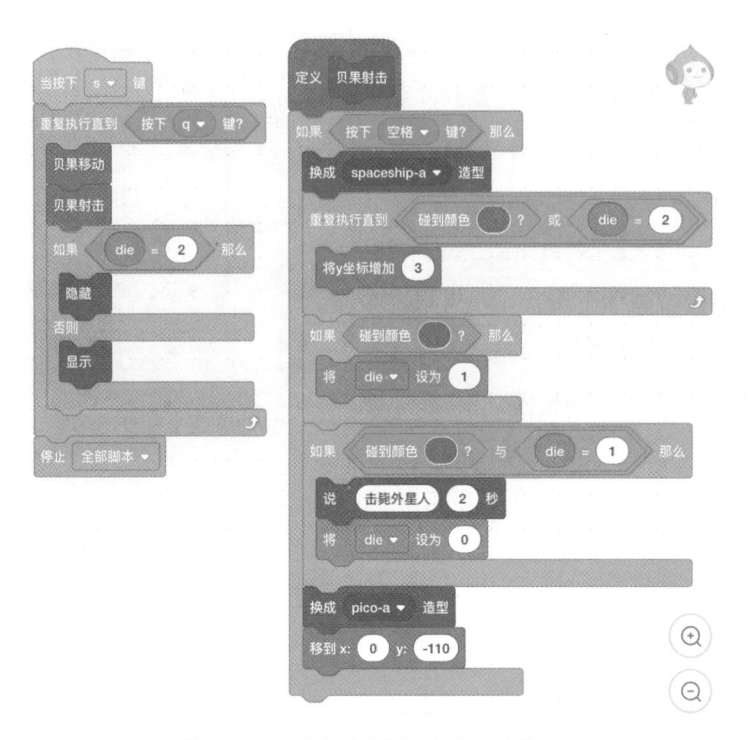

图 12-33　创建“贝果射击”积木指令

Step 8　在“角色”面板中选择蟑螂外星人，再来观察“自制积木”模块，发现空空如也。这说明自制积木都是角色的“私有财产”，不能共享给其他角色使用。用户可以尝试改造蟑螂外星人的程序，也创建一个自制积木指令，验证一下自制积木指令是否是私有财产。

自制积木在高级编程语言中称为“函数”，不过它没有函数那么强大，因为它是私有财产，而函数是可以共享的。

本节中我们学习了自制积木的创建和应用，虽然案例很简单，但是各位读者应该能够认识到它的应用场景了。自制积木可以将某段具有独立功能的程序段封装起来，在主程序中使用自制的积木指令就可以替代以前冗长的积木指令了。这样做的好处是：(1) 充分减少主程序的长度，使得主程序可以更专注于构建重要逻辑过程和功能模块；(2) 可以在不修改调用程序的情况下，通过修改自制积木指令而改变程序的功能。

总之，不论是采用 3 个模块构建程序，还是创建消息自定义事件、自制积木指令，目的只有一个：不要把解决问题的代码一股脑地编写在一个又长又复杂的主程序中。我们要学会按照功能或某种规则合理有效地拆分程序，拆分后编写小、快、灵的功能模块，最终组合起来解决问题。这种构建方式是面向对象编程所提倡的，以后大家采用高级编程语言时，也要贯彻这种思想。

第13章　程序小挑战

课程目标

从简单的程序做起，逐步丰富程序的功能，练习将一个主程序细分成不同的功能模块，通过改进功能模块增加主程序的功能。

许多人学编程，慢慢就觉得索然无味了，因为不屑去做简单的程序了，而短时间内又做不出来复杂的程序，不能及时地体验到成功的喜悦，就会逐渐失去兴趣。这一点在学习高级编程语言时会更明显，“费劲”地敲了数百行代码，执行时却报出一连串错误信息，心理素质稍差一点的人当场就放弃修改了。因此，要成为一名优秀的程序员，就得耐得住寂寞，有愈挫愈勇的精神。

13.1　加法练习

刷题是好多人有过的“痛苦”经历，比如老师可能会布置这样的作业：请家长给孩子出 10 道 10 以内的加法题，然后检查孩子的答题情况。这种作业其实更折磨家长，出题好烦，没什么技术含量，干脆就写个程序给孩子用，自动出题自动判断对错。

程序每次出一道加法题目，两数相加的和不超过 10，回答后立即判断对错，并给出提示信息，如果答对的题目达到 10 道，则完成作业，停止出题。

这里要解决的第一个问题是确定程序的主体结构。既然要答对 10 道题才能完成作业，可以确定要使用循环结构，判断条件就是累计答对的题目是否够 10 道：如果不够，则继续出题；如果够了，就结束程序。要累计答对的题目，就一定要有一个用于累计的变量。

要解决的第二个问题是题目从哪里来？一种解决办法是像背单词程序一样，创建一个列表，在列表里提前输入题目；另一种解决办法是采用随机数的方式，先产生一个 1~10 的随机数，使用变量记录下来，再产生另外一个随机数。为了保证两个数的和不超过 10，第二个数应该控制在合理的范围，然后使用变量记录下来。提示：为了避免出现“0+…”这样的题目，我们设定了随机数的范围为 1~10。

现在有两个变量记录着产生的随机数，将两个数值相加后的结果存储在第三个变量中，然后对比用户的回答与第三个变量是否相等，就可以判断对错了。

根据程序思路绘制程序流程图，如图 13-1 所示。

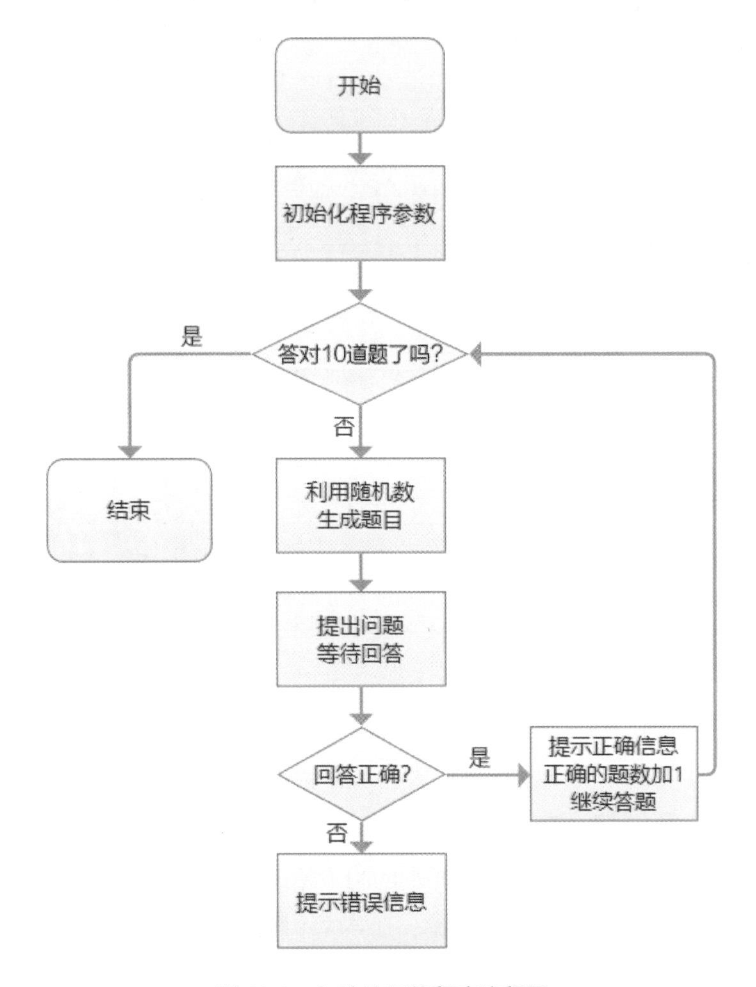

图 13-1　加法练习的程序流程图

根据之前的程序思路和程序流程图，我们知道共需要设定 4 个变量。变量 dui 用于记录答对的题目总数，变量 num1 和 num2 用于存储产生的两个随机数，变量 num3 用于存储两个随机数的和，我们将其跟回答的数值进行对比，程序如图 13-2 所示。

记得在测试之前保存程序，本程序见 13-1-1.sb3。

为了让两个数的和不超过 10，num2 的值是根据 num1 的值动态变化的。如果想控制 num2 也不要取值 0，则设定从 1 开始取值（图 13-2 中是从 0 开始的）。

在“询问……并等待”积木指令中，使用 4 个“连接……和……”积木指令拼出了题目，这种拼合字符串的方式经常会用到。

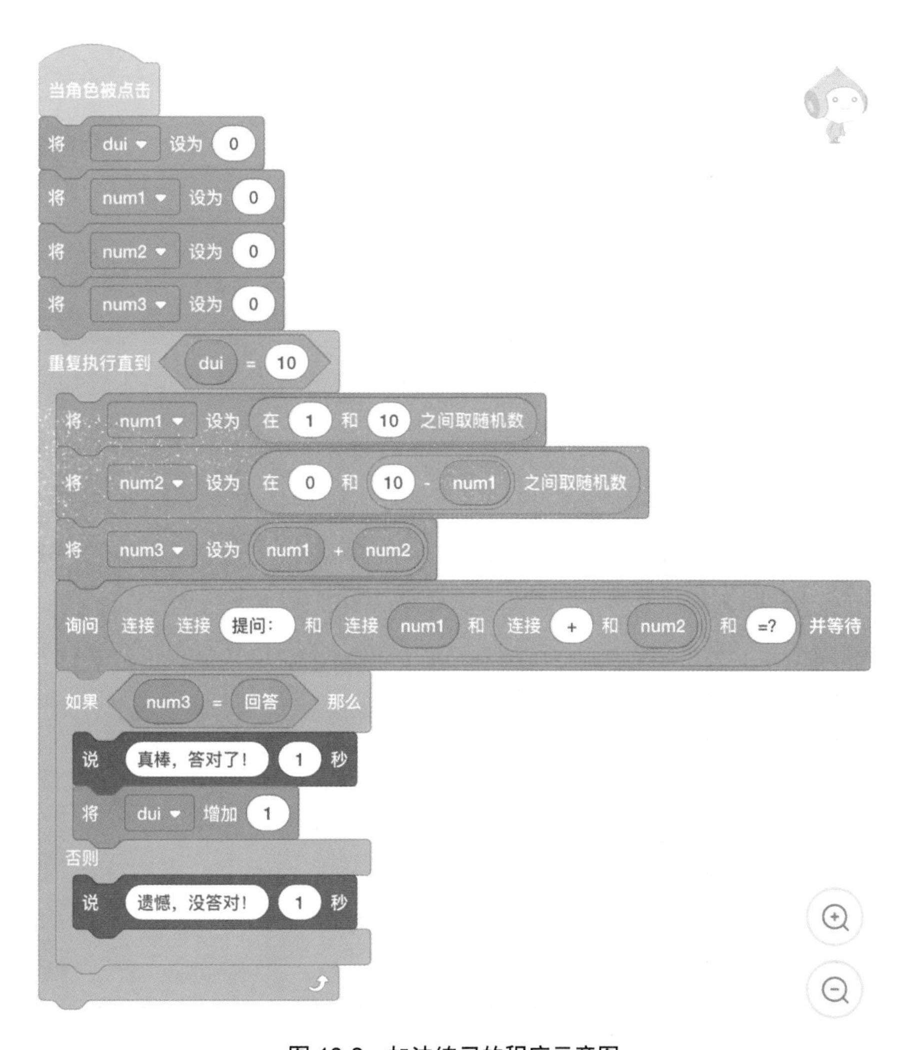

图 13-2　加法练习的程序示意图

到目前为止，我们设计的程序已经基本可以满足需求了，但是这样的程序能用多久呢？很快就要学习计算 20 以内的加法、100 以内的加法，怎样修改程序来适应这种升级呢？

13.2　增强版加法练习

上面的程序确实写得太死板了，一旦老师留的作业不再是 10 以内的加法，就得修改程序，有的人会说这有什么难的，不就是改变随机取值的范围吗？把 10 改为 20，就能做 20 以内的加法；把 10 改为 30，就能做 30 以内的加法。确实不难，但是如果每次做作业前都要改好几处数值，就会存在隐患。

接下来修改程序，要求每次做作业前能够先设定练习的数值范围，并能够设定答对题目的数量。

程序思路：将用户输入的值存储到变量中，用变量替代程序中原来写为固定数值的地方，这样程序运行时，就会按照设定的数值执行。分析上面的修改要求，首先要针对作业的数值范围设定变量，命名为 num，其次要为答对题目的数量设置变量，命名为 duinum。

修改后的程序如图 13-3 所示，具体参见程序 13-2-1.sb3。

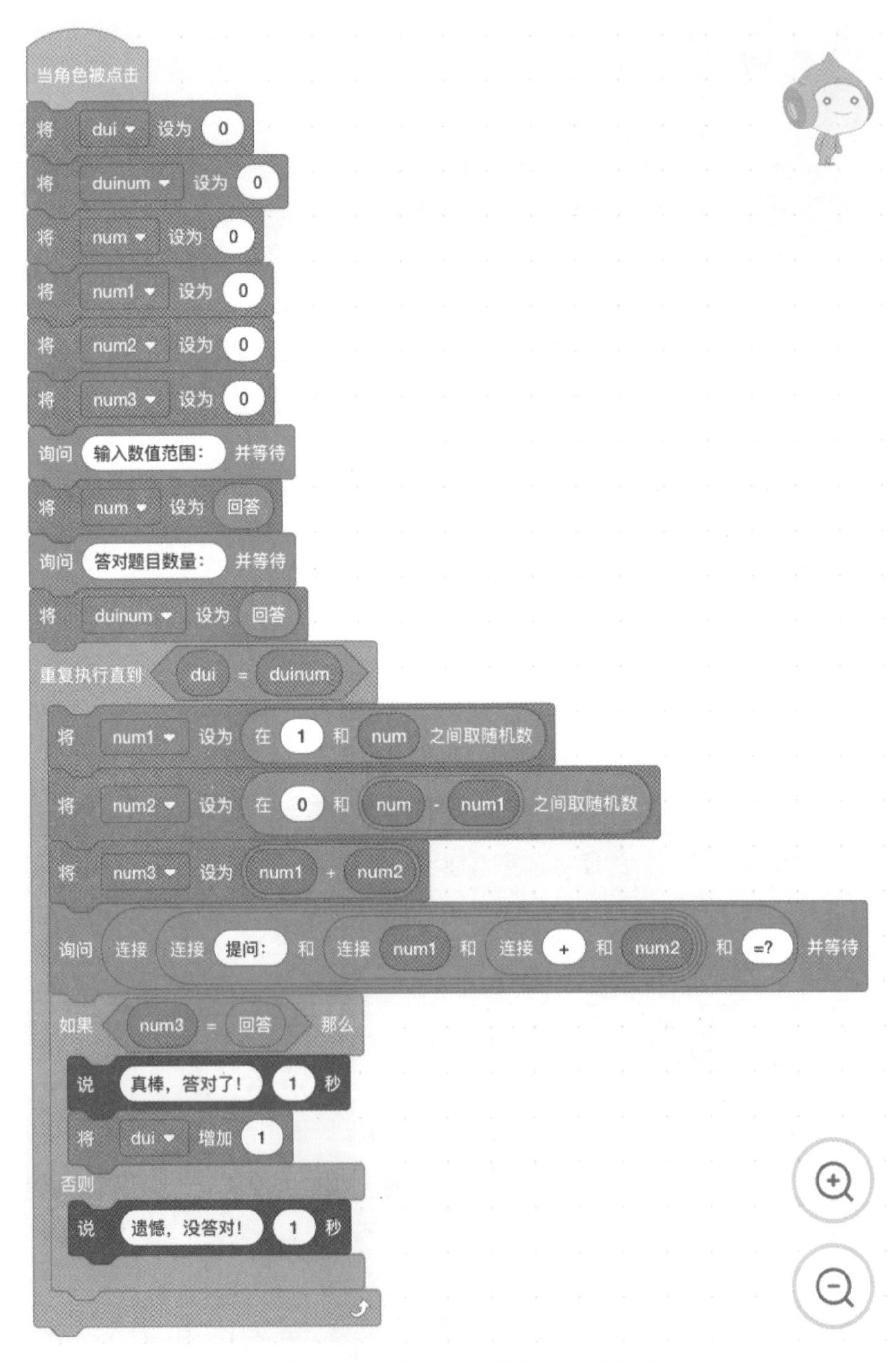

图 13-3　增强版加法练习的程序示意图

这个程序已经能够满足上述修改要求了，但是改成这样就可以了吗？这一般是编程初学者的作品，将所有功能写在一个程序中“包打天下”。但其可读性很差，修改时牵一发动全身，经常会因为没有厘清逻辑关系而造成“*A* 处修改，*B* 处出错”的情况。

前面说过：面向对象编程的特点之一就是按照功能将程序划分为不同的模块，功能模块之间是松耦合关系，可以相互调用。主程序尽可能短小精悍，通过调用不同的功能模块完成不同的功能。在需要进行程序功能调整时，修改功能模块即可，无须改动主程序。

下面进一步修改这个程序，用自制积木的方式将程序开始处的变量初始化和参数设定封装成独立的积木指令，主程序通过它们就可以完成初始化和参数设定，然后再执行其他功能。修改后的程序如图 13-4 所示（参见 13-2-2.sb3 程序）。

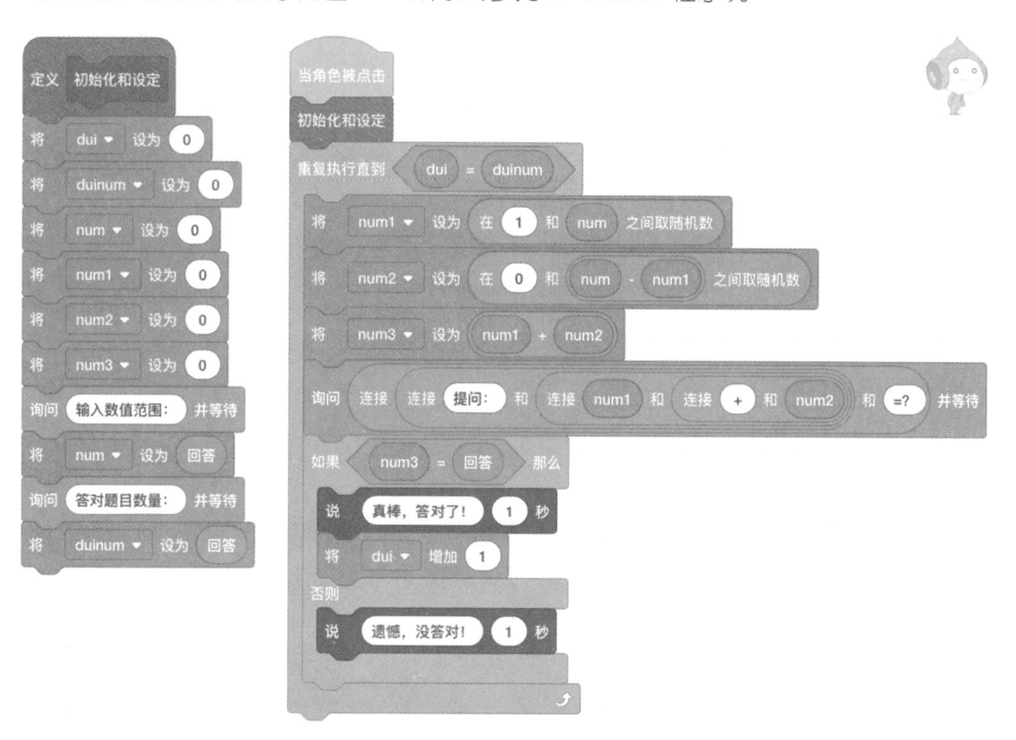

图 13-4　采用自制积木优化的程序示意图

13.3　超级版数学练习

小学生除了学加法，还会学减法、乘法、除法，此时单纯的加法练习程序已经不能满足需求了。再说，一般练习册中加、减、乘、除四则运算都是混着出题的，所以还要改进上面的程序。改进的要求：(1) 仍然可以设定练习的数值范围；(2) 可以设定需要答对题目的数量；(3) 加、减、乘、除按单项运算随机出题，不含混合运算。

前面我们已经在加法程序中实现了要求 (1) 和要求 (2)，因此保留所做的自制积木指令即可。目前重点是如何提炼出减法、乘法和除法的出题方法，最后再将它们组合起来，完美地解决问题。

首先提炼减法题目的规则。

为了避免出现结果为负数的情况，我们可以设定被减数大一些。比如 50 以内的减法，就可以取中间值，在 25 和 50 之间取随机数，将其设置为 num1 变量的数值，积木指令如图 13-5 所示。

图 13-5　将变量 num1 设为较大的随机数

减数一定不能超过被减数，所以将 num1 作为减数的上限，下限可以设为 0 或者 1，但是尽量不要设置为 0，因为减数为 0 太简单了。减数 num2 的积木指令如图 13-6 所示。

图 13-6　设置减数 num2 不超过被减数

剩下的事情就好解决了，num1-num2 肯定不会出现负数。

为了方便区分，将减法程序的初始化和参数设定封装成一个积木指令，命名为“减法初始化和设定”，将原来的“初始化和设定”积木指令修改为“加法初始化和设定”。此时的减法程序如图 13-7 所示，它在“减法”角色上。

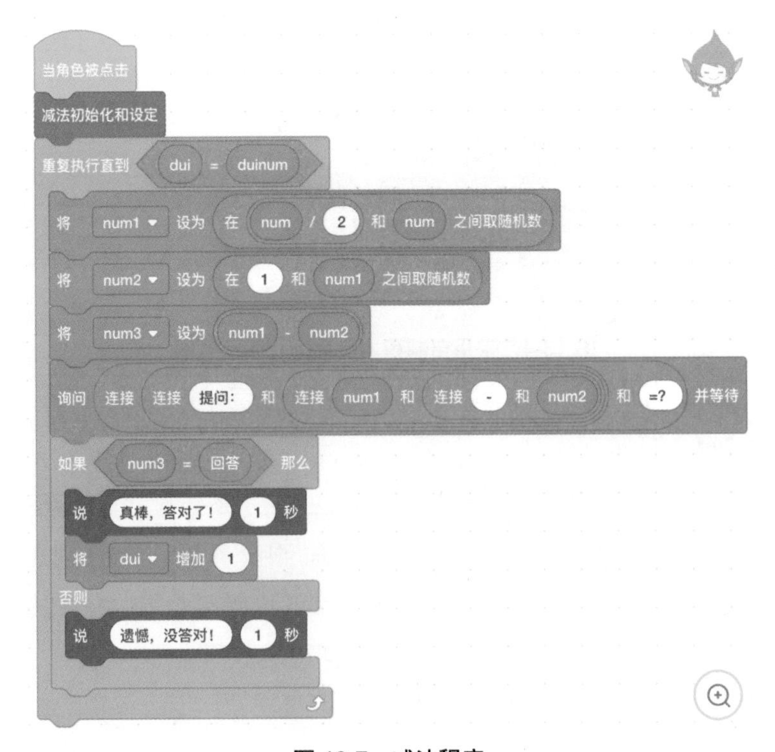

图 13-7　减法程序

接下来就是提炼乘法和除法题目的规则，注意积木指令的名称要相互对应。

提炼乘法题目的规则相对容易，在设定的数值范围内随机取值，只要两个数尽量避免为 0 即可，所以取值的下限为 1。乘法程序如图 13-8 所示，它在“乘法”角色上。

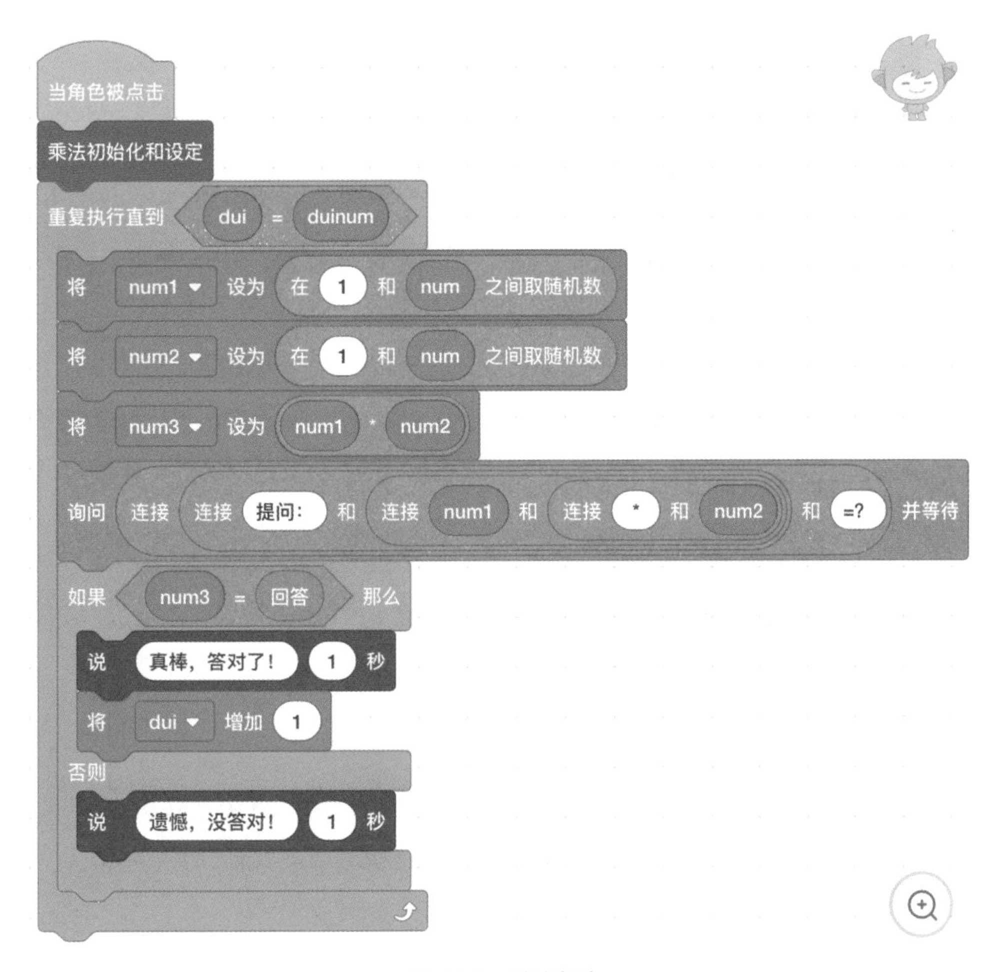

图 13-8　乘法程序

最后是除法程序，我们都知道除数不能为 0，因此 num2 变量不能为 0。另外，除法存在除不尽产生余数的情况，这个不在小学生的能力范围，所以要避免出现除不尽的情况。

为此在构建被除数和除数时，使用了一个障眼法。先将 num1 变量和 num2 变量设置为非 0 的随机数，然后用二者的乘积设置 num3 变量。所以在除法中，我们就可以用 num3 和 num2 进行运算，结果一定是 num1 变量中存储的数值，这就解决了潜在的除不尽问题。我们构建除法算式的程序如图 13-9 所示。

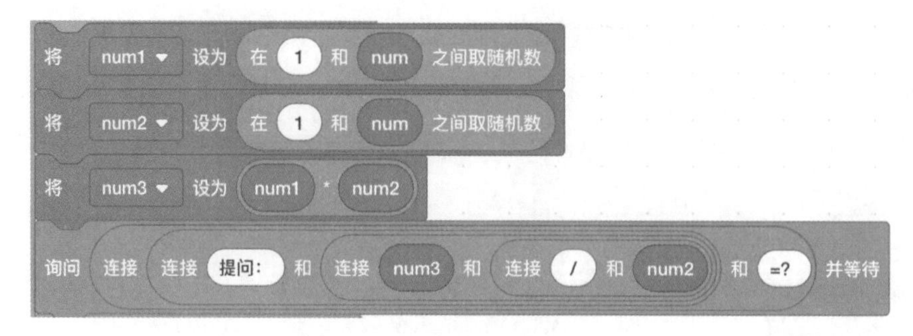

图 13-9　构建除法算式的程序

除法程序如图 13-10 所示。注意，在最后判断对错的时候，使用的是 num1 变量，而不是 num3。虽然使用这样的方式解决了潜在的除不尽问题，但是也埋下了新的问题，这在后面继续升级改造时就会显现出来。

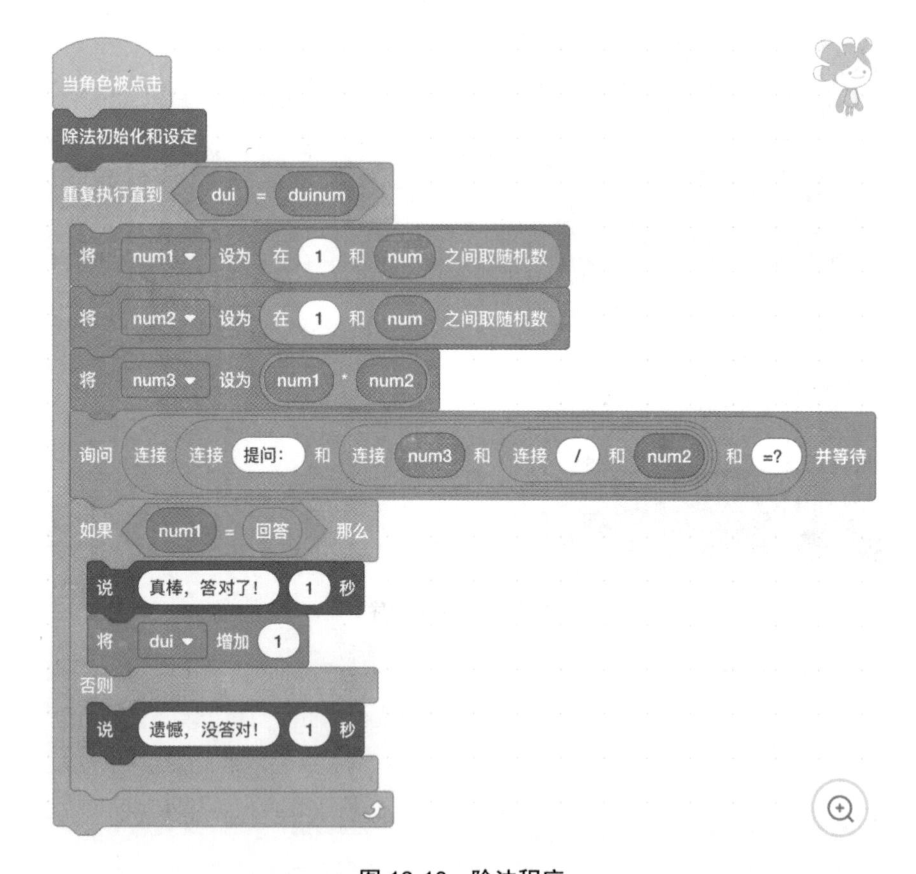

图 13-10　除法程序

至此，我们已经完成 4 个独立的加、减、乘、除出题程序，每个程序单独赋给一个角色，保存后可以分别进行测试。但是这并没有达到既定的目标，因为我们要做一个能混合出题的程序，而不是练完一个单项再练一个单项，所以还要继续改进。将程序另存为 13-3-1.sb3，继续改进。

可以看到，加、减、乘、除 4 个独立出题的程序在整体构造上是一致的，循环结构基本上可以分为两部分，分界点就是“询问……并等待”积木指令，在此条积木指令之上是产生数值和运算部分（含“询问……并等待”积木指令），在此条积木指令之下则是相对独立的判断对错部分。

因此，可以考虑将这两部分分别制作成自制的积木指令，这样就可以形成加、减、乘、除 4 条自制积木指令，以及一条可以共用的判断对错的自制积木指令。

自制完 5 条积木指令后，就可以考虑改进主程序了，基本思路很简单：沿用加法程序的框架，即将答对的题目数作为判断条件，在每次出题目前产生一个 1~4 的随机数（分别代表加、减、乘、除），根据随机数执行不同的出题积木指令，每执行一次判断一次对错，直至达到设定的答对数目。

按照上面的思路开始改进程序，以加法程序（贝果所附着的程序）为基础，保留原有的“加法初始化和设定”积木指令，然后将加法程序中用于判断对错的程序段剥离出来，定义为“判断对错”积木指令，如图 13-11 所示。

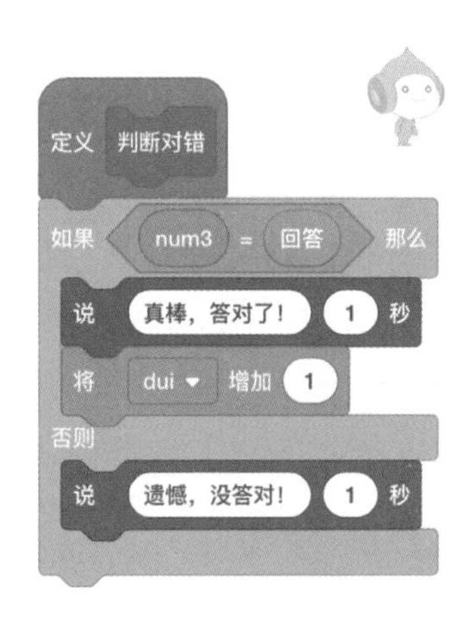

图 13-11　判断对错积木指令

还记得在前面实现除法程序时说的埋下了新问题吗？加、减、乘 3 个程序的判断对错程序段是完全一样的，所以可以共用此条积木指令。但是在除法程序中，将判断对错的 num3 变量换成了 num1，因此除法程序不能共用此条积木指令，该如何解决呢？

将加法部分剥离出来，自制为一条积木指令，命名为“加法”，自制的积木指令如图 13-12 所示。

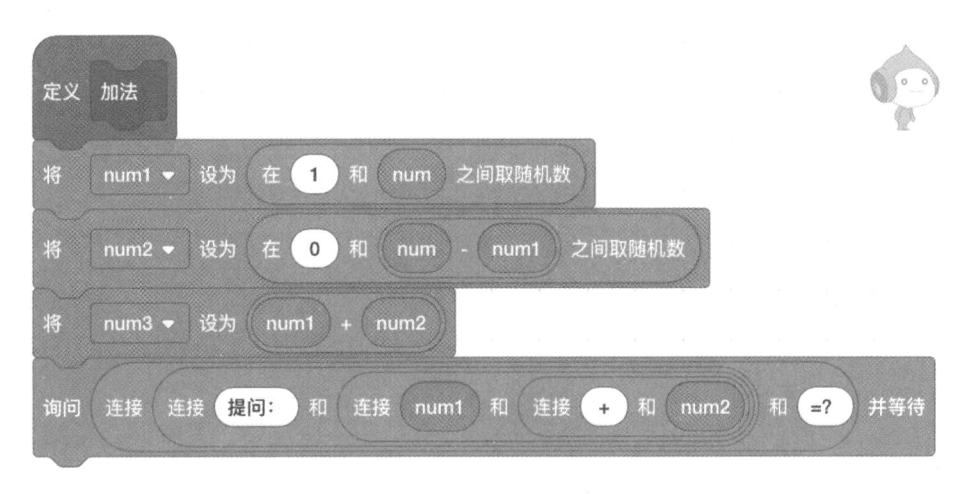

图 13-12　“加法”积木指令

“减法”积木指令如图 13-13 所示。

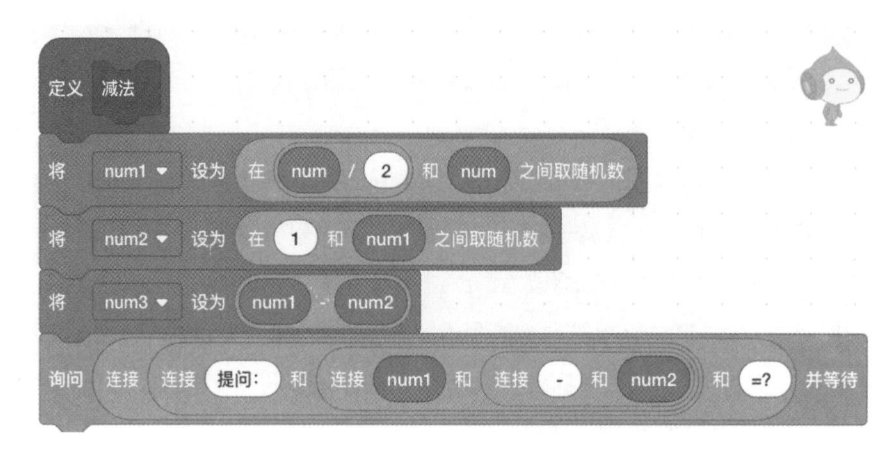

图 13-13 “减法”积木指令

“乘法”积木指令如图 13-14 所示。

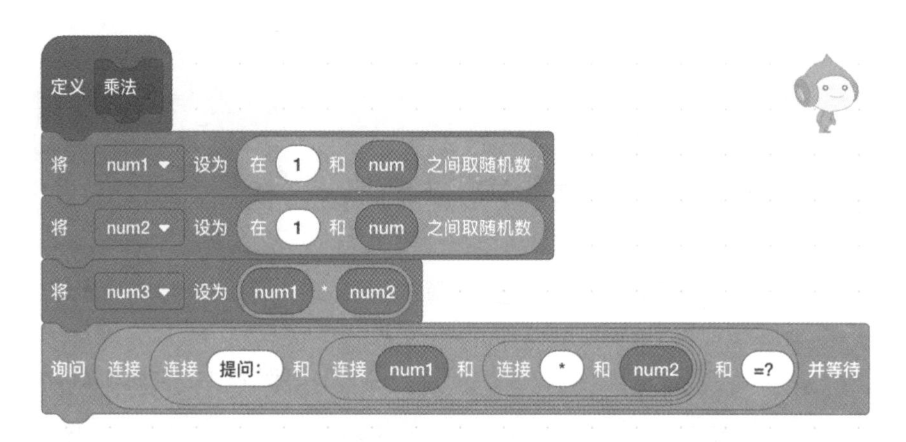

图 13-14 “乘法”积木指令

“除法”积木指令如图 13-15 所示。

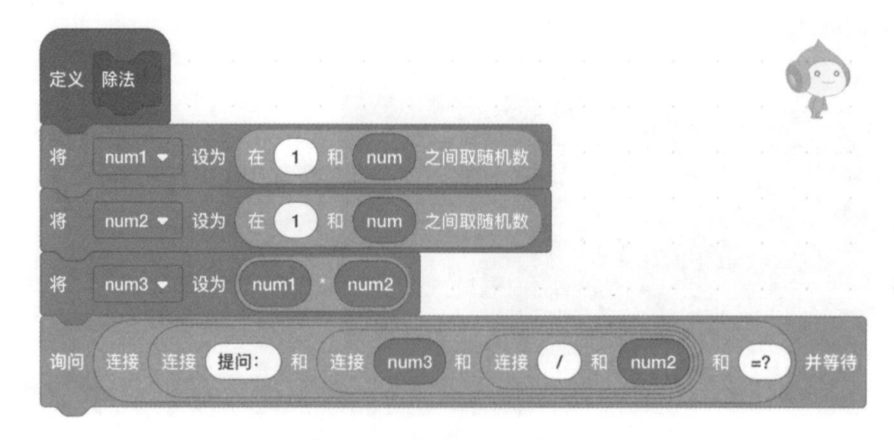

图 13-15 “除法”积木指令

创建完 4 条运算用的积木指令后，按照之前的思路创建主程序，绘制的主程序流程图如图 13-16 所示。

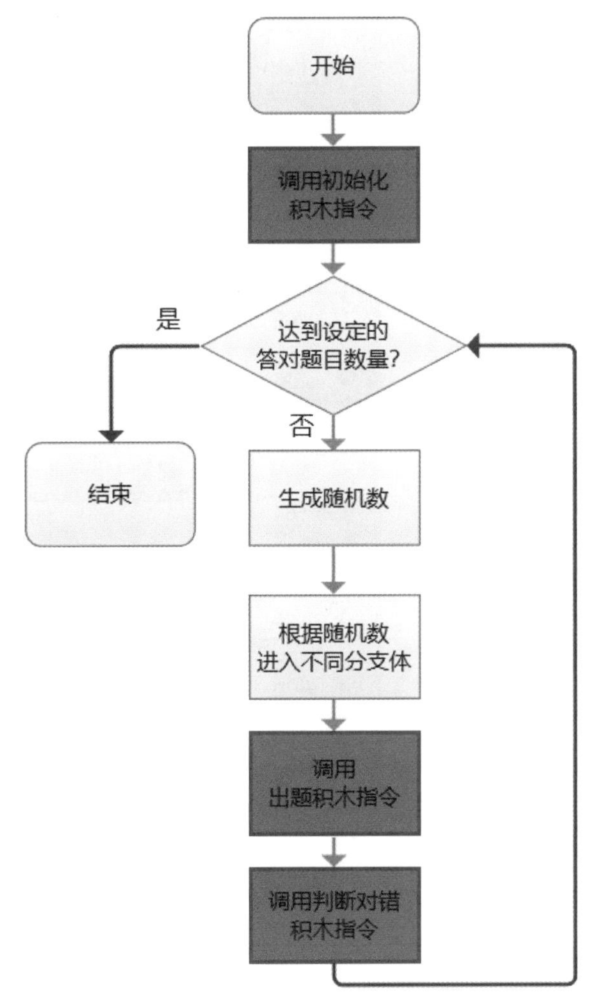

图 13-16　主程序流程图

在主程序流程图中，标记为红色的部分为前面自制的积木指令。从流程图中也可以看出，尽管主程序能够完成混合出题功能，但是没有因为功能的增强而变得复杂。下面我们根据流程图编写出主程序，如图 13-17 所示。注意这里新增了一个变量，用于存储随机数以设定出题的类型，大家可以将这个程序跟前面的加法程序做一个对比。

在测试之前记得保存，并将其他 3 个角色隐藏，因为“贝果”这一个角色就可以完成出题工作了，这里将程序保存为 13-3-2.sb3。

通过这样的改进，主程序的功能增强了，而且结构并没有变复杂，所包含的积木指令数量也比加法程序少。这样的主程序更加容易阅读，每个功能模块各司其职，可以随时调用共享的模块，这不仅减少了代码量，也减少了犯错误的可能性。这也是面向对象编程的优点，而且在高级编程语言中，这个优点会被放大。

学会将复杂程序细分成不同的功能模块，再由功能模块构建主程序，是每一个程序员应该具备的能力。初级程序员很可能因为欠缺编程经验，遇到稍微复杂点的问题，就会“乱成一锅粥”，尤其是直接掉入 3 种基本结构的坑中，试图靠 3 种基本结构直接解决问题。

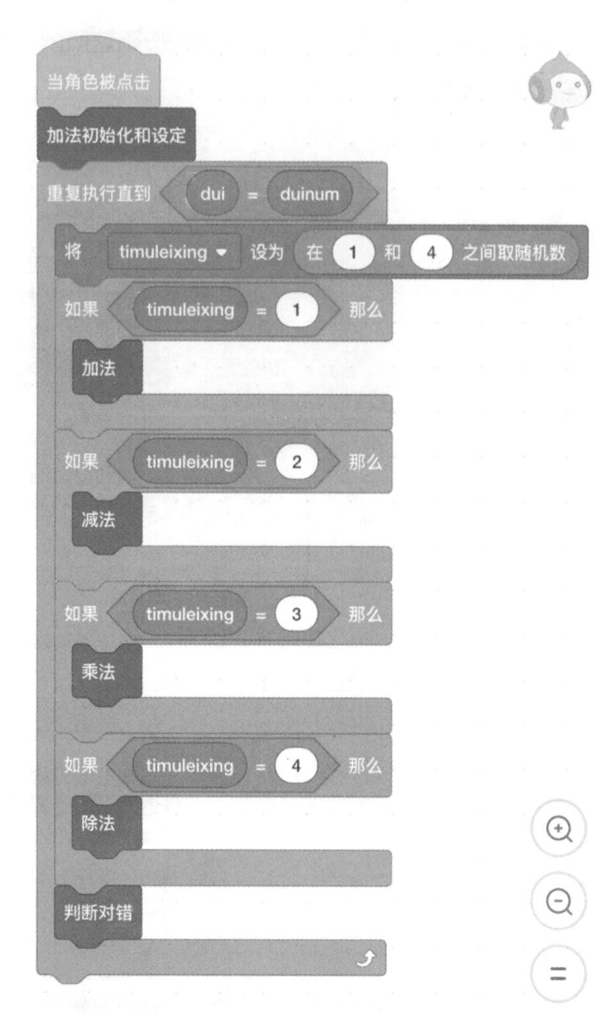

图 13-17　主程序示意图

希望大家在测试的时候能够发现里面的 Bug，前面也提示了。在做除法题时，即使输入正确的答案也会提示是错误的，因为除法程序中判断对错的条件跟其他程序是不一样的，所以共用“判断对错”积木指令就会出现错误。

错误的原因是我们改变了除法程序中判断对错的条件，那么怎么解决这个问题？

方法一：单独为除法做一个“判断对错”的自制积木指令。将“判断对错”积木指令从主程序中去掉，分别放入每个分支体中。这个办法虽然可行，但是不仅新增了一条自制积木指令，主程序中还多了很多判断对错的积木指令，这显然不是最好的方法。

方法二：按照“谁造成问题就解决谁”的原则，还是从除法程序上动脑筋。num3 变量在“询问”积木指令完成显示任务后就“没有用”了，这个时候如果将变量 num1 的数值赋给 num3，就可以用变量 num3 判断对错了，修改后的“除法”积木指令如图 13-18 所示。

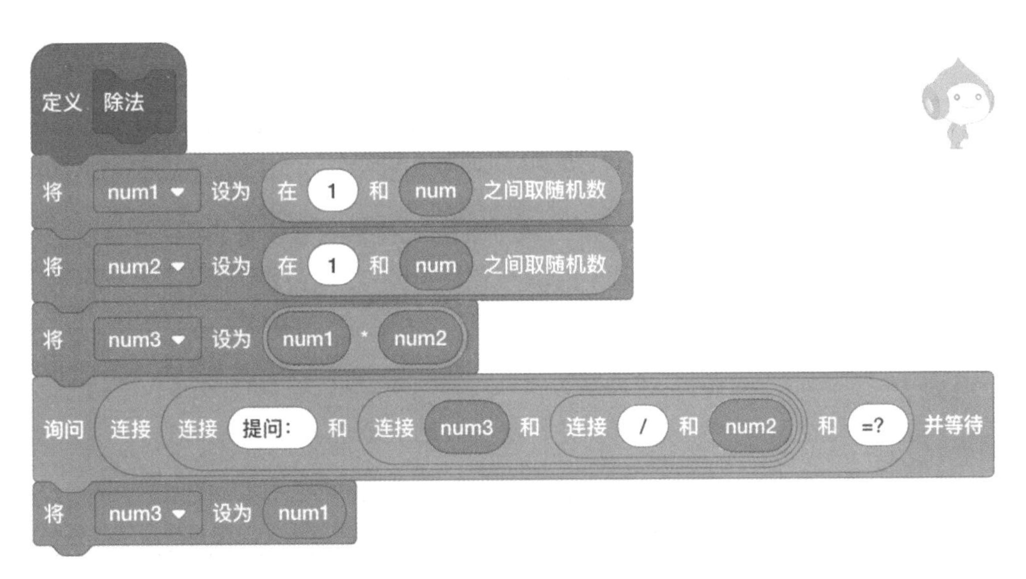

图 13-18　修改后的“除法”积木指令

再次测试程序，应该可以解决除法程序带来的问题。通过解决这个问题，可以总结一点经验：不要轻易去修改共用模块，尽量去修改不适合的功能模块。当然，高手在做功能模块细分时会关注到这些细节问题，初级程序员则要靠不断实践“撞墙”得以提升。日后在学习高级编程语言时，会遇到“抽象”二字，其实就是细分功能模块的意思，挺有挑战的，做好准备啊！

在完成上面的程序修改之后，将“加法初始化和设定”改为“初始化和设定”，将角色名“加法”改为“数学运算”，隐藏“减法”“乘法”“除法”角色和其他变量，重新布置一下贝果的位置，将程序保存为 13-3-3.sb3，可以用它来完成数学运算练习了。

13.4　绘图

前面使用自制积木指令有效地将复杂程序按照功能进行了拆分，这些自制积木指令其实可以用消息和自定义事件来替代，有兴趣的读者可以尝试一下。其实自制积木指令不止这点“能耐”，它可以胜任更复杂的任务，尤其是增添设定功能后，它可以像 Scratch 软件自带的积木指令那样使用。本节中我们就来编写一个绘图程序，通过设定边数、边长和线宽完成等边图形的绘制，将其封装成一个自制积木指令，然后在程序中调用它。

题目要求：自制一个能够根据参数设定绘制等边图形的积木指令，它可以绘制的图形边数为 3~15，边长可以设定，线宽也可以设定，如图 13-19 所示。

图 13-19　自制绘制图形积木指令

解题分析：绘制正三角形，首先从固定点出发向某方向移动一定距离，然后转一个固定的角度再移动一定距离，再次转固定角度移一定距离，即重复 3 次“确定方向 + 移动距离”完成绘制。

绘制正四边形（正方形），首先从固定点向某方向出发，绘制第一条边，然后转一个固定角度绘制第二条边……即重复 4 次“确定方向 + 移动距离”完成绘制。

绘制正五边形，就是重复 5 次“确定方向 + 移动距离”完成绘制，依此类推。

很显然，可以通过循环结构实现上述要求，循环的判断条件可以设定为边数。

那么正三角形转向的固定角度是多少呢？正四边形呢？正五边形呢？

有些同学可能知道：正三角形的 3 个内角都是 60 度，共 180 度；正四边形的 4 个内角都是 90 度，一共 360 度。随着边数的增加，单个内角的度数增加，内角和也增加。这里有一个数学公式来计算正多边形的内角和：(边数 − 2) × 180，所以单个内角的度数公式：(边数 − 2) × 180 ÷ 边数。

读者可以验证一下，正五边形的内角和为 540 度，每个内角应该是 108 度；正六边形内角和为 720 度，每个内角应该是 120 度。

现在计算公式有了，是不是直接套用这个公式就可以了呢？在解答这个问题之前，先回顾一下 10.3 节的内容。贝果在程序的控制下绘制出了一个五角星，我们可以借鉴以下内容：(1) 要在舞台上绘制图形，就需要用到画笔类积木指令；(2) 贝果的默认移动方向是水平向右，五角星的内角为 36 度，但是如果直接转动 36 度就是错误的，实际转向为 180 − 36 = 144 度，如图 13-20 所示。

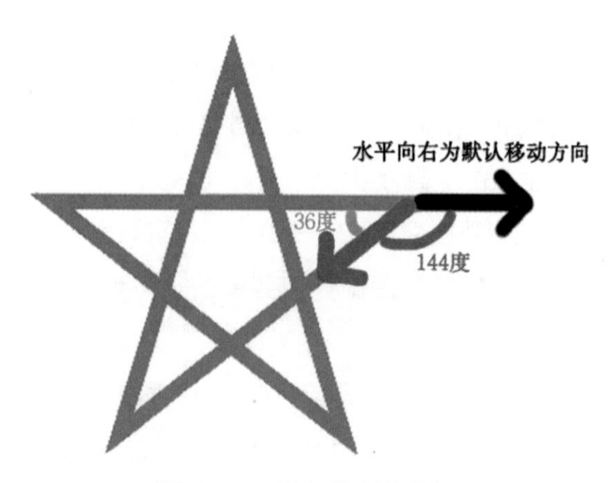

图 13-20　转向角度示意图

通过图 13-20 可以看出，控制贝果转动一个角度，并不能直接设定，应该转动这个设定角度的补角度数（补角：如果两个角的和是 180 度，那么这两个角互为补角，其中一个角叫作另一个角的补角），这样贝果才能沿着正确的方向进行移动。出现这个问题的原因就是角色是有方向的，角度转对，方向错误，角色移动肯定会发生错误。

所以绘制正多边形时，转向的角度应该是正多边形内角度数的补角度数，即：

$$转向角度 = 180 - (边数 - 2) \times 180 \div 边数$$

分析到这里，思路就非常清晰了，我们绘制的程序流程图如图 13-21 所示。

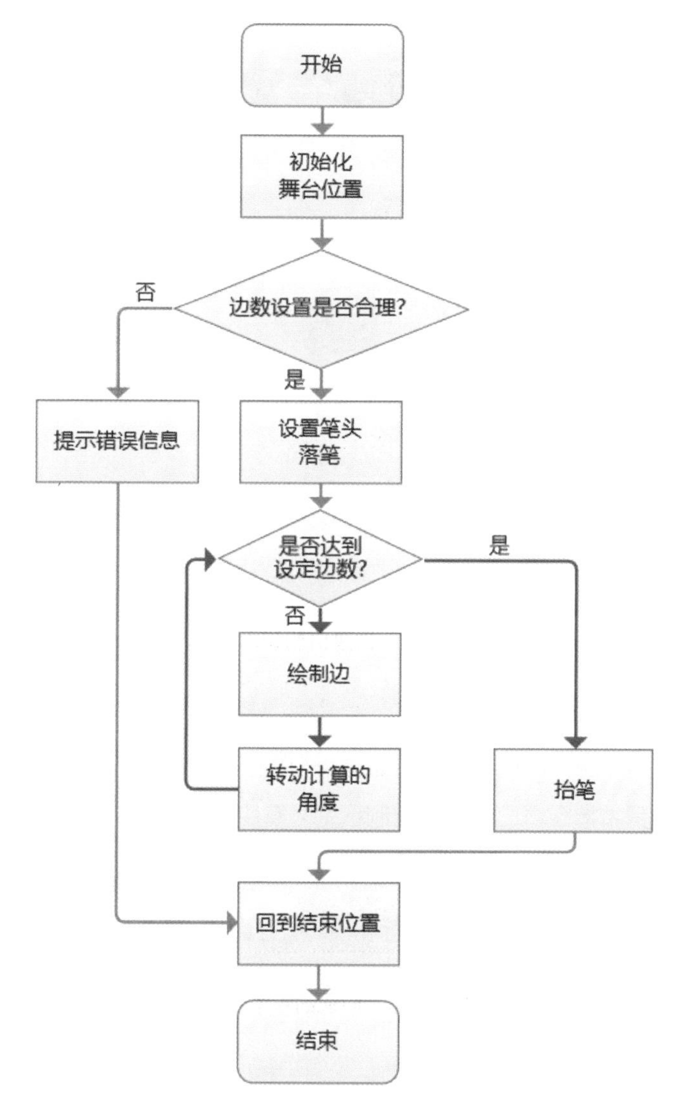

图 13-21　绘制正多边形程序流程图

接着，根据程序流程图开始构建正式的程序。和以往不同的是，这次构建的是一条自制积木指令，所以并不需要用到事件。

画笔类积木指令已经被隐藏到扩展区了，我们首先将它添加到“代码”面板中。打开 source.sb3 文件，将其另存为 13-4-1.sb3 文件，然后从扩展区调入画笔。

接下来开始自制积木指令。选择“贝果”角色，在“制作新的积木”对话框中按照图 13-22 所示进行设置。白色背景的输入框需要用“添加输入项”创建，红色背景的文字信息用“添加文本标签”创建，练习几次就可以掌握了。

图 13-22　创建自制积木指令

注意：输入项的名称尽量见名知义。其实它们就是积木指令中使用的变量，如果随意命名，将破坏程序的可读性，给以后的使用和修改造成麻烦。

创建完成的积木指令将出现在“自制积木”模块中，如图 13-23 所示。

图 13-23　创建的积木指令

程序面板中会出现一条定义积木指令，它与事件积木指令类似，只有一个向下的凸起。下面以此条积木指令为起始，根据程序流程图开始编写程序。请注意程序流程图中的选择结构和循环结构的嵌套关系。初步编写完成的程序如图 13-24 所示。

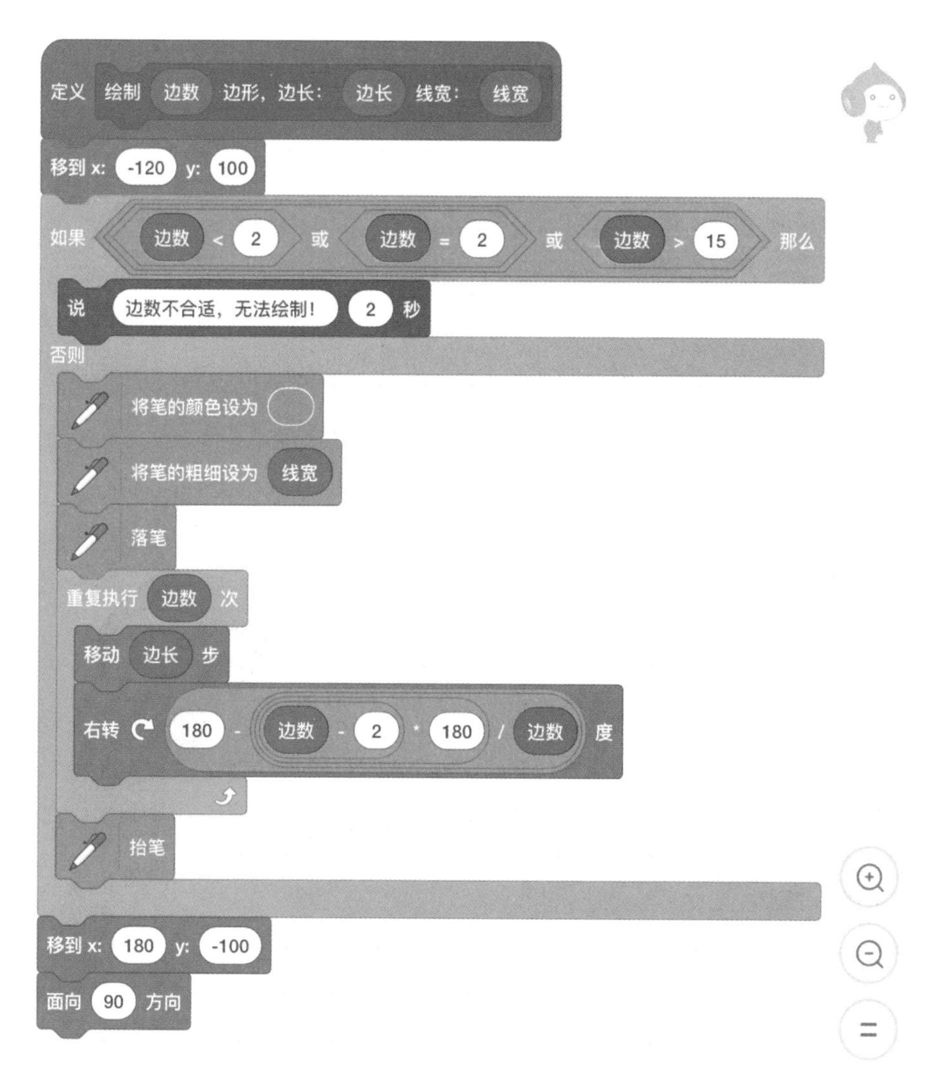

图 13-24 初步完成的绘制图形程序

记得先保存自己的劳动成果，然后进行测试。还记得如何测试吗？将自制积木指令从“代码”面板中拖曳到程序面板中，独自一条即可。然后写一个点击贝果擦除舞台的程序，这样可以即时清理舞台，以便看到使用不同参数所绘制的效果，如图 13-25 所示。

图 13-25 设置测试用的程序

在自制的“绘制……”积木指令中填入测试数值，点击积木指令进行测试，我们从正方形开始测试，绘制到八边形（只改了边数，边长和线宽与图示相同），效果如图 13-26 所示。

图 13-26　绘制正多边形的效果图

再做一个测试，保持边数为 8，线宽不变，修改边长，从外向内边长依次是 100、80 和 60，效果如图 13-27 所示。

图 13-27　边长不同的效果图

不知道读者是否发现了一个问题，所有的图形都是从一个固定点开始绘制的，这是因为在自制积木指令中设定了一个初始位置。这在实际应用中就带来了麻烦，因为用户很有可能需要在不同的位置进行绘制。初始位置应该交给用户去定义，使积木指令的通用性和适用性更强。

下面将有关初始位置的积木指令剥离，形成独立的初始化程序，如图 13-28 所示。绘制完成后，记得将用作画笔的角色放置到某一位置，否则会遮挡住所绘制的图形，最好也形成一个独立的结束程序（参见 13-4-2.sb3 程序）。

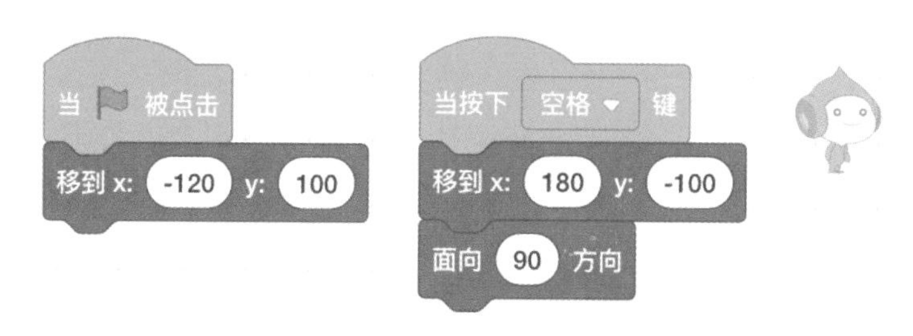

图 13-28　剥离出来的位置初始化积木指令

通过以上修改，希望大家以后在自制积木指令时能把握一个原则：尽量使自制积木指令具有良好的通用性。除了前面剥离的初始位置，画笔的颜色也是固定的，所以我们总是画出同一颜色的图形，有兴趣的读者可以尝试自定义颜色。此处就不展开讨论自制积木指令的通用性了，它是一个编程经验的问题，随着经验的积累，你会掌握得越来越好。

既然自制积木指令已经设计完成，接下来我们就让它发挥作用，尝试在其他程序中使用它。继续测试，创建一个全新的角色，选择新的角色作为画笔进行绘制，拖动自制积木指令……

崩溃了吗？“代码”面板中的“自制积木”一栏空空如也，刚才创建的“绘制……”自制积木指令没有了。重新选择“角色”面板中的“贝果”角色，自制积木指令又出现了。

自制积木指令属于“私有财产”，在哪个角色上创建就只能在哪个角色上使用，即使在背景角色上创建，也不能“共享”给其他背景和角色。想要“共享”，就需要把整个“定义”程序复制给新角色，新角色可以对其修改，且不会影响原有的自制积木指令，因为自制积木指令是私有的。

这种私有性既有缺点，也有优点，无须争论个明白，各有各的应用场景，关键是如何合理地解决问题。在团队创作中，使用消息和自定义事件比较方便共享，一个同学创建完成，全体同学都可以调用。如果不需要共享，那么每个同学最好在自己负责的领域使用自制积木，这样即使有重名的情况，也不会相互干扰。

将“贝果”角色所拥有的自制积木“绘制……”复制给新创建的角色，在新角色的自制积木指令上进行修改，尝试实现自定义画笔颜色功能（参见 13-4-3.sb3 程序）。

自定义广播消息、变量以及自制积木功能带给 Scratch 软件的是质的提升，如果没有这 3 项功能，Scratch 软件不会如此出色，也不容易跟高级编程语言接轨。正因为自定义功能如此灵活，在学习和运用它们时才觉得难以掌握。没关系，熟能生巧，多去尝试和挑战有难度的程序，就会逐步成为编程高手。

第14章 算法支撑人工智能

课程目标

了解人工智能概念，认知算法是人工智能的核心要素；了解常见算法，使用冒泡算法构建排队程序。

Python 语言等于人工智能?

曾经有自媒体这样宣传：Python 是最接近人工智能的语言。AlphaGo 背后的程序有很大一部分是用 Python 编写的，与其说是 AlphaGo 打败了世界围棋冠军，不如说是 Python 打败世界围棋冠军，所学 Python 语言就是学人工智能。

14.1 “三代狗”的故事

2016 年 3 月 15 日下午，谷歌的人工智能产品——AlphaGo（又称为阿尔法狗）与世界围棋冠军韩国棋手李世石进行了最后一轮较量，最终人机大战总比分定格在 1∶4，AlphaGo 获得本场比赛胜利。

这是人工智能发展史上的一次重要事件，AlphaGo 的获胜从某种程度上让人工智能这个科技词汇迅速爆红，掀起了人工智能研究热潮。很长一段时间人们都在感慨 AlphaGo 的强大，忽略了 AlphaGo 之父、DeepMind 联合创始人德米斯•哈萨比斯发出的信息：人工智能的下一步目标是让计算机自己学棋。也就是说，下一个版本的 AlphaGo 将从零开始，不接受人类灌输的特定知识，做到真正的自主学习。

时间转眼到了 2017 年 5 月 23 日，AlphaGo 卷土重来，为了表示成长壮大了，改名叫 AlphaGo Master。经过 3 轮对战，AlphaGo Master 几乎毫无悬念地“收割”了世界排名第一的中国围棋棋手柯洁。5 月 27 日，柯洁在第三盘棋输掉以后一度痛哭不已，不知道这种痛哭是否代表着绝望，人类与人工智能围棋程序对战再无胜算的绝望。因为从 2017 年 1 月初，披着 Master 马甲的 AlphaGo 就一路过五关斩六将，干掉朴廷桓、元晟溱、柯洁、聂卫平等一众世界顶尖的围棋高手，豪取 59 连胜，让全世界围棋棋手陷入了绝境，随后 Master 又毫无悬念地赢了古力，以 60 胜 0 负收场。尽管之前的收割行动发生在网上无法求证，但是随着柯洁三番棋败走，几乎可以肯定地证明：收割行动是确实可信的。

AlphaGo Master 已经表现得足够强大了，但是它并不是 AlphaGo 之父早前提到的下一代产品，因为他的下一代目标是让计算机自己学棋，不接受人类灌输的特定知识，做到真正的自主学习。在 AlphaGo Master 战胜柯洁不到半年的时间，2017 年 10 月 19 日，DeepMind 团队发布了全新一代 AlphaGo，称为 AlphaGo Zero，完全从零开始，不需要任何历史棋谱的指引，更不需要参考人类任何的先验知识，完全靠自己强化学习（reinforcement learning）和参悟，以 100∶0 的成绩战胜了 AlphaGo。据悉，只经过数天的训练，AlphaGo Zero 就超越了 AlphaGo Master。

如果把 AlphaGo 和 AlphaGo Master 算作“第一代狗”，那么 AlphaGo Zero 就是“第二代狗”，就在“第二代狗”还没有“兴风作浪”时，DeepMind 团队就发布了“第三代狗”，称为 AlphaZero。

据资料表述：AlphaZero 是一种可以从零开始并通过自我对弈强化学习，在多种任务上达到并超越人类水平的新的人工智能算法，堪称“通用棋类 AI”。AlphaZero 经过 8 个小时的训练击败 AlphaGo（AlphaGo Zero 则需要数天）；经过 4 小时的训练击败世界顶级的国际象棋程序 Stockfish；经过 2 小时的训练击败世界顶级将棋程序 Elmo。最直观的对比：训练 34 小时的 AlphaZero 胜过了训练 72 小时的 AlphaGo Zero。“三代狗”的“智能”对比如图 14-1 所示。

AlphaGo

AlphaGo Zero

AlphaZero

图 14-1 “三代狗”能力示意图

上面的 3 张图只是为了形象地说明三代狗之间能力的强弱，其实它们并不具备有型的本体（机器人躯体的一种业内称呼），仅仅是依据不同的人工智能算法编写的棋类处理程序，其威力来自于核心的人工智能算法。下面一起来看一看“三代狗”所用的人工智能算法的特点。

从学习角度来说，AlphaGo 属于刷题型的勤奋好学生，它所使用的人工智能算法需要使用人类对弈棋谱进行训练，这个棋谱的数量数以万计，最终它才能够成为围棋高手。

AlphaGo Zero 则属于擅长单一学科的偏科学霸，它所使用的人工智能算法不需要学习人类对弈的棋谱，只需要“告诉”它围棋获胜的规则，它就能自我“左右手互搏”地提升自己的能力，最终自学成为“围棋至尊”，不过仅是围棋领域的至尊。

AlphaZero 就更厉害了，在大家眼里，它就类似于上课不学，下课不练，照样能考全班第一的“反人类”全科天才学霸。它不但擅长单科（围棋）自学，而且只要告诉它其他学科（国际象棋、日本将棋）的胜负规则，它都可以很快地完成自学，成为该领域的学霸。它所使用的人工智能算法更先进，已经到了各种棋类无师自通的至高境界。

据悉“三代狗”多数程序是使用 Python 语言编写的，尽管是用同一种语言编程，为什么功能差距如此之大，显然不是编程语言造成的，最根本的原因就是程序中所用到的人工智能算法不同。

那么什么是算法？算法和人工智能之间又是什么关系呢？

算法就是基于规范的数据、信息输入，为了在有限的时间内达到既定的输出目标而采用的解决公式或解决方法，即在程序构建中运算处理环节所采用的核心策略、公式及方法。解决同样的问题、完成同样的任务可能会用到不同的算法，因此不同算法所用的时间、资源、解决问题的效率可能会不同。

人工智能是计算机科学的一个分支，希望能通过了解智能的实质，生产出一种能以与人类智能相似的方式做出反应的智能机器，该领域的研究包括机器人、语言识别、图像识别、自然语言处理和专家系统等。

从根本上说人工智能的核心在于算法的运用和提升，所用算法均为非常复杂的算法，这种复杂包括两个方面：运算处理策略的复杂和参数的量级，如百度语音识别系统中所用的参数就达到 3 亿个。

好吧，光说不练终究难以理解，下面通过一个简单的练习来诠释一下算法的重要性。

14.2 算法妙解 1 到 100 累加

本节我们要完成从 1 到 100 的累加程序，计划采用两种方式：一是采用循环结构，从 1 到 100，逐个数字地完成累加；二是通过提炼规律总结出算法，通过算法进行计算。

采用循环结构的程序流程图如图 14-2 所示。

根据程序流程图编写程序，示例程序如图 14-3 所示。

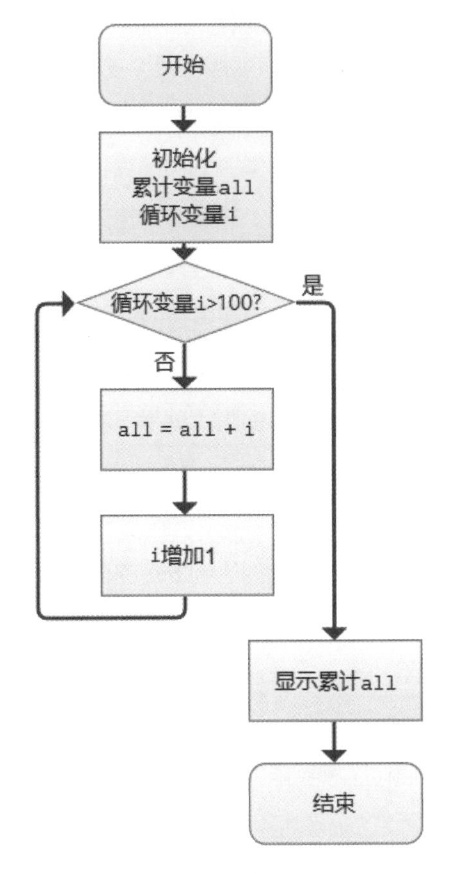

图 14-2　程序流程图

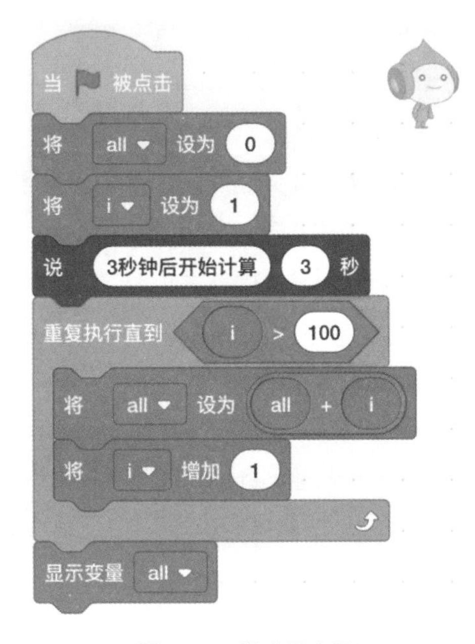

图 14-3　程序示意图

通过阅读此程序，可以看到采用循环结构编写的程序没有什么特别的“技术手段”，就是通过循环变量逐个累加数字，即 1+2+3+4+5+…+100 = 5050。

接下来提升一下“技术含量”，分析 1 至 100 累加运算的规律，从而建立一种算法（这个过程又称为数学建模，就是根据实际问题来建立数学模型，然后对数学模型进行求解验证，最后再去解决实际问题），根据算法编写程序进行求解。

分析：从 1 至 100，具有 100 个数值，如果我们将首尾对应的两个数值相加，即 1+100，2+99，3+98，…，50+51 所得数值均为 101，100 个数可以分为 50 组，因此可以提炼出数学公式：

(首数 + 尾数) × (数值个数 ÷ 2)

根据提炼的数学公式，绘制程序流程图，如图 14-4 所示。

根据上面的数学公式和程序流程图编写程序，如图 14-5 所示（参见 14-2-1.sb3 程序）。

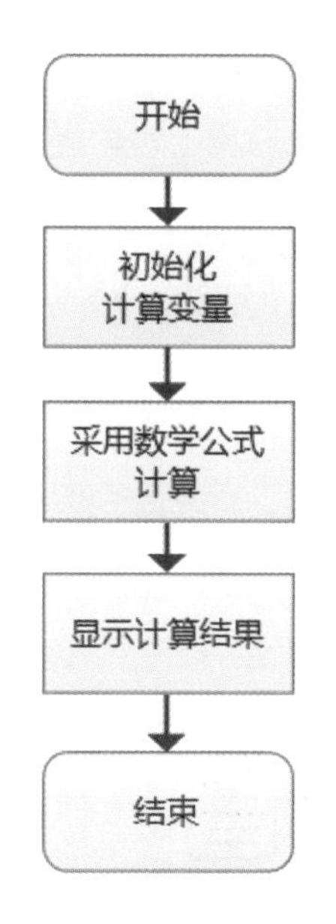

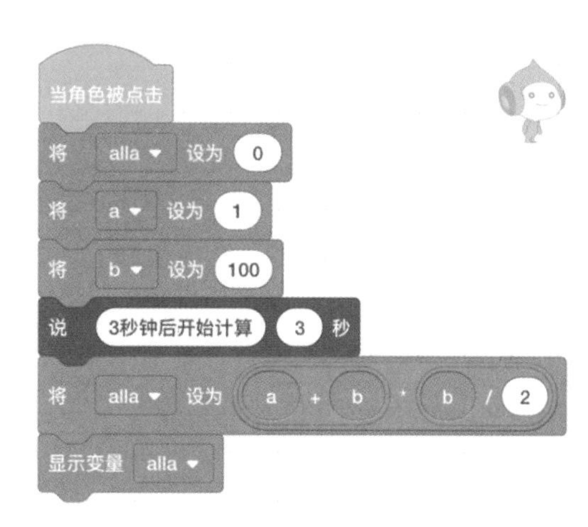

图 14-4　采用数学公式计算的程序流程图　　　　图 14-5　采用算法的程序示意图

第一，从程序的长度来看，采用算法的程序要比采用循环结构累加的程序短小精悍很多，我们都知道短小精悍从某种意义来说就意味着执行时间短；第二，采用算法的程序原则上只进行一次整体运算工作，即 $(1+100)\times(100\div2)$，采用循环结构的程序则要进入循环体 100 次，因此，就执行程序消耗的计算资源而言显然也是算法程序更节省。

尽管说条条大路通罗马，但是总有道路是更优的，好的算法就是解决问题的优选道路。就如前面所讲的“三代狗”，算法的升级带来能力的提升。所以，人工智能其实拼的就是算法优劣。

有同学可能会说：“我未来不想成为程序员，我要去研究机器人，做智能硬件，所以用不到算法。”这种认知是极其错误的，因为不论机器人、物联网、大数据、人工智能，它们都离不开程序，有程序的地方就会有算法的运用。其实这个世界遍布着各种算法，只是平时我们并没有特别关注，接下来就从科普的角度了解一下这些算法。

1. 排序算法

排序算法是一个统称，里面包括归并排序、快速排序、堆排序、冒泡排序等多种排序算法。有效的排序算法可以提高数据检索效率，因此排序算法支撑着数据挖掘、人工智能等业务。如电子商务网站在向用户推荐商品时，一定是把用户最可能购买的商品放在最前面，这就是排序算法的应用。

2. RSA 加密算法

RSA 算法由 RSA 公司创建，在信息加密领域，它可以算得上世界最重要的算法之一。RSA 算法用来解决一个简单而又复杂的问题：怎样在不同平台和终端用户之间共享公钥，继而实现信息加密，保障信息的安全传输，如图 14-6 所示。RSA 算法是当今很多信息加密方法的基础，比如需要在电子商务网站、微信等平台绑定银行卡，如果没有加密算法，那么通过互联网传输银行卡号时极易被监听、盗取。

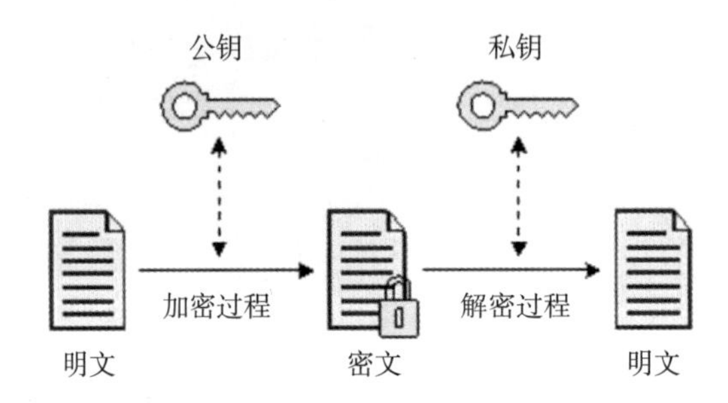

图 14-6　RSA 加密算法示意图

3. 链接分析算法

首先来看网站与页面之间的链接示意图，如图 14-7 所示。在互联网时代，分析网站之间、网站页面之间的关系是相当重要的，否则将无法从数以亿计的网站中快速检索出有价值的信息，也不可能进行有效的数据挖掘等增值服务，所以搜索引擎、社交网站、营销分析工具都离不开链接分析算法。

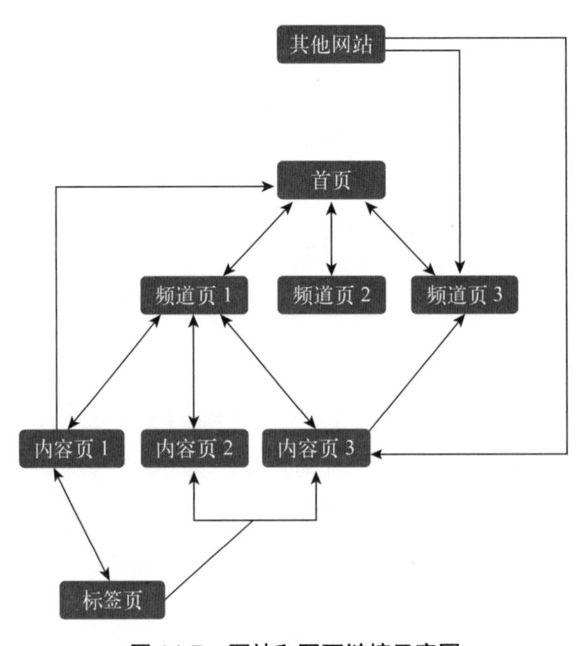

图 14-7　网站和网页链接示意图

常用的链接分析算法会以矩阵的形式描绘出一张图，将问题转换为特征值问题，进而通过特征值展现图的结构以及每个节点的重要性，这个算法是 Gabriel Pinski 和 Francis Narin 于 1976 年建立的。谷歌的 Page Rank 算法（搜索收录网站页面的算法）就源于此算法，当然这里面也有百度创始人李彦宏的功劳，因为早在谷歌创建之前，李彦宏所建立的一个小型搜索引擎 RankDex 就已经在网页排名机制中借鉴并改进了这个算法，而这种改进对谷歌也有一定参考价值。

4. 比例积分微分算法

比例积分微分算法（PID 算法）是机器人创新领域最热门的控制算法之一。其实，涉及自动化控制的机械、液压或热力系统都会用到这个算法，所以无人驾驶汽车会用到它，飞机会用到它，就连日常使用的手机也离不开它。图 14-8 是使用了比例积分微分算法的送餐机器人，大家可以思考一下，地面上的黑底白线起到什么作用?

简单而言，比例积分微分算法使用一种控制回路反馈机制，尽量最小化期望输出信号和实际输出信号之间的偏差，从而“完美”地达到既定效果。

图 14-8　送餐机器人

5. 数据压缩算法

如果没有数据压缩算法，我们几乎不能在现有互联网条件下网上看电影、追剧、听歌。同一张图片，存储成 TIF 格式可能要十几兆（MB），存储成 JPEG 格式可能只有几十字节（KB），而 1MB = 1024KB，相当于压缩了百倍，就好像把大象放进冰箱，如图 14-9 所示。因此，使用优秀的数据压缩算法处理的数据信息有利于数据在网络上的传播。

图 14-9　大象被压缩后才能放进冰箱

数据压缩算法有很多种，应用哪种算法取决于场景，比如普通文件一般采用 RAR 或者 ZIP 压缩算法，音频类文件更多采用 MP3 压缩算法，视频类文件采用 MPEG-4 或者 H.264 压缩算法。

编程领域的算法数不胜数，在此就不一一介绍了。当然有很多复杂的算法，如“三代狗”背后的人工智能算法也不是本书能讲得了的，还是从“小算法”学起吧！千里之行，始于足下，只要坚持不懈地学习和研究算法，未来一定能成为人工智能科学家。

好，下面一起来学习冒泡排序算法，并运用大小不一的角色代表数值，形象地演示冒泡排序的过程。

14.3　排排队，站整齐

冒泡排序算法（bubble sort）简称冒泡算法，是一种比较简单的排序算法。如图 14-10 所示，从排序的列表的左边第一位开始，依次比较两个数值的大小，如果前面的数值大于后面的数值，则把它们交换过来；如果前面的数值小于后面的数值，则无须操作，继续向后比较直到列表结尾。第一轮完成后再从列表的第一位开始重复进行（重复次数等于排序数字的个数），直到没有再需要交换的数值，即完成列表的排序。

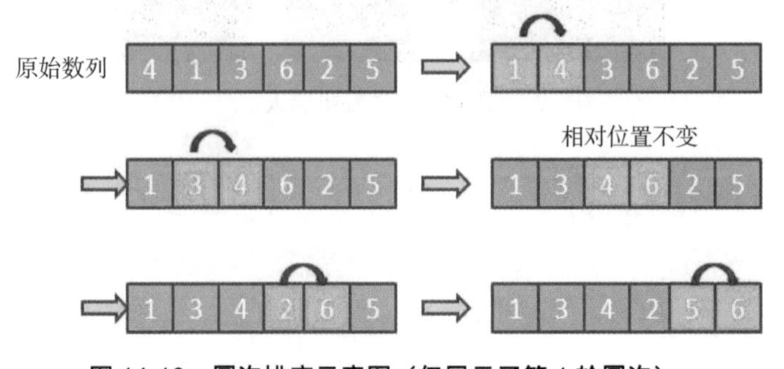

图 14-10　冒泡排序示意图（仅展示了第 1 轮冒泡）

这个算法的名字由来是，如果把图 14-10 这样的示意图逆时针旋转 90 度，那么越大的数值会经由交换慢慢“浮”到列表的顶端，故名冒泡算法。如果我们设定当前面的数值小于后面的数值时进行交换，那么最终最小的数值将慢慢“浮”到列表的顶端，这就是反过来的冒泡算法。

为了演示冒泡排序算法，我们用高矮不同的 4 个角色分别代表列表中存放的数字“1”“2”“3”“4”，观察它们的位置变化，如图 14-11 所示。首先通过随机数重新排列数字在列表中的位置，打乱角色的站位，然后使用冒泡排序算法调整列表中数字的顺序，调整的过程将通过移动角色表现出来，最后角色会回归到原位按照高矮顺序站好，即列表中数字完成排序。示例参见 14-3-1.sb3 和 14-3-2.sb3 程序，稍后解释二者的不同。

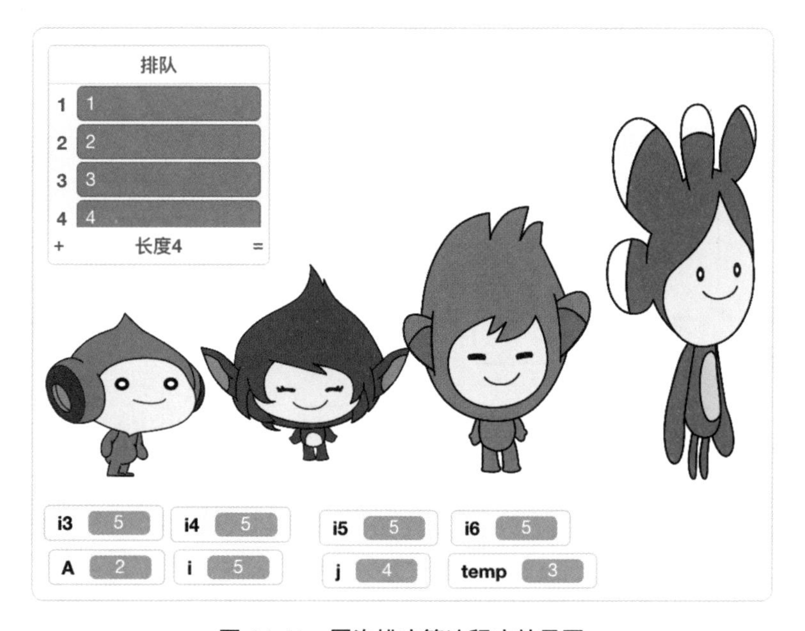

图 14-11 冒泡排序算法程序效果图

思路：数字“1”“2”“3”“4”是按顺序存储在列表中的，可以通过获取随机数的方式打乱排列顺序。由于前后获取的随机数可能重复，所以必须有一个“筛重”机制，即每次向列表插入随机数之前要跟前面已经插入的数字进行比较，如果重复则放弃插入，继续产生随机数，直到不再重复才进行插入。

4 个角色分别对应数字“1”“2”“3”“4”，由列表中数字的顺序控制角色站位的顺序，因此每个角色都要取得自己所代表的数字在列表中所处的顺序值，注意是列表中顺序值，而不是数字本身，然后根据这个顺序值调整自己的站位。

整套程序仍然采用松耦合的方式进行构建，主程序依然存放在舞台背景上，通过广播消息调度角色对象的程序，角色对象通过接收消息被主程序调度。

整套程序的流程图如图 14-12 所示，通过流程图，可以很好地看到程序之间松耦合调用关系，最左侧的为主程序，短小精悍，控制整个程序的进程；中间的为次一级功能程序，由主程序直接调用，完成排序算法并对演示角色进行控制；最右侧的为角色对象所用程序，受次一级功能程序的调用，具体完成舞台的展示输出。

这样的组织方式可以有效地切分程序，使得每一个子程序功能专一，通过减少程序的体量，提高程序可读性，这种程序的构建模式可以简单地理解为“软件架构”。

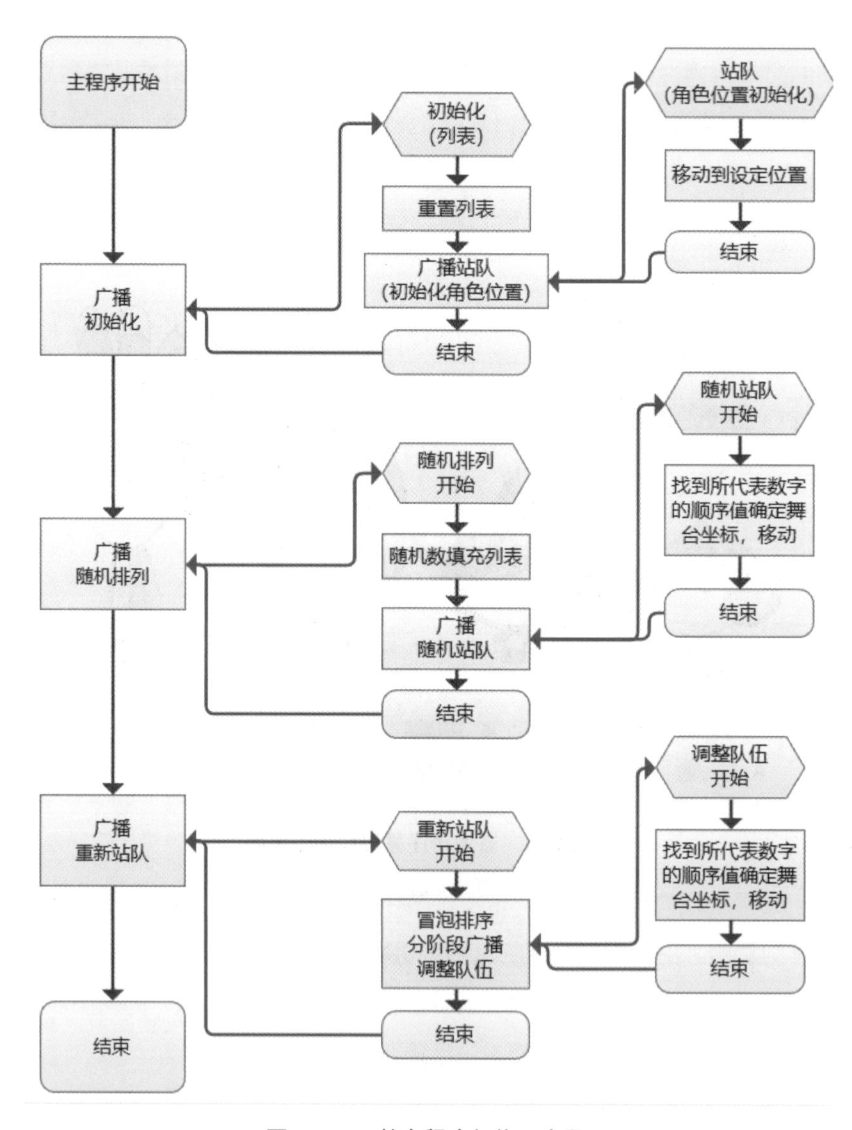

图 14-12　整套程序架构示意图

基于以上程序架构示意图进行编程。在图 14-13 中，左侧为主程序，附着在舞台背景对象上，采用“当绿旗被点击”事件，程序内通过“广播……并等待”积木指令去触发其他事件，依次为初始化子程序、随机排列子程序和重新站队子程序。思考一下，此处为什么要用“广播……并等待”积木指令，而不是采用“广播”积木指令。(提示：如果没有完成初始化任务就执行到重新站队，能有正确的结果吗?)

图 14-13　主程序和初始化子程序

随机排列子程序用来重新排列列表，程序虽然短，但是使用了两层循环嵌套，如图 14-14 所示。这个程序的难点就是不能产生重复的数值放在列表里。因此每次产生的数值都要跟列表中已经存在的数值进行比较，如果有则放弃，重新产生随机数，如果没有，则插入列表，然后进行下一个数值的挑选，直到填充完列表。

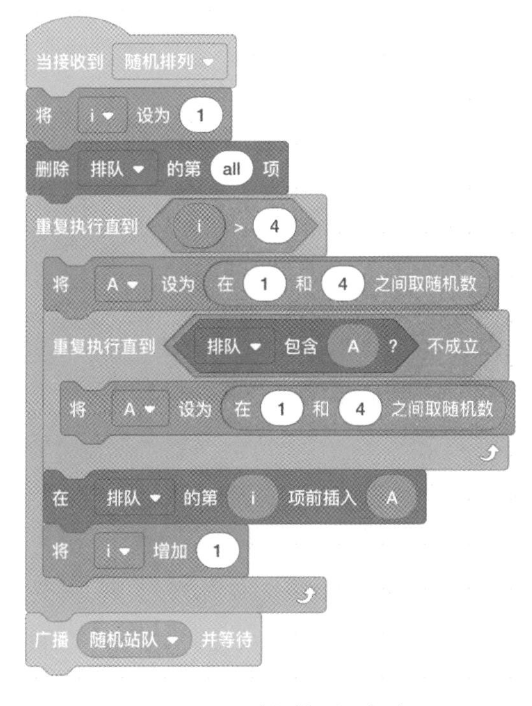

图 14-14　随机排列子程序

前面讲过，程序原则上只对其附着的对象起作用。以上的程序都编写在舞台背景对象上，因此是不能直接控制角色移动的，所以必须在角色上编写控制移动的程序，通过接收次一级功能程序的广播，接受子程序的控制。“贝果”角色的程序如图 14-15 所示，其他角色的程序基本相同，只是图中箭头所指的参数会有所调整，此处每个角色设定的数值与各自代表的数字应该是相同，这样才能获取该数字在列表中的顺序值，从而确定角色处于舞台上的坐标位置。

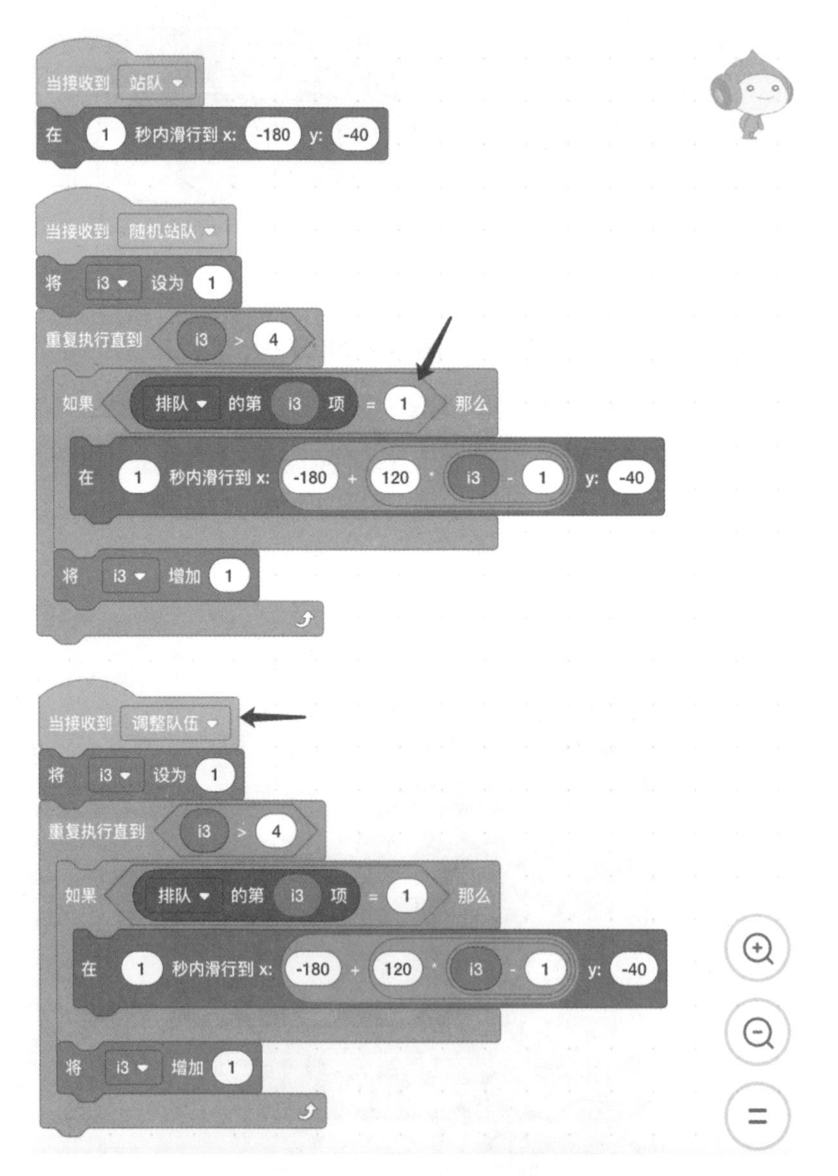

图 14-15 角色对象附着的程序

“随机站队”和“调整队伍”程序一样吗？能够合并成一个吗？优化后的程序可以参看 14-3-2.sb3 程序。

整个程序的核心部分是主程序调用的“重新站队”子程序，而重新站队子程序的核心就是前面讲解的冒泡排序算法，如图 14-16 所示。

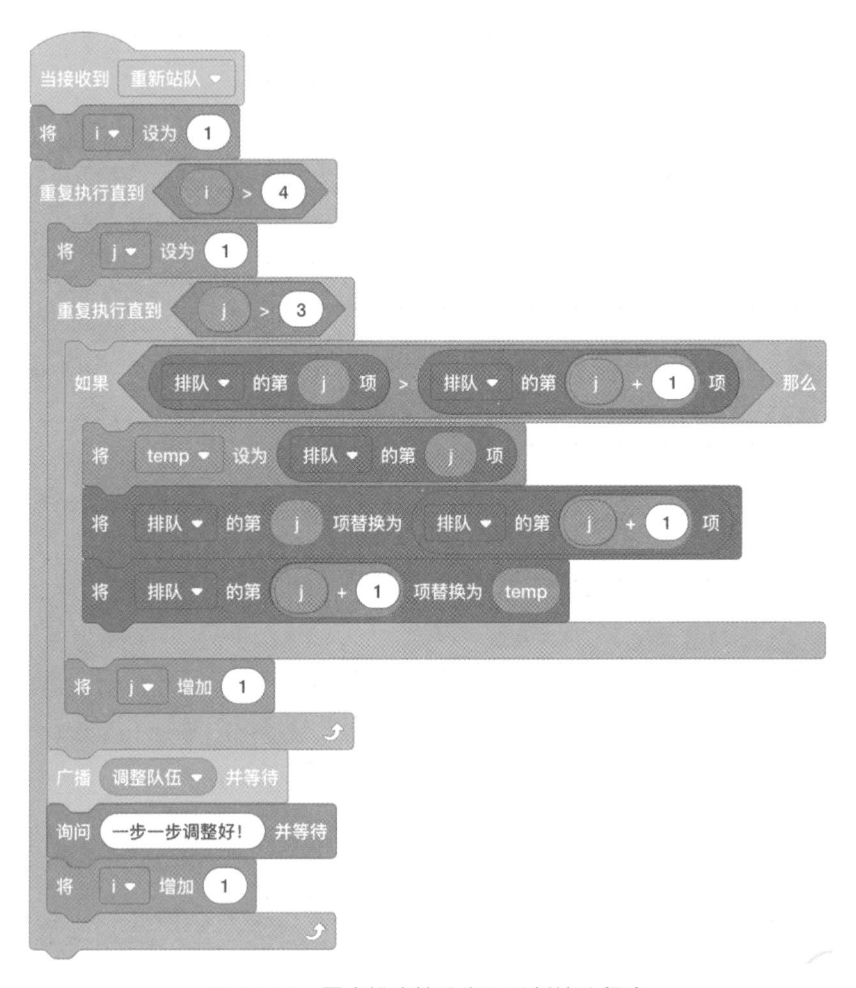

图 14-16 冒泡排序算法实现重新站队程序

重新站队子程序由两层循环结构嵌套而成，外层大循环控制排序的次数，因为有 4 个数字进行排序，所以排序次数最多应该为 4（极端情景：列表中为“4”“3”“2”“1”的顺序，就需要进行 4 次排序）。

内层循环用于对比大小，每次都会取用当前顺序的数字和后面的数字，所以当前顺序为 3 时，就会取用到顺序为 4 的数值，因此循环取数不能超过 3，否则会取值错误，导致程序失败。

每次内层循环都可能引起列表中的排序发生变化，所以每完成一次内层循环就调用一次“调整队伍”子程序控制角色进行移动，形象地表现列表中数字顺序调换的过程。

注意观察“一步一步调整好！”提示会出现几次？思考为什么角色已经不再移动，而提示仍然会出现？怎样修改可让提示出现的次数更合理呢？

总结一下，如果没有这个使用冒泡排序算法的子程序，整个程序就没有任何作用了，所以解决问题的关键就是构建出优化的、合理的算法，算法的优劣决定了程序的质量，而好的算法来自于超过常人的逻辑思维和数学功底，因此优秀的程序员必须是一个头脑清晰的数学学霸。

冒泡排序算法只是编程领域中一个非常简单的算法，还有很多算法值得大家去探究和学习，如递归算法、穷举算法等，不积跬步无以至千里，积累一定的算法基础后，就可以进军人工智能领域，挑战“三代狗”所用的算法啦。

第 15 章 机器人控制程序

课程目标

了解机器人的巡线功能、避障功能，并使用虚拟机器人模拟以上功能，将虚拟机器人的运行效果与真实机器人的运行效果进行对比，思考二者之间存在差别的原因。

其实，用程序来控制机器人比单纯编写程序有趣多了，一定会有很多小朋友喜欢研究机器人的，下面我们一起来了解它吧！学习之前需要知道，我们控制的机器人要遵守 3 条原则，也称“机器人三原则”。

第一条：机器人不得伤害人类，或看到人类受伤却袖手旁观。

第二条：机器人必须服从人类的命令，除非这条命令与第一条矛盾。

第三条：机器人必须保护自己，除非这种保护与以上两条矛盾。

15.1 机器人的巡线功能

机器人巡线功能是一项常用功能，它的应用场景之一是在无人、封闭的环境中利用巡线功能控制机器人移动，这一方案是非常高效且成本低廉的，例如在工厂车间、物流仓库中使用的 AGV 智能车。

巡线功能还有一个特别典型的应用——送餐机器人，如图 15-1 所示。

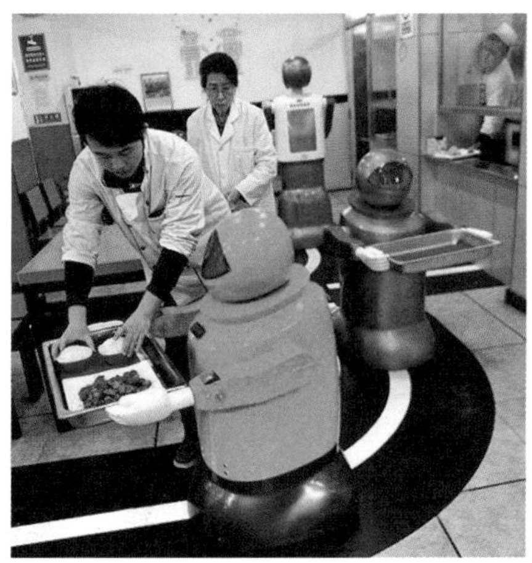

图 15-1 送餐机器人示意图

巡线、寻线、循线、循迹、寻迹，这几个词表示的意思是一样的，本书将统称为巡线，指机器人沿着某种颜色的线条进行移动。为了准确识别线条，线条颜色与背景颜色反差要尽量明显，常见的是黑底白线条和白底黑线条。

机器人并没有像人类这样复杂的视觉系统，那么它是怎么"看清"线路的，它的"眼睛"又在哪里呢？

红外反射式光电传感器为机器人的"眼睛"，由一对红外发射探头与红外接收探头组成。当红外发射探头发射的光线遇到物体时，光线就会反射，如果这个经过反射的红外光线被红外接收探头接收到，就会形成信号，如图 15-2 所示。

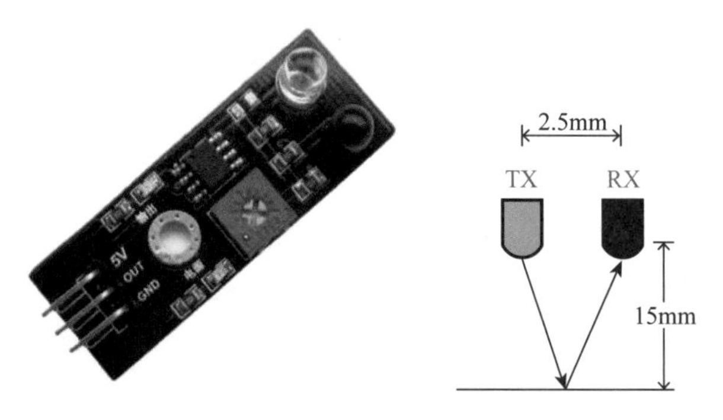

图 15-2　红外反射式光电传感器和原理图

不同物体的反射特性不一样，白色反光物体对红外光线的反射量会多一些，可以认为形成的信号强度为 1；黑色物体几乎不反光，其红外光线的反射量将大量减少，可以认为形成的信号强度为 0。当传感器的信号从 1 变为 0，或者从 0 变为 1 时，都表示传感器探测的表面颜色发生了变化。

我们返回去仔细观察图 15-1，左图具有一条明显的黑线，右图则在黑色的底漆上涂有白色的线条。线条颜色总是与边上的背景色形成鲜明的对比。不论是机器人从白色线条移动到黑色背景区域，还是机器人在黑色背景区域发生偏转压在了白色线条上，都可以通过信号检测到。至于如何监测机器人是否发生左偏或右偏，请看下面的讲解。注意，为了能让机器人"看清"线路，线条不能过于纤细。

反射需要合理的距离，离表面过近或过远都不会产生正常的数据，一般用于巡线的红外反射式光电传感器要安装在机器人脚部（底部）。

这里不得不说一下：机器人的巡线功能属于一项比较陈旧的功能，应用场景非常有限。试想，能在马路上绘制白色或者黑色的线条吗？马路上原有的白色线会不会"干扰"机器人的行动？

随着机器人视觉系统的发展，尤其是人工智能在图像识别方面的突飞猛进，机器人已经逐渐摆脱了线条的控制，开始运用自己的视觉系统去观察环境。机器人会通过人工智能算法算出移动路径，然后完成行动，如京东的物流智能机器人。有兴趣的读者可以阅读一些关于机器人视觉方面的技术文章。

要判断机器人在巡线时发生左偏还是右偏，一般需要安装两个巡线传感器。如图 15-3 所示，假设小车下面的凸点是传感器，上面的圆洞表示传感器返回的信号，根据线条的粗细，会出现 3 种情况。

图 15-3　机器人巡线的 3 种情况

1. 黑线比较窄，两个巡线传感器在黑线两侧，正常状态下不会采集到黑色信息。

2. 黑线特别宽，两个巡线传感器在黑线内，正常状态下能够采集到黑色信息，不会采集到白色信息。

3. 黑线宽度（机器人的一半宽度）恰好只能满足一个巡线传感器采集信息，注意会有极短时间内无法采集黑色信息的情况，类似情况 1。

解决思路：以情况 1 为例进行分析。每个传感器可以返回两种状态（黑和白），原则上会产生 4 种状态。其中，左白右白为正常状态，线条在机器人下面；左白右黑时，机器人发生左偏，应该向右调整；左黑右白时，机器人发生右偏，应该向左调整。至于是否会出现左黑右黑，按照情况 1 的分析，机器人行进过程中是不可能出现这种情况的，除非传感器坏掉了。

根据对传感器状态的判断执行相应的分支控制程序，控制机器人按照线路移动。如果是左白右白，则机器人保持前进。此处应使用循环结构，判断条件是左白与右白同时满足。一旦不满足，则不能再循环，退出循环结构，进行偏转的判断和调整。

如果是左白右黑，机器人发生左偏，则控制机器人向右旋转，直到恢复到左白右白状态，然后再次进入上面的循环结构。

如果是左黑右白，则机器人发生右偏，需控制机器人向左旋转，直到恢复到左白右白的状态，然后再次进入上面的循环结构。

如果发生左黑右黑的情况，那么表示机器人到达终点（一般会设置一条与路径垂直的黑线作为终点），或者考虑出现故障了，停止程序运行。

情况 2 和情况 3 的解决思路请读者自行分析和整理。下面根据上述解决思路绘制程序流程图，如图 15-4 所示。

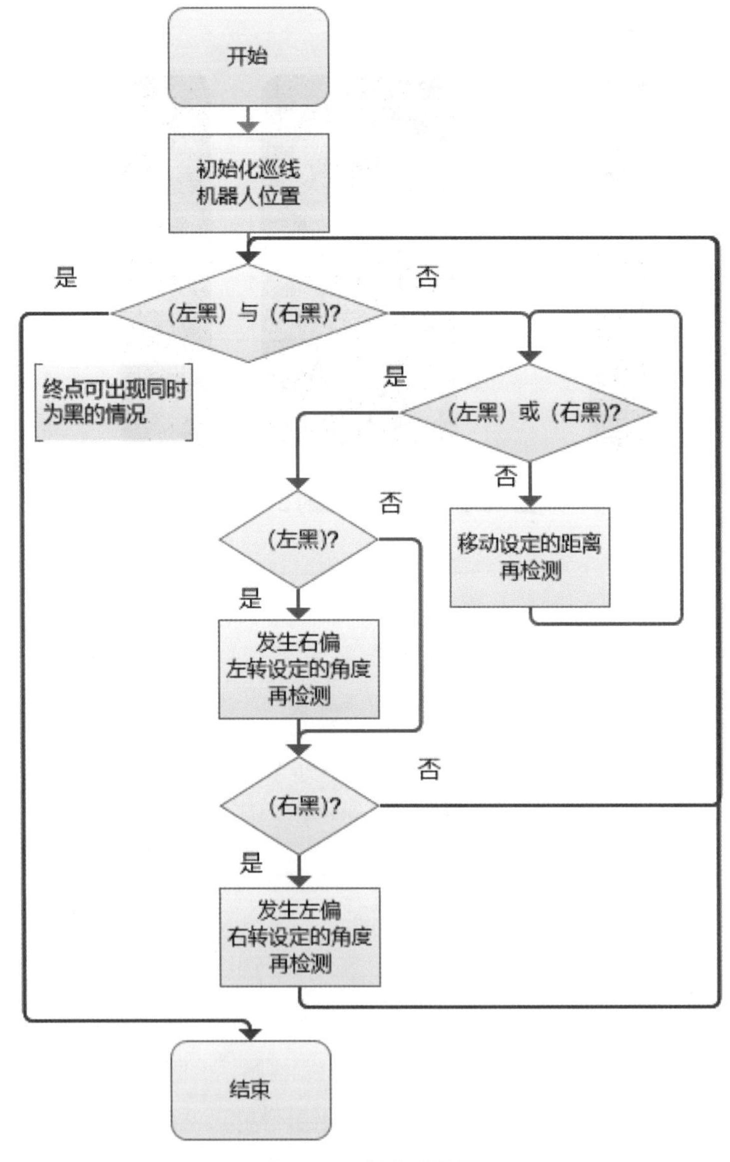

图 15-4　程序流程图

根据程序流程图开始构建程序。首先在“角色”面板中引入如图 15-5 所示的角色，命名为“巡线机器人”。

图 15-5　引入“巡线机器人”角色

在“造型”面板中，对巡线机器人进行适当修改，毕竟我们不能真的给它安装两个电子传感器，只能用一些“障眼法”来模拟。在工具栏中选择“变形”工具，然后选择巡线机器人的某个触角，将触角的颜色设定为一种独一无二的颜色。为了提高灵敏度，将触角的外边框调整得纤细一些。再用相同的方式编辑另一个触角，如图 15-6 所示。

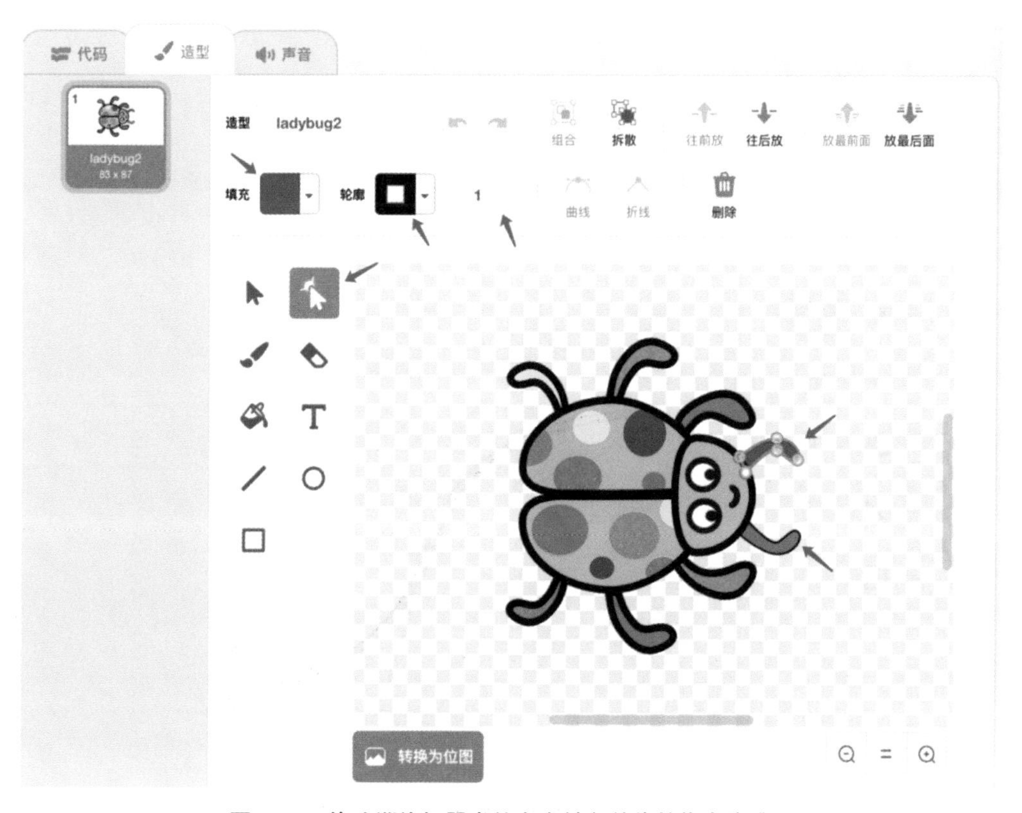

图 15-6　修改巡线机器人的左右触角并将其作为传感器

有了机器人，还需要为其准备巡线用的线条。在右下角的“舞台”面板中选择空白的背景，打开编辑背景窗口，从中选择“线段”工具，设定轮廓为黑色，线宽为 15，然后在背景上绘制两条线，如图 15-7 所示。

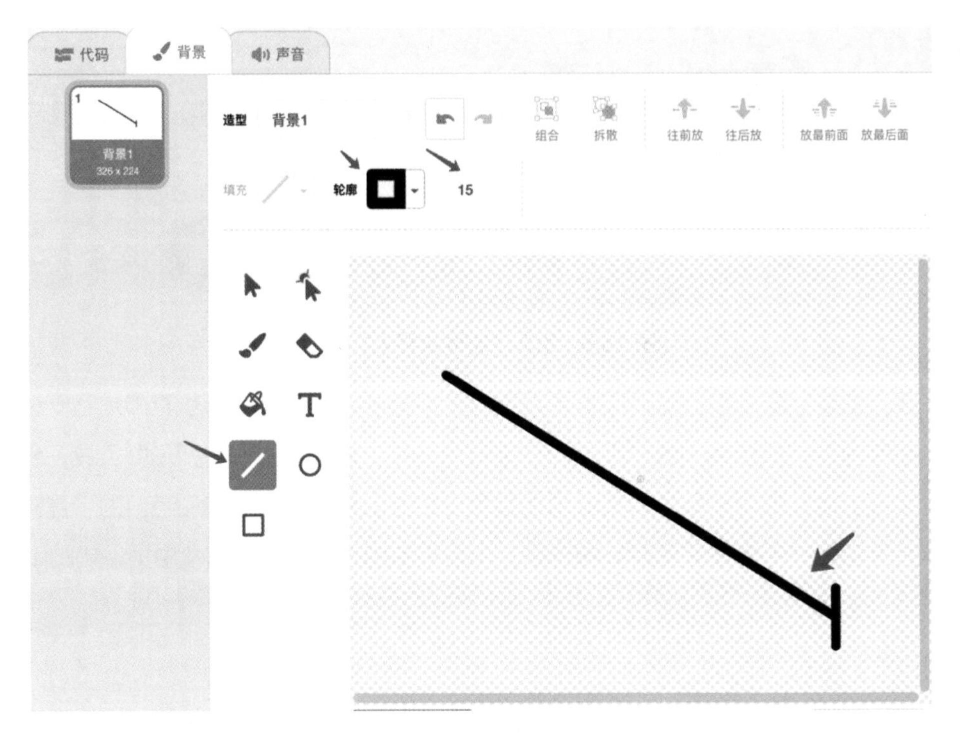

图 15-7　绘制两条线

所绘制的线条是直线，怎么调成曲线呢？选择“变形”工具，在线条的中间点设定一个调整点，调整两边的手柄即可调整出曲线，如图 15-8 所示。

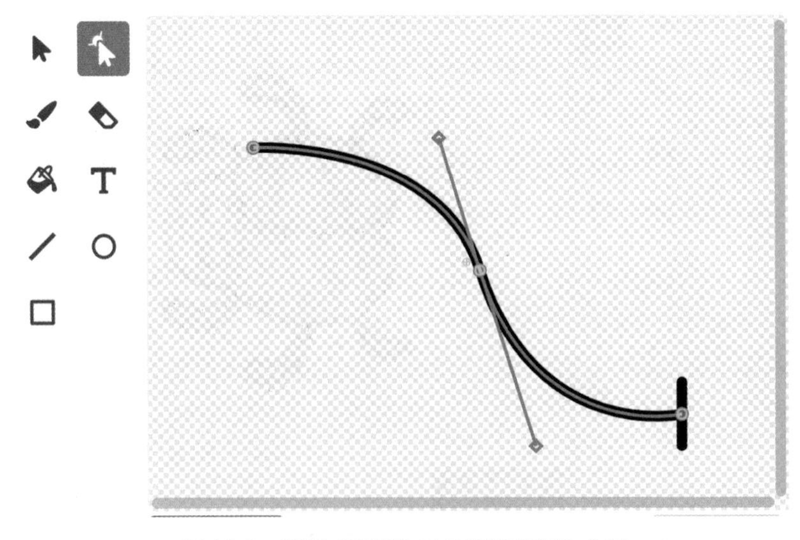

图 15-8　使用“变形”工具调整直线为曲线

点击 Scratch 软件左上角的“代码”标签，切换到编程状态，将巡线机器人拖动到舞台上，放置在线条的一端。注意角色的朝向，不一定采用默认的 90 度，而是要设定角度，使得左右触角与线条之间的距离相等，记录下巡线机器人的方向、x 坐标、y 坐标。此时的舞台效果如图 15-9 所示。

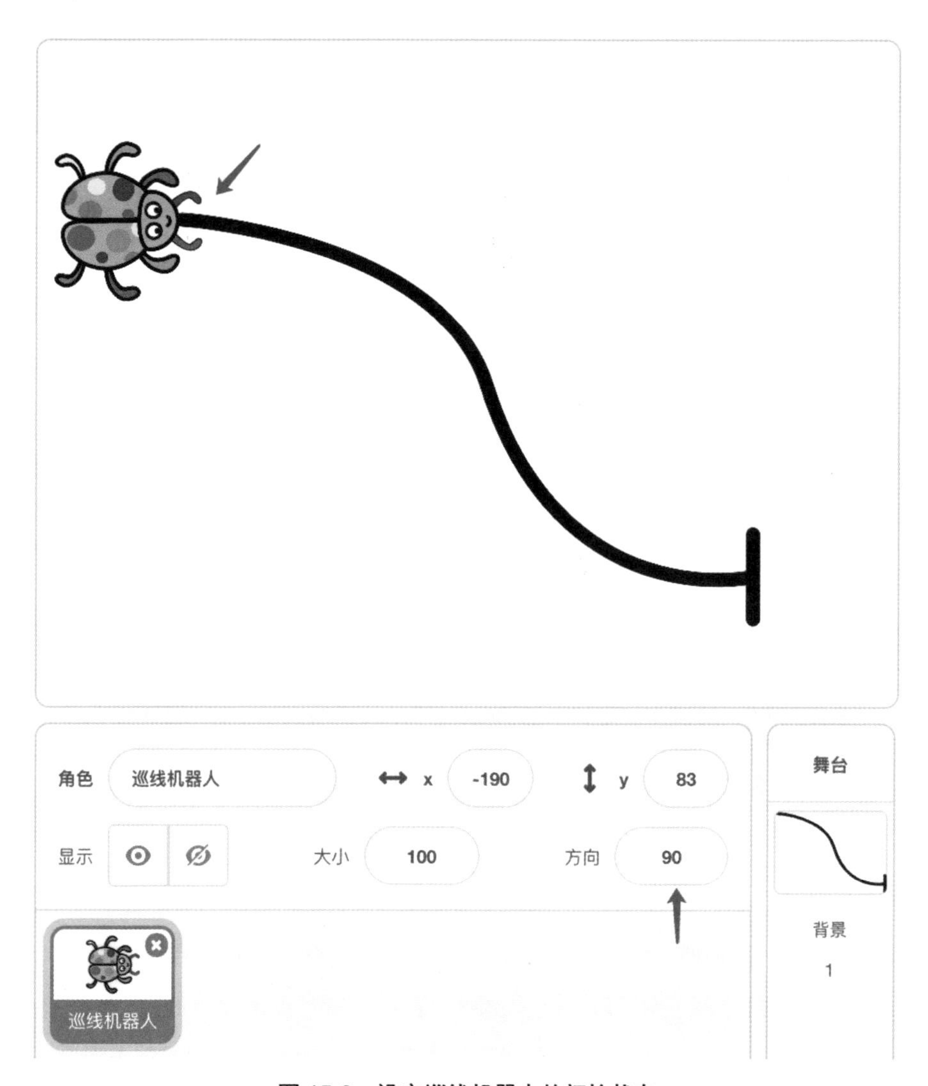

图 15-9　设定巡线机器人的初始状态

一切准备就绪，可以开始编程了。采用“当绿旗被点击”事件来完成程序的初始化，采用“当角色被点击”事件完成巡线任务。机器人巡线程序如图 15-10 所示（参见 15-1-1.sb3 程序）。

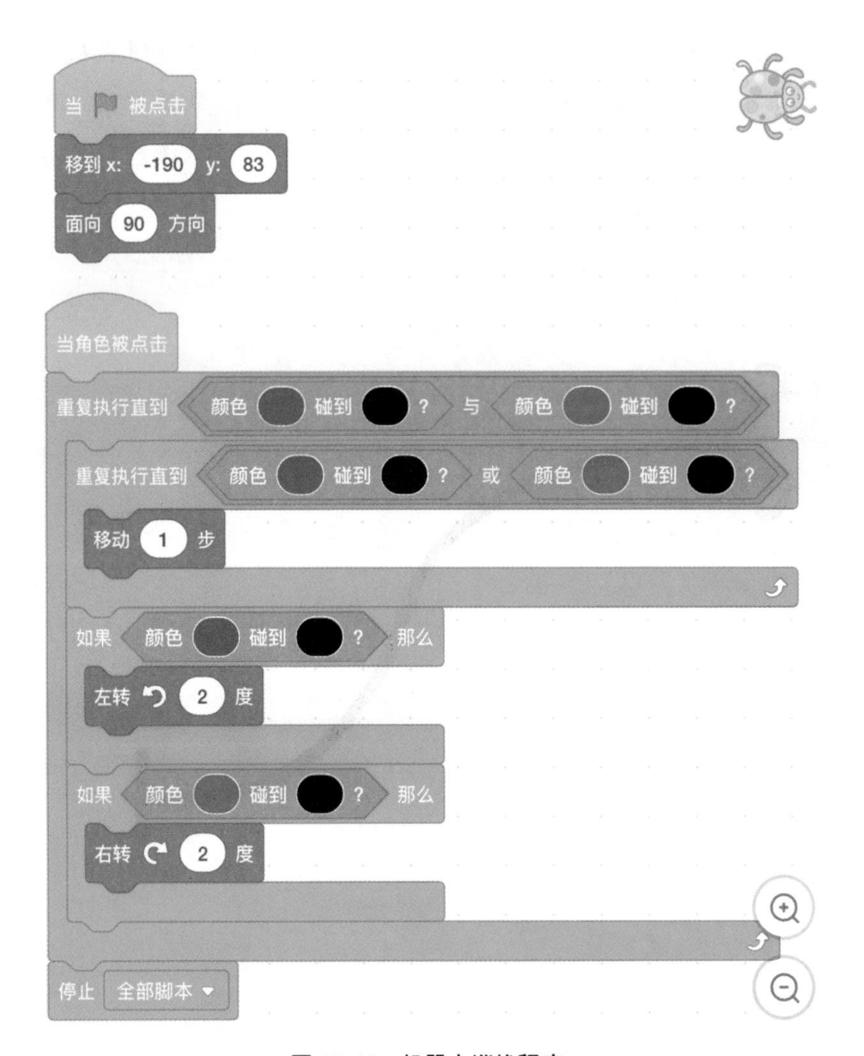

图 15-10 机器人巡线程序

思考：为什么第一层循环采用“与”逻辑运算符？在什么状态下满足既定的判断条件？（左右触角都探测到黑色就满足判断条件，即运行到终点才能满足这样的条件。）

为什么第二层循环采用“或”逻辑运算符？在什么状态下满足既定的判断条件？（只要左右触角有一个探测到黑色就满足判断条件，跳出循环体；只有都不满足，才可以继续执行循环体，即继续运动。）

一旦跳出第二层循环，就要判断向哪边旋转了，然后进行相应的调整。调整后，回到第一层循环进行判断。

注意，两层判断条件不同，执行结果完全不同。

程序的执行效果如图 15-11 所示。巡线机器人前端的两个传感器不断探测，一旦某侧传感器探测到黑色，说明发生偏转，立即进行纠偏，然后继续行进，直到两个传感器都探测到黑色。

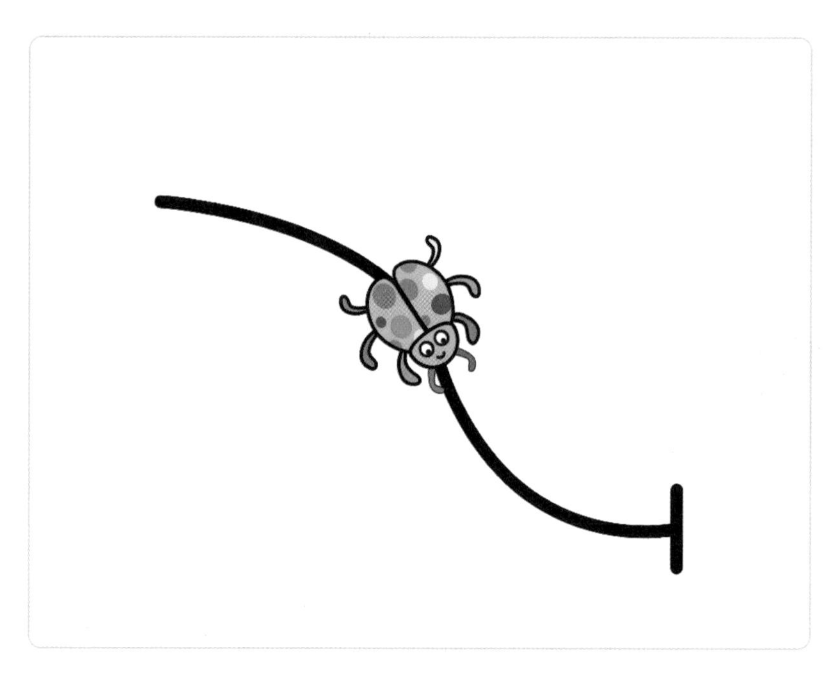

图 15-11　程序的执行效果

尝试调整程序的移动步数和旋转角度，分析一下运行情况，总结出运行规律，并尝试应用这些规律去分析和设置真实的机器人。

15.2　机器人避障功能

避障是机器人必备的功能之一，如果机器人在移动过程中不知道避障，除了容易损伤自身外，它作为“钢铁侠”其实更容易伤害到花花草草，尤其可能会伤害到人类，这就不符合机器人三原则了。所以要想将机器人融入人类社会环境，就必须为机器人设计出特别人性化的避障功能。

早期的机器人使用超声波测距传感器实现避障功能，下面就相关的原理和实现技术做一个简单的讲解。

人类可以听到的声波频率一般为 20 Hz~20 000 Hz。20 Hz 以下的声波称为低频声波，20 000 Hz 以上的声波称为超声波。超声波为直线传播，具有定向发射、方向性好的特点，超声波的频率越高，绕射能力越弱，反射能力越强，在碰到物体或分界面时会产生显著反射，形成回波。

超声波测距传感器是基于超声波特点研发的一种电子元器件，主要应用于机器人测距避障，常见的超声波测距传感器如图 15-12 所示。一般为双探头模式，貌似两只大眼睛，其实不能用来观察。更像是仿生蝙蝠，一个探头类似蝙蝠的发音器官，用于发射超声波，另一个探头类似蝙蝠的耳朵，用于接收反射的回波。

超声波测距传感器的盲区一般约 2 厘米，最大识别距离可达 300 厘米。那么超声波测距传感器是如何计算距离的呢?

计算依据：已知声音在空气中的传播速度为 $C = 340$ 米 / 秒，声波在发射后遇到障碍物反射回来的时间为 T，那么发射点到障碍物的实际距离 $L = C \times (T \div 2)$（T 是往返的时间，所以要除以 2），这种方法称为时间差测距法，如图 15-13 所示。

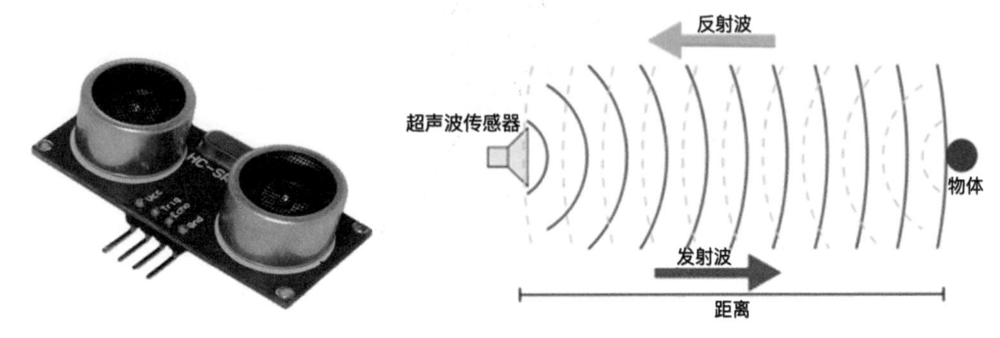

图 15-12　常见的超声波测距传感器　　图 15-13　超声波传播示意图

在了解了超声波和超声波传感器测距的相关知识后，我们简单讲解一下避障的解决方案。一般超声波测距传感器的测距范围为 2~300 厘米，因此可以在测距范围内设定一个警戒范围，只要有障碍物进入警戒范围，就要执行规避动作（左转或者右转），直到超声波测距传感器侦测不到障碍物，此时机器人沿着转向后的新角度移动，直到绕过障碍物，避障解决方案如图 15-14 所示。

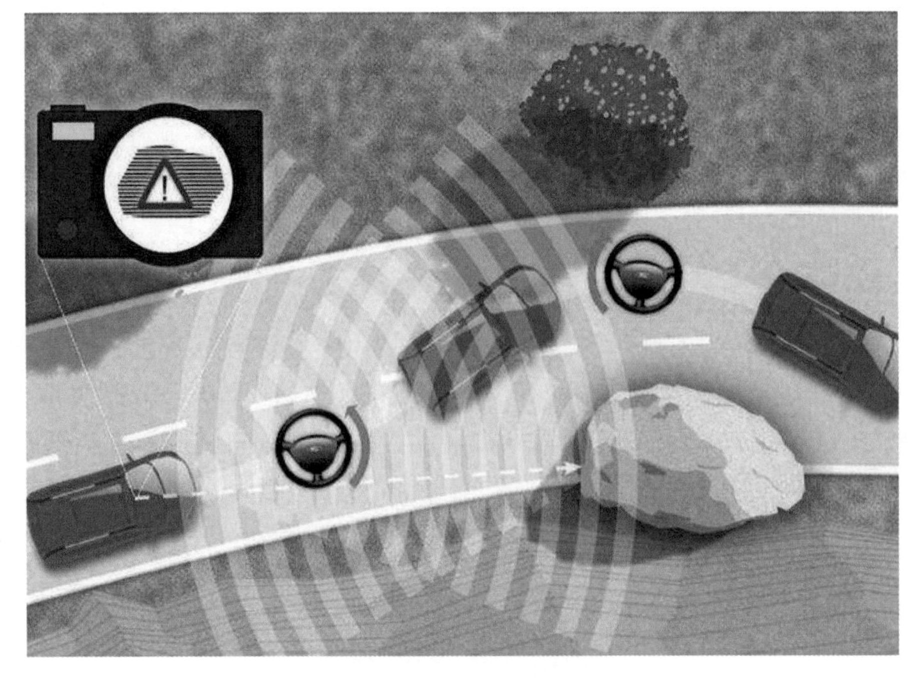

图 15-14　避障解决方案示意图

在了解了超声波测距避障的解决方案后，我们将在 Scratch 软件中模拟出机器人避障功能。首先来讲解解决思路。

要探测前方是否有障碍物，就要从“贝果”角色处向外发出超声波。可以设计一条曲线角色模拟超声波。“超声波”角色从“贝果”角色处发出，沿着贝果的方向向外移动一定距离，如果没有碰到障碍物，说明贝果前方一定范围内是安全的。于是“超声波”角色发出消息，通知贝果向前移动一定距离。移动完成后，贝果会再次向外发出超声波，“超声波”角色从贝果的新位置向外移动一定的距离，如果碰到障碍物，说明贝果前方一定范围内有障碍物，此时就会发出避障的消息。贝果接到避障消息后开始转向，一边转向一边继续发射超声波，直到超声波不再探测到障碍物，沿着该方向开始移动。

按照解决思路，要设计一条曲线作为“超声波”角色。在“角色”面板中使用绘制方式创建一个新的角色，然后在“造型”面板中，设定“轮廓”为黑色，参数为 15，使用“直线”工具绘制一条直线。接下来，使用“变形”工具在直线中间设定一个调整点，利用两侧的调节手柄将直线调整为弧线，如图 15-15 所示。

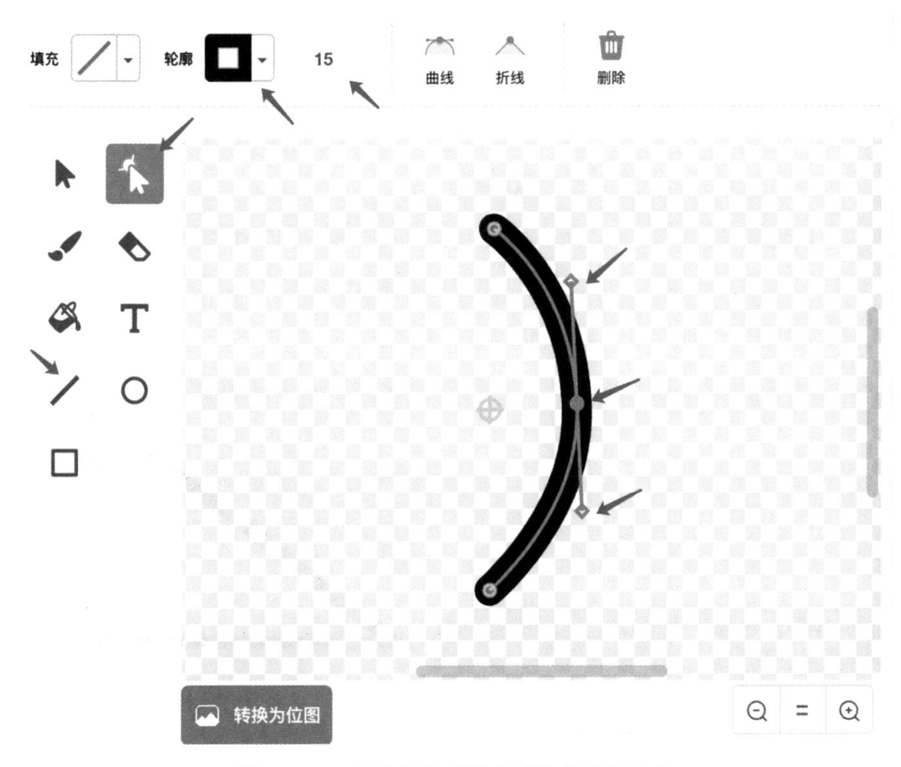

图 15-15　创建名为“超声波”的曲线角色

再引入一个 Abby 角色作为贝果需要躲避的行人，适当调整该角色的大小，舞台效果和“角色”面板如图 15-16 所示。

图 15-16　舞台效果和“角色”面板示意图

程序思路：只有正确判断“超声波”角色在运动过程中是否触碰到障碍物，才能控制贝果是前进还是转向。这里使用的是“碰到 Abby？”积木指令，如果“超声波”角色碰到 Abby 角色（障碍物），那么返回值为真，没有碰到则返回值为假。

除了这样一个判断条件，还要控制“超声波”角色的运动范围，不能无限运动，一旦超过一定距离，超声波就要消失，然后重新发射超声波。因此，可以设定一个数值变量来控制“超声波”角色移动的距离，每一次重新发射都重新计数。

如果运动过程中发生触碰，则发送触碰消息，提醒贝果转向；如果运动到最大范围且没有发生触碰，则发送安全消息，提醒贝果可以前进。

贝果完成前进动作后，需要再次发出超声波。由于超声波和贝果是两个角色，所以仍然需要使用消息，提醒“超声波”角色可以再次前进了。如果转向后发出的超声波依然提示贝果有障碍，那么贝果需要继续转向。

注意，此处需要设置一个变量，记录贝果转向到可以安全前进时的角度，根据这个角度去计算贝果在 y 轴上运动的数值，这样贝果避障时就能走出一条斜线，舞台效果比较逼真。此处用到三角函数 tan（转向角度），如图 15-17 所示。

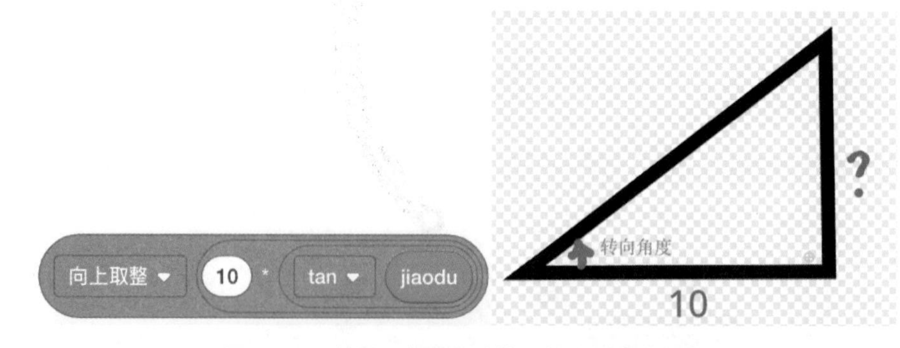

图 15-17　使用三角函数计算 y 轴上的移动距离

有关三角函数的知识请读者自行学习，这里再次说明：数学不好，很难成为程序员。此处只需要知道使用上述公式能求出标有问号那条边的长度即可，也就是已知贝果在 x 轴上移动 10 步，求其在 y 轴上所需要移动的步数。

综上所述，这个案例要用到消息传递，“超声波”角色的运动需要用到循环结构，且循环结构有两个判断条件，只要满足一个，就得跳出循环进行相应的动作。还需要设定两个变量用于控制循环和计算三角函数。根据以上思路绘制程序流程图，如图 15-18 所示。

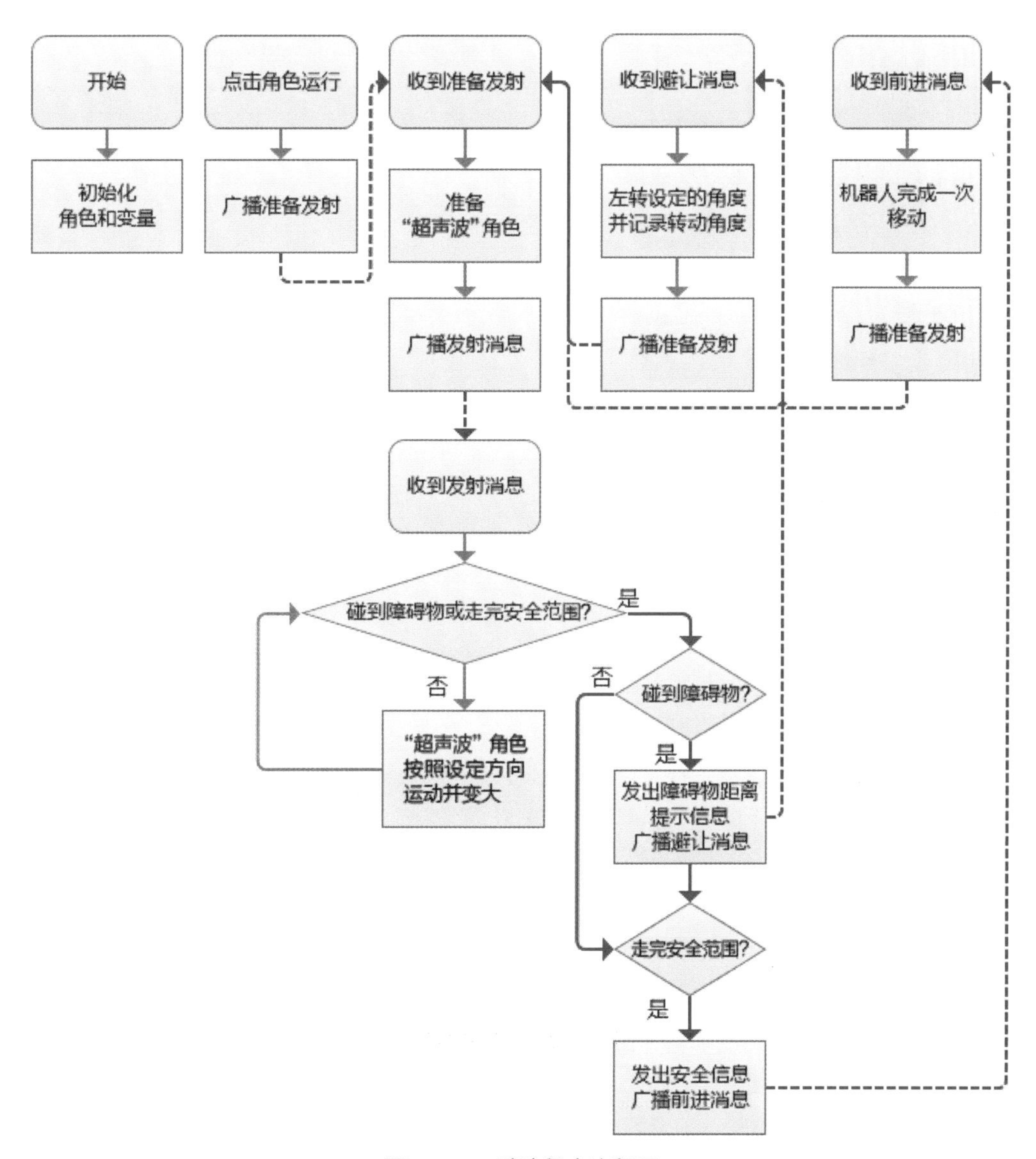

图 15-18　避障程序流程图

下面按照程序流程图进行编程。因为要对两个角色进行编程，而角色之间是通过广播消息进行联动的，所以需要针对每个角色编写程序。这次不会像上一节那样用一个主程序去解决全部问题，因此更符合面向对象编程的思想。

首先来分析贝果所具有的程序，如图 15-19 所示。

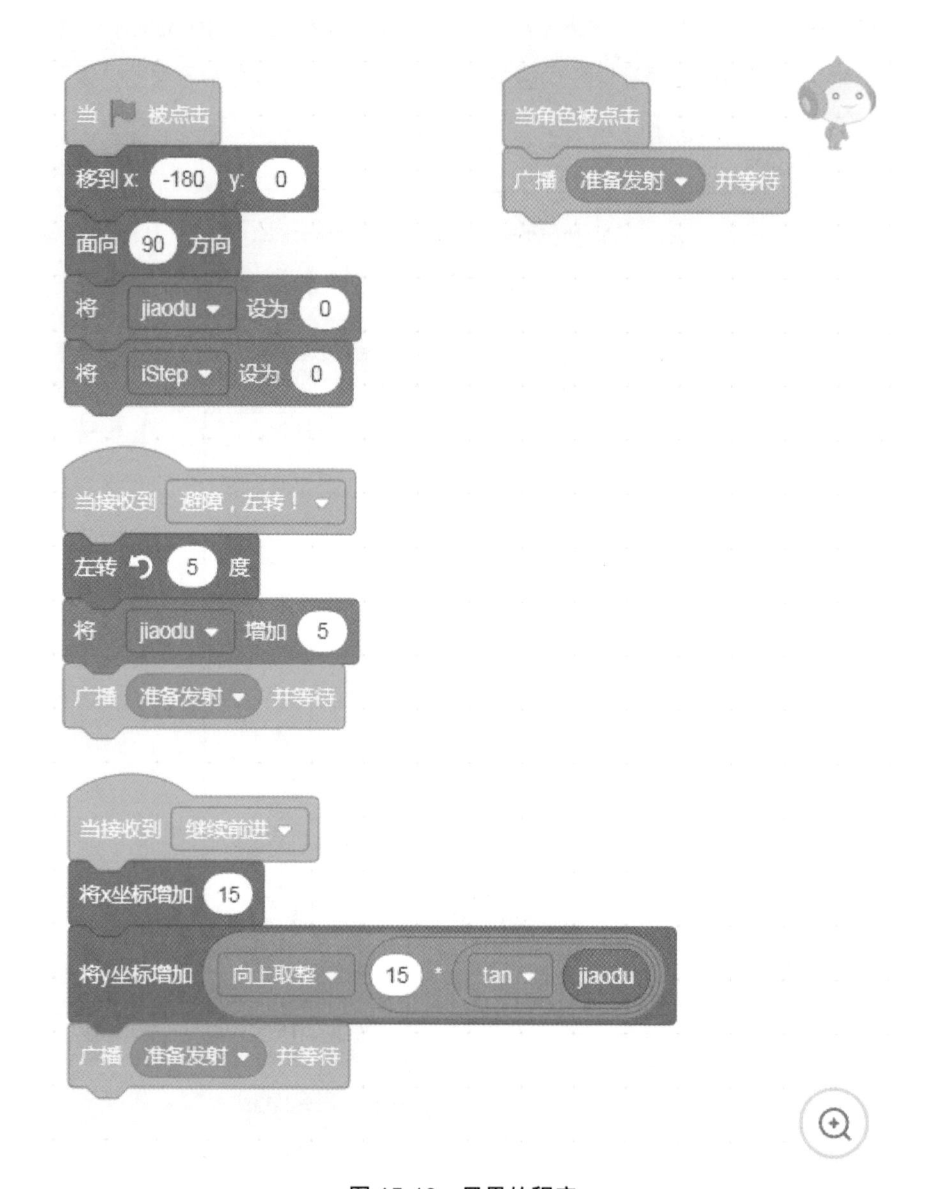

图 15-19 贝果的程序

按照习惯，“当绿旗被点击”用来进行位置和变量的初始化工作，jiaodu 变量用于记录贝果安全绕行障碍物需要转动的角度。变量的创建请自行完成。

“当角色被点击”用来正式启动机器人避障程序，第一次广播“准备发射”的消息。

“当接收到避障，左转!”用于控制贝果向左旋转 5 度，并累计到 jiaodu 变量中，然后再次广播“准备发射”消息。

这里要说明一下，向左还是向右旋转没有固定的规则，只要让机器人按规定执行即可。至于每次旋转的角度，可以适当调整以观察不同数值产生的效果。

“当接收到继续前进”用于控制贝果完成一定距离的运动，其中 x 轴上的运动距离为 15 步，y 轴上的运动距离通过数学公式计算得到，这样才能控制贝果走斜线。完成一次移动后，再次广播“准备发射”消息。

贝果避障行走像不像盲人走路？一边走一边用导盲杆探测环境。

再来分析“超声波”角色的程序，如图 15-20 所示（参见 15-2-1.sb3 程序）。

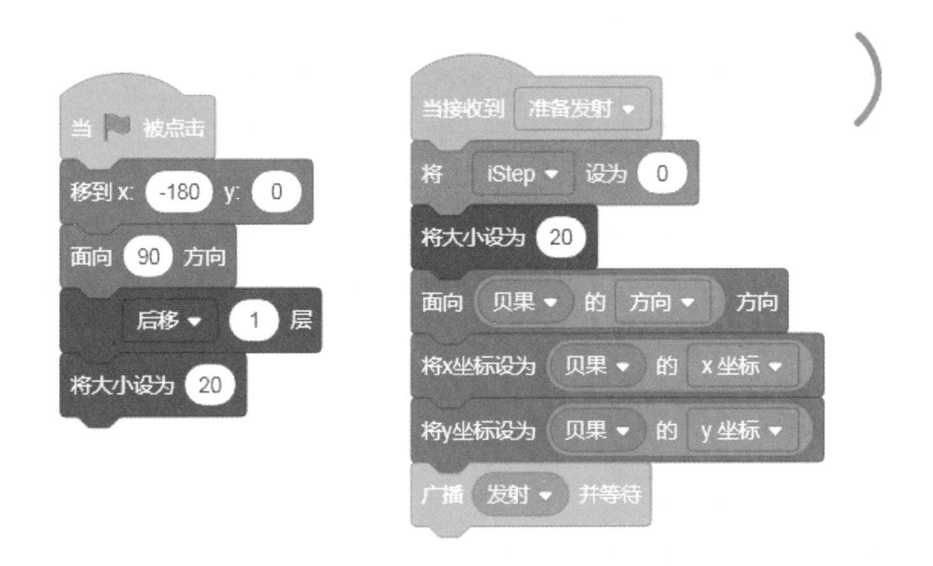

图 15-20 “超声波”角色的部分程序示意图

“当绿旗被点击”依然用来做初始化，每次“超声波”角色都是从贝果当前的舞台位置发出的，而且是在贝果的下一层，随着移动而扩大，模拟超声波扩散的效果。

“当接收到准备发射”也是对“超声波”角色进行初始化，但是与“当绿旗被点击”不同的是，后者只能在点击绿旗时执行一次，而前者只要接收到相应的广播消息就会执行，可以利用广播消息反复多次执行该事件。在“当接收到准备发射”事件中，设定 `iStep` 变量为 0，其作用是每次发射超声波都重新计数，以便随着贝果位置的变化而更新安全范围，然后设定“超声波”角色发射时的大小、方向和坐标位置，这样就能模拟出超声波从贝果上发出的效果。完成设定后，广播发射的消息。

“当接收到发射”事件则采用循环结构，每完成一次循环，判断是否碰到障碍物或者是否超出安全范围，只要有一个条件满足，就要广播相应的消息，控制贝果根据超声波做出相应的反应，即避障还是继续前进。发射程序如图 15-21 所示。

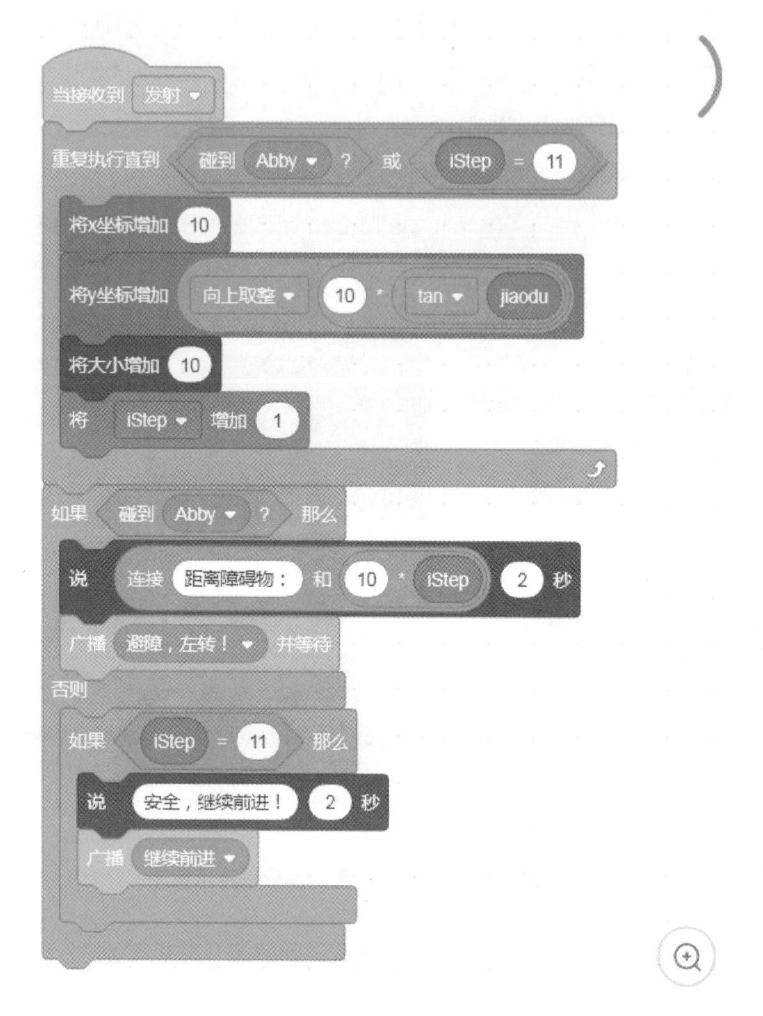

图 15-21　发射程序

保存所创作的作品，然后进行测试。适当修改障碍物的大小、初始数值以及旋转角度，超声波每次扩大的数值都会影响程序执行的效果。

不知道大家有没有发现问题，即使贝果已经避过障碍物，但是依然会一条路走到黑，怎么返回原来的路线呢？请读者自行思考并实现，毕竟旋转的角度有变量记录，而且通过 iStep 变量也能知道贝果是在距离障碍物多远的地方开始旋转的。根据这些条件完全可以控制贝果在与障碍物齐平时进行反向转动，行走一定的距离后转到 90 度方向继续前进。

为机器人设计避障功能一直是机器人研发领域的热点，从最初使用超声波测距传感器，到现在使用激光雷达，越来越先进的传感器被用在避障功能上。随着摄影摄像设备硬件能力的提升、图像识别算法的优化、人工智能的应用以及卫星全球定位系统精准度的飞跃，我相信会有更人性化、更安全的避障解决方案用在机器人上。

15.3 运行效果差异分析

前面我们在 Scratch 软件中实现了虚拟机器人的巡线和避障功能，如果读者手边有实体机器人，那么可以尝试为它编写巡线和避障功能，将虚拟机器人和实体机器人的运行效果进行对比。

首先将实体机器人放置在木质地板上，让它去执行巡线和避障任务，可以观察到实体机器人每次行走的效果或多或少会有偏差，而且这种偏差不是固定出现的。总之，就是实体机器人的执行效果不如虚拟机器人。

再换一个测试环境，找一个铺着地毯的地方，再来执行巡线和避障功能。这次应该能看到，实体机器人的执行效果更差，甚至会出现偏离线条跑到一边的情况，或者干脆撞上了障碍物，这些问题基本上是由转向和移动不到位造成的。

确认编程的逻辑思维没有错误，程序也没有错，那为什么会出现执行不到位的情况呢？难道是实体机器人自身的问题？实体机器人如果会说话，它一定会说：如果我有这么严重的瑕疵，怎么能上市销售呢？这个锅我不背！

还是先回到虚拟机器人的运行环境中，虚拟机器人实际就是计算机里面的一张图片，计算机通过程序控制它在屏幕上移动，这种在计算机屏幕上展示的效果称为“输出”，输出的内容是图像、文字等，屏幕输出是计算机最重要的一种输出方式。

我们可以认为贝果运行在一个“理想的”桌面上，在这个桌面上，贝果的移动不会与桌面产生摩擦力，是以“完美理想状态”在执行，所以贝果能够很好地完成巡线和避障等任务。

而实体机器人不论是运行在平滑的木地板上还是运行在较为粗糙的地毯上，它的轮子（履带）都会与平台产生摩擦力。摩擦力是一种外界因素，这种外界因素在我们编写的这种入门级程序中是不会考虑的，但是实体机器人在执行过程中又确实会受到不确定的摩擦力等外界因素的影响，这就导致执行效果跟预想的有偏差，执行效果不尽相同。

有的同学会说，既然摩擦力不能被目前的程序所控制，那把实体机器人放在一个没有摩擦力的平台上运行不就可以了吗？其实不然，如果摩擦力特别小，近乎没有，那么实体机器人的轮子就会空转而不能前进，就如同陷在沙地里或者在冰面上打滑的汽车轮胎。正因为存在摩擦力，实体机器人才能够前进。

将虚拟机器人和实体机器人的运行环境进行对比后，我们可以简单地认为：计算机通过屏幕输出图像或者文字，是在一个“完全封闭”“不受外界因素干扰”的环境中完成的，因此执行效果可以完全符合预期，且只要程序不改变，执行效果就一定会一致。实体机器人通过轮胎执行任务，是在一个“开放”的执行环境中，这种开放的执行环境中有很多不确定的因素，受这些因素影响，实体机器人的执行动作跟预想效果存在偏差，相同的程序在同一个实体机器人身上多次执行，效果不尽相同。

前面我们阐述了实体机器人不能像虚拟机器人那样始终如一地执行任务的原因。接下来将分析机器人的内部因素。

计算机通过程序控制着虚拟机器人的移动，虚拟机器人是被动的。实体机器人就不同了，它由自己的主控中心运行程序，然后去控制自身的部件以完成动作，它是主动的，将电能转换为动能产生动作。所以，实体机器人内电池电量的高低、电机的磨损情况、每个关节的摩擦力等都是程序不能控制它的因素，但是这些因素会影响到实体机器人的运动，造成运动的误差。当这些微小的误差积累到一定程度时，就会导致执行效果出现偏差，甚至失败。

因此，以实体机器人为平台编写程序时，需要考虑的因素比计算机平台多。我们要将内在和外在的干扰因素都考虑进来，通过不断调整程序去修正执行过程中的偏差，使实体机器人尽可能地按照既定设计完成任务。这样的程序使用 Scratch 软件是编写不出来的，需要用到 C、C++、Java 或当前最流行的 Python 等高级编程语言。除了掌握高级编程语言外，数学功底也是必不可少的，学习之路任重而道远。

Scratch 软件已经带领大家推开了编程的大门，是勇敢地继续前行，成为人工智能时代的英雄，还是默默地关上门，沦为新时代的“废柴”？你的未来你做主。

后记

我们的编程教育开展得太晚了，甚至很多人进入大学后才开始接触编程。为了拓宽学生的就业面，高校一般会开设多种编程语言课程，但蜻蜓点水般的学习使学生难以胜任初级编程工作。如果要研发操作系统、行业应用软件，不但需要掌握编程语言，更需要精通计算机原理、数据结构等核心知识，而这些课程的学习难度远大于编程语言，且难见成果，所以多数高校只会分配极短的教学时间，教学效果不太理想。

要想改变现状，在更多领域实现计算机普及，就要把编程教育提前，争取在进入大学前就掌握一定的编程技能，这样大学期间就可以有更多的时间去钻研计算机原理、数据结构等核心课程，切实提高所编写程序的难度。

不过，我在教学过程中经常遇到这样的科技老师和家长，他们确实已经认识到学习编程的重要性，但是他们只是会用计算机（软件），并不是计算机科班出身。为了教学，他们也购买了不少编程入门书，满篇的编程术语，如数据类型、字符、数字、布尔等，然后就是一条一条的程序指令，看似学了很多编程知识，其实都是割裂的碎片信息，根本构建不出解决问题的程序。学生很快就失去了学习动力，感到茫然无措，最终对编程心生抵触。

很多人有过这种经历，我也是这么痛苦地走过来的。为了给初学者提供一种新的学习方式，我尝试着以解决问题为导向，解决过程为线索，通过编写典型的案例将碎片知识串联起来讲解，引导初学者在学习过程注重锻炼逻辑思维和工程思维，不要被琐碎的知识点所困扰，避免捡了芝麻丢了西瓜。欢迎读者积极反馈意见，以便我将本书改成极简的编程入门书，同时在编写高级语言教程中将这种方式发挥得更完美。

最后来说一下玩游戏的问题。不少家长虽然想让孩子学习编程，但又怕孩子沉迷于游戏，或接触到不良的互联网信息，因此犹豫不决。这确实是一个问题，这里有三个原则家长可以参考一下。

1. 视线范围之内原则

这是我从著名的教育家卢勤老师（就是大名鼎鼎的知心姐姐）那里学到的，卢勤老师提出：要避免孩子产生网瘾或接触到不良信息，就一定要把计算机放在家长的视线范围之内。现在，孩子们都有自己的卧室，一般家长怕打扰孩子学习，会把计算机放在孩子卧室，在孩子“学习”时又会关上房门，这样孩子就脱离了家长的视线，那他用计算机在干什么家长就无从掌控了，或许正在“假学习，真游戏”。

从前上网的设备还局限在计算机，现在手机、iPad 都能上网玩游戏，因此，建议家长在孩子需要使用这些上网设备时，尽量控制在你的视线范围之内。不用特别紧盯，让孩子感觉到背后有双眼睛就能起到一定的监督作用。

2. 游戏引导原则

有责任心的家长还要了解一下当前热门游戏的内容和玩法，帮助孩子进行筛选。如果游戏在很短的时间就能完成一局，且具有极强的胜负刺激，那么家长要控制孩子尽量远离此游戏，因为这类游戏极易让孩子上瘾。

3. 底线原则

家长可以跟孩子明确玩游戏的时长，并告知孩子如果突破底线，就一定会有严厉的惩罚措施。

如果家长在小学、中学阶段管得非常严，禁止孩子玩一切游戏甚至不准动计算机，那么在孩子上大学脱离了家长的管辖后，计算机或游戏的那种新鲜感和愉悦感极易使其染上网瘾，轻则挂科留级，严重的会导致学业荒废。所以，杜绝沉迷游戏最好的解决办法就是家长尽早担负起引导和管理的责任。

人工智能和普及机器人的时代已经到来，越来越多的事物开始具备可交互性和可定制性，通过编程使得事物可以适用于更多场景。未来，孩子们面对的一定是一个充满编程交互需求的世界，学习编程刻不容缓，即使未来不做程序员，掌握一些计算思维也有利于今后在社会上的发展。

祝愿各位读者能顺利学会编程，体会到编程的乐趣。

黄威（@ 校园黄师兄）